● 土木工程施工与管理前沿丛书

低碳经济导向的大型公共建筑节能集成技术研究
山东省科技发展计划项目（2012 GSF11715）

大型公共建筑绿色低碳研究

山东建筑大学　张凤　著

中国建筑工业出版社

图书在版编目（CIP）数据

大型公共建筑绿色低碳研究／张凤著.—北京：中
国建筑工业出版社，2016.1
（土木工程施工与管理前沿丛书）
ISBN 978-7-112-18696-9

Ⅰ．①大… Ⅱ．①张… Ⅲ．①公共建筑-节能设
计-研究 Ⅳ．①TU242

中国版本图书馆 CIP 数据核字（2015）第 267315 号

　　本书是作为绿色低碳研究的参考书目之一，是高等院校管理类建筑类专业的课
外参阅书目。编写者在汲取和借阅多个版本绿色低碳专著精华的基础上，系统阐述
了绿色低碳的基本理论和实践，深入地探讨了 BIM 问题。本书内容全面，配套拓
展阅读与案例分析紧扣主题。
　　本书既可以作为高等院校管理专业，特别是理工建筑类专业的科学研究用书，
也可以作为硕士研究生的拓展训练用书。还可以为有意识提高研究能力的社会读者
提供思路和借鉴。

＊　　　　＊　　　　＊

责任编辑：毕凤鸣
责任设计：李志立
责任校对：李美娜　张　颖

土木工程施工与管理前沿丛书
大型公共建筑绿色低碳研究
山东建筑大学　张凤　著

＊

中国建筑工业出版社出版、发行（北京海淀三里河路 9 号）
各地新华书店、建筑书店经销
北京红光制版公司制版
北京京华铭诚工贸有限公司印刷

＊

开本：787×1092 毫米　1/16　印张：12¾　字数：270 千字
2018 年 8 月第一版　　2018 年 8 月第一次印刷
定价：**41.00 元**
ISBN 978-7-112-18696-9
（28006）

前　言

由于城市化进程的加快导致城市面积不断扩大，进而导致各种资源开采和利用加快，使得很多资源面临枯竭，在这种环境下，人类赖以生存的环境遭到了严重的破坏，耕地面积不断减少，空气质量越来越恶化，河流和山川遭到破坏和肢解，日益恶化的环境威胁着人类的生存。人们开始认识到环境和资源保护的重要性。绿色低碳建筑则紧跟时代发展和环境恶化的需求应运而生，为环境保护，节省资源创造了条件。

人类的生活离不开衣食住行，居住是一个非常重要的活动之一。而建筑则是人类居住的根本条件，现代建筑不仅仅是为了居住，有些建筑还是进行工作、娱乐等所用，这些就是大型公共建筑。而建筑从筹划设计开始，到建设，再到后来的装修使用，直至最后的拆除，这整个过程中，除了规划之外几乎每个步骤都要有资源的利用与输出，也有各种废物的排放等。随着我国经济发展的提速，城市化进程的加快，各种各样的各种类型的大型公共建筑拔地而起，资源的使用也非常的巨大，人们开始认识到各类建筑其实就是各种各种资源的堆积。为了节约资源，人们想方设法创新性的进行了绿色建筑的设计和建造。根据国家《绿色建筑评价标准》GB/T 50378 规定，绿色建筑其实就是，在建筑的全寿命周期内，最大限度地节约资源，包括节能、节地、节水、节材、保护环境和减少污染，为人们提供健康、适用和高效的使用空间，与自然和谐共生的建筑。

低碳建筑是指在建筑中导入全生命周期评价体系和步入建筑新型产业化。在建筑的全生命过程中对碳排放进行盘查，在建筑材料与设备建造、施工装配和建筑物使用的整个生命周期内，减少碳排放量，减少对化石能源的消耗，提高能效，并对碳排放进行有效管理。是对建筑全生命周期的碳排放进行定量的过程和建筑模式，已将碳经济的理念引入大型公共建筑中，是一种更高级的建筑及产业经济模式和理念。

在建筑的施工过程中要消耗大量的资源与能源，同时也会对周围环境造成不小的影响。有关统计显示，全球范围内有一半的资源和能源被用于建筑方面，而且在人类获取的自然物质原料中，有一半以上的资源是用来进行建筑建造以及相关辅助设施的建设。一些大型公共建筑像城市综合体，火车站，汽车站等对资源与能源的利用是循环往复的，人类生产和生活所产生的垃圾中有 40% 是由于建筑施工而产生的垃圾。在发展中国家，由于城市化进程的加快和大量人流涌入城市，对住宅、公共设施、道路等建筑造成了巨大的压力，而很多自然资源如石油、煤等资源却日益减少，使建筑与资源之间产生不可调和的矛盾。绿色低碳建筑则可以在消耗资源的过程中有效的节约资源和能源，缓和建筑建设和资源短缺之间的矛盾。如果大力推行绿色建筑，将有可能减少25%的标准煤燃烧，这将很大程度上缓解温室效应，同时还保护了其他的资源。

现阶段，我国绿色、低碳建筑受到广大人民群众的重视，越来越多的建筑开始奔着节能减排展开，所以，很多建材生产厂商，也逐渐开始关注绿色环保建材，只是很多新型的绿色建筑材料不断面世，绿色施工也不断受到重视。建筑公司意识到绿色、低碳建筑将取代传统的建筑，所以也采取了行动，不断采取手段，进行绿色施工，降低施工过程中的各种废弃物的排放量，合理的应用油漆，涂料等。很多企业还通过了环保认证。这样，就提高了企业的管理水平，同时，有利于规范和引导企业进行绿色施工。2015年国家"十二五"计划实施的第五个年头，建筑信息模型BIM技术已经从认知理解、概念普及进入带深度应用的转折点。BIM技术的应用已经不再是创建模型、浏览模型、检查空间关系的基本应用，而是在思考拥有BIM模型后，如何利用模型为企业和社会创造更大的价值。BIM技术从初级阶段的碰撞检测，管线综合，造价计量的应用，发展到中级阶段，主要包括设计施工一体化，项目协调管理，设施设备运行；逐步发展到高级阶段智慧城市的智慧建造，智慧运营。

现阶段，我国绿色建筑发展的困境主要表现在，绿色建筑普及性还较低，一般的施工企业很难进行绿色建筑的施工建设，绿色建筑的建设费用要比普通建筑高，所以投入很大，普通的施工企业也承受不起，此外，绿色建筑建成后，常表现出经济效益不客观现象。因为绿色建筑常常不能进行高层楼房的建设，而城市发展的需要、求得是建设更多的高楼，以满足土地不足带来的居住和使用危机。

总而言之，在资源日益减少的今天，绿色建筑已经引起广大人民群众的重视。绿色建筑的根本是充分利用资源，并减少各种废弃物的排放，这样就可以有效节约各种资源，使得各种可利用资源可以循环使用，保护环境。但是现在绿色建筑还没有得到广泛的应用，所以，政府要加大宣传力度，出台一些鼓励、补助政策提高绿色建筑实用性。只有这样才能促进绿色建筑的快速发展，促进绿色低碳建筑的设计和研发，形成良性循环的态势和局面。

在编写过程中，得到了山东营特建设项目管理有限公司赵灵敏，张秦，山东建筑大学李媛媛，于振的大力支持和指导，并对全书进行了审核与完善，还得到了山东建筑大学张鹏、孔庆利的大力协助，在此一并表示深深地感谢。在编写的过程中，不免存在纰漏，衷心希望使用者多提意见。

目　　录

一　中国目前绿色低碳建筑的现状

1　绪　　论

1.1　研究背景

1.1.1　国际背景

随着全球温室效应、能源消耗问题日趋严重，对人类赖以生存的环境和发展带来严峻的挑战。如今世界范围内各个国家为应对全球气候变暖、能源消耗巨大的问题而大力提倡发展绿色低碳的环保理念。由于建筑能耗在各个国家中的总能耗中所占比例较高，许多国家引入了绿色低碳建筑的概念，也将这一措施视为缓解全球变暖问题的一项重要措施。现阶段世界上的许多发达国家的绿色低碳建筑发展已经进入了稳定发展时期，形成了比较完善的绿色低碳技术与标准体系。

1.1.2　国内背景

自 20 世纪 90 年代后期开始，我国进入了经济的快速发展时期，城市化进程也开始快速发展，大规模的城镇建设项目也使得我国的建筑行业进入一个繁荣时期，然而对于拥有着世界上最大建筑市场的我国来说，建筑业的繁荣伴随着资源能源的高消耗、高浪费。我国建筑方面能源消耗、能源浪费现象十分严重，我国建筑总能耗是世界一些发达国家建筑总能耗的三到四倍，所以对于中国来说当务之急是发展绿色低碳建筑，但是绿色低碳建筑在我国的发展才刚刚起步，要全面发展绿色低碳建筑需面临一系列的问题与挑战。

1.2　研究对象与目的

本文主要针对国内绿色低碳建筑在现阶段发展中人们的认识观念、技术发展、材料使用、制度政策等各方面现状进行研究，通过研究绿色低碳建筑在我国的发展现状，剖析其发展需要面对的问题与挑战，进而分析总结出我国绿色低碳建筑的发展趋势。

1.3　研究意义

发展绿色低碳建筑的意义可以总结为以下几点。

（1）节约资源和能源并减少二氧化碳的排放

建筑的整个施工过程中消耗了大量的能源与资源，对周围的环境造成了很大影响。据有关统计，全球范围内用于建筑方面的能源与资源占一半，并且在人们生存发展所获取的自然物质材料中所用来进行建筑建造以及相关辅助设施的建设的占一半以上。一部分公寓建筑、写字楼、旅游景点等建筑对社会能源和资源的消耗是周而复始的，而且光此些建筑所产生的污染（光污染、空气污染等）就占社会总污染的33％之多，建筑施工所产生的建筑垃圾占人类生产和生活所产生总垃圾的40％[1]。中国作为世界上最大的发展中国家，城市化发展正处于高速发展时期使得过多的居住于郊区的务工人员进入城市从而使得城市各类建筑以及城市环境超负荷运作，所损耗能源与资源日渐增多，但石油、煤炭等资源却日趋缺乏，从而形成了一种资源消耗量增多但产量减少的一种不协调局面。此外，电能、石油等能源在建筑过程当中的使用都会产生大量的二氧化碳。并且随着社会的发展，居民生活水平的提高，越来越多的人对生活质量要求越来越高，这也使得人们对建筑功能的要求越来越高，没有达到高水平的功能，建筑物的耗能逐渐升高，所产生的碳排放量日益增多，温室效应等环境问题就会增大。比如建筑施工过程当中消耗的火电来说，假如大力推行绿色建筑的话，将有可能减少25％的标准煤燃烧，这将很大程度上减缓温室效应。绿色低碳建筑则对于解决能源和资源高消耗问题以及缓和资源缺乏与建筑生产建设之间的冲突起到了良好的作用。

（2）绿色低碳建筑可以使居住环境更加舒适

绿色低碳建筑由本身的性质和建筑物的配套设施决定了绿色建筑可以为人们提供舒适的生活环境。其舒适环境除建筑本体外，还包括建筑物里外各部位环境的舒适。绿色低碳建筑室内环境直接决定着人们的舒适程度，由于绿色低碳建筑从设计规划到施工，再到装修，最后到居住，这一系列的过程都以绿色低碳为标准，采用绿色低碳建筑材料，运用绿色低碳建筑技术，因地制宜的进行施工建设，从而大大提高了绿色低碳建筑室内的舒适性，同时也为人们的健康生活提供了良好的环境与保障。绿色低碳建筑的外部环境依据绿色低碳设计的原则进行设计，外部环境与自然环境运用科学的整体实际得到密切结合，将一系列绿色低碳建筑材料与技术应用于建筑设计。从而使得绿色低碳建筑拥有设计合理、资源循环利用率高、节能成效好、居住环境舒适、建筑物功能灵活多变、废弃物排放少而无害等特点。

（3）以绿色低碳建筑来应对全球气候变暖

绿色低碳建筑的建筑设计与建设中应用了零低碳技术甚至是负低碳技术，从而实现了低碳、零污染等可持续发展的目标。目前，人们越来越关注全球气候变暖问题，作为消耗资源和能源巨大的建筑业来说，这是一项意义重大而艰巨的任务，绿色低碳建筑的节能减排已成为应对全球气候变暖的重要手段和主要策略，它不仅可以减少二氧化碳的排放量，还可以减少污染物的排放，对应对全球变暖的温室效应问题具有重要意义。

（4）绿色低碳建筑促进我国的内需发展

目前，在我国的城镇房屋面积中，约有 1/5 的房屋属于旧房、危房，而且其中部分房屋的寿命也将很快到期，所以此类危房、旧房的安全质量需要进一步改进，我国正大力发展绿色低碳建筑，此类房屋可以进行绿色低碳化改造成为绿色低碳建筑，绿色低碳化改造需要运用相关配套设备、建筑材料，大大刺激我国的建筑消费市场，扩大了内需。

（5）发展绿色低碳建筑具有可持续发展的重大战略意义

我国政府在 2005 年的中央经济工作会议上指出：要大力发展节能省地型住宅，全面推广节能技术，制定并强制执行节能、节材、节水标准，按照减量化、再利用、资源化的原则，搞好资源综合利用，实现经济社会的可持续发展[2]。发展绿色低碳建筑符合我国全面、协调、可持续的科学发展观；促进了人与自然的和谐相处；符合建设节约型社会、综合利用社会资源、促进经济增长的要求；是城市与产业发展的需要；切合我国节能减排的主题；是改造和提升传统的建筑业、建材业，实现建设事业健康、协调、可持续发展的重大战略性工作。

2 绿色低碳建筑的研究综述

2.1 绿色低碳建筑的含义

建筑最基本的作用是供人类居住生活所用，但建筑不仅指提供居住，还指为人类提供了工作、学习的场所。建筑建设从规划、设计到施工，再到装修使用，直到整改使用，整个生命周期内，除了设计规划阶段之外几乎每个步骤都存在着资源的利用与输出以及各种废物的排放等。随着中国经济的迅速增长，社会的进步，林林总总的建筑拔地而起，同时各种资源投入使用与浪费也达到一个高峰期，但随着人们的环保意识的增强，绿色健康生活深入人心，越来越多的人意识到了建筑行业所产生的资源浪费以及所造成的环境破坏与污染具有很大的影响，提倡绿色低碳生活的理念达成共识，由此绿色低碳建筑应运而生。

绿色低碳建筑是指在国家法律法规的依据下运用一些新型建筑技术以及新型建筑材料，在对建筑所处位置进行实地考察详细调查研究之后进行建筑的总体设计，并在建筑材料与设备制造、施工建造和建筑物使用的整个生命周期内最大限度节约资源、节约能源、节约用地、节约用水、节约用材、保护环境、减少污染和提高能效，提供一个健康适用、高效使用的空间，与自然和谐共生的建筑。

2.2 绿色低碳建筑的特点

（1）绿色低碳建筑建造完成之后，具有一定的自我调节能力和循环可持续发展能力，以便于人与自然之间的相互沟通，对于周边环境而言与建筑之间建立良好的生态循环系统，不会产生过多的环境污染以及危害，使得其建筑本身实现了与自然环境的完美融合。

（2）绿色低碳建筑布局合理，有着良好的通风系统、适宜的朝向、楼间距、形体和自然采光，周围环境宜人，内外部有着有效的连通功能，能根据气候变化自由调节，居住环境宜人。

（3）绿色低碳建筑可充分利用大自然所提供的天然可再生能源，比如设置太阳能采暖装置、风力发电装置等。

（4）绿色低碳建筑具有地域性特征，采用当地原材料，对当地的人文、自然以及气候保持尊重。

（5）相对于普通的建筑来说绿色低碳建筑具有一种更高级的建筑及产业经济模式和理念。

绿色低碳建筑利用全寿命周期（规划设计、建筑施工、运行维护、废弃拆除、竣工）对周围环境负责。

2.3　绿色低碳建筑的理念

人文理念，建筑是人类居住生活、办公、学习等活动的场所，拥有着历史传承性，在任何国家和地区的建筑都有着其存在的特点与意义，有着地域化优势，绿色低碳建筑与传统建筑一样存在着人文理念。

经济理念，绿色低碳建筑采用一系列的新型技术与材料达到节能减排、降噪、减少环境污染的能力。在经济效益方面，它虽然采用了新型技术与材料，但是它并不意味着是高造价、高成本的建筑，在设计建设过程中绿色低碳建筑充分发挥了其经济理念，可采用了地方化的材料与技术对现有建筑进行绿色低碳改造形成，其成本并不是太高，实现其经济价值。

节能理念，绿色低碳建筑结构根据当地自然环境进行设计，充分利用太阳能等可再生能源实现建筑物功能的运作，以减少非再生能源的消耗，使建筑与自然环境和谐统一。

和谐适地理念，由于绿色低碳建筑的空间结构设计、建造、使用和拆除的全过程都与其周围环境息息相关，形成了一套体系、系统、关系和谐的建筑环境。

高效理念，绿色低碳建筑系统地采用集成技术和高效的成套机械设备提高建筑功能的效率，优化管理调控体系，形成绿色低碳建筑的高效原则。

2.4　绿色低碳建筑与传统建筑的区别

（1）传统建筑的结构一般是封闭的，设计时不考虑与自然的和谐共处，建筑内部环境没有考虑健康因素；而绿色低碳建筑具有整体性，面对周围环境气候的变化，会通过自身结构进行自动调节，而且由于采用的绿色低碳建筑材料无污染、高性能的特性使得室内环境质量大大提高（空气质量、温度、湿度、采光、照明、隔音等），对人体健康有益。

（2）传统建筑由于各种制度标准的限制性使得国家城市化进程中的城市规划缺乏一定的特有文化标志，缺乏民族特色与地方风情，使得各个城市的建筑看上去大致相同；而绿色低碳建筑的设计则是尊重当地的历史文化，就地取材，具有人文地理特征，实现了建筑与本地环境相结合的和谐共处，使得各个城市呈现不同的建筑风貌。

（3）传统建筑具有商品化特点，片面追求公寓住宅、办公楼等建筑的市场需求量与消费量，从中谋取利益，忽视了社会能源与资源的限制，大量使用不可再生资源，虽然采取了一些节能设计，但综合建筑能耗并没有得到下降，不符合以人为本的可持续发展观；而绿色低碳建筑尽可能使用可再生资源（太阳能、风能、地热能、沼气等），最大程度节约能源、节约土地、节约水资源，减少能源的消耗，减少二氧化碳等温室气体排放，降低空气、水污染程度，对周边环境无副作用，符合低碳可持续发展的需要。

（4）传统的建筑对环境负责仅仅体现施工建造过程或者竣工使用过程中，这是浅层次的建筑与自然的和谐；而绿色低碳建筑则倡导的是在建筑的全寿命周期内充分考虑环境因素，从而为人们提供一个高效使用、健康舒适的空间环境，是一种高层次的人与自然的和谐相处。

3 绿色低碳建筑的发展现状

3.1 我国绿色低碳建筑的发展史

我国绿色低碳建筑的发展史[2]如表3.1所示

我国绿色低碳建筑的发展史 表 3.1

时　间	事　件	部　门	意　义
1992 年里约热内卢联合国环境与发展大会	颁布一系列与绿色低碳建筑相关纲要、导则、法规	中国政府	大力推动绿色低碳建筑的发展
2004 年 9 月	启动"全国绿色建筑创新奖"	建设部	标志着中国的绿色建筑发展进入全面发展阶段
2005 年 9 月	发布《建设部关于推进节能省地型建筑发展的指导意见》	建设部	
2006 年	颁布《绿色建筑评价标准》	住房和城乡建设部	
2006 年 3 月	签署"绿色建筑科技行动"合作协议	国家科技部和建设部	为绿色低碳建筑技术发展和科技成果产业化奠定基础
2007 年 8 月	颁布《绿色建筑评价技术细则（试行）》与《绿色建筑评价标识管理办法》	住房和城乡建设部	逐步完善适合中国国情的绿色低碳建筑评价体系

时　间	事　件	部　门	意　义
2008 年	组织推动绿色建筑评价标识和绿色建筑示范工程建设等一系列措施	住房和城乡建设部	
2009 年 8 月 27 日	颁布《关于积极应对气候变化的决议》	中国政府	提出了要立足国情发展绿色经济、低碳经济
2009 年	启动《绿色工业建筑评价标准》		
2010 年	启动《绿色办公建筑评价标准》		
2011 年	绿色建筑评价标识项目数目大幅增长，绿色建筑技术水平不断提高		绿色低碳建筑呈现出良性发展的态势
至 2011 年，伴随着中国绿色低碳建筑政策的不断出台、标准体系越发完善、绿色低碳建筑的实施的不断深入以及国家政府对绿色低碳建筑的不断支持，中国绿色低碳建筑将会保持迅速发展的态势			
2012 年 5 月	颁布《关于加快推动中国绿色建筑发展的实施意见》	财政部	
2013 年 1 月 6 日	发布《国务院办公厅关于转发发展改革委、住房城乡建设部绿色建筑行动方案的通知》	国务院	提出了"十二五"期间的完成目标，同时还对"十二五"期间绿色低碳建筑的方案、政策等予以明确

　　自 2008 年我国实行绿色建筑评价标识制度以来至 2014 年所统计的绿色建筑标识项目在不断的增加，全国已评出的绿色建筑标识项目有 1446 项，总建筑面积达到了 16290 万 m²，其中的设计标识项目占总项目数的 92.81%，有 1342 项，建筑面积占总建筑面积的 92.17%，达到了 15014.17 万 m²，运行标识项目有 104 项，占总项目数的 7.19%，建筑面积达到了 1276.07 万 m²，占总建筑面积及的 7.83%。如图 3.1、图 3.2 所示。

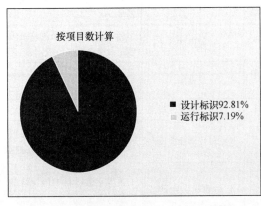

图 3.1　绿色建筑标识项目比例（项目数）

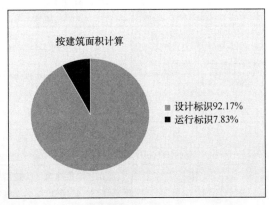

图 3.2　绿色建筑标识项目比例（建筑面积）

在 1446 项绿色建筑项目中分为了三个星级，其中有 507 项为一星级，其建筑面积为 7177.70 万 m²；有 625 项为二星级，建筑面积为 6644.87 万 m²；有 314 项为三星级，建筑面积为 2467.68 万 m²。如图 3.3、图 3.4 所示。

另外通过查找资料可查出从 2008 年开始至 2014 年 1 月每年的绿色低碳建筑的数量，在 2008 年绿色低碳建筑共 10 项，其中一星级项目为 4 项，二星级项目为 2 项，三星级项目为 4 项；2009 年绿色低碳建筑共 20 项，其中一星级项目为 4 项，二星级项目为 6 项，三星级项目为 10 项；2010 年绿色低碳建筑共 82 项，其中一星级项目为 14 项，二星级项目为 44 项，三星级项目为 24 项；2011 年绿色低碳建筑共 241 项，其中一星级项目为 76 项，二星级项目为 87 项，三星级项目为 78 项；2012 年绿色低碳建筑共 389 项，其中一星级项目为 141 项，二星级项目为 154 项，三星级项目为 94 项；2013 年，绿色低碳建筑共 704 项，其中一星级项目为 268 项，二星级项目为 332 项，三星级项目为 104 项。

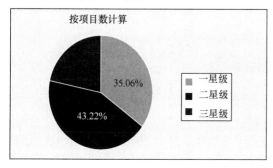

图 3.3　星级比例（项目数）

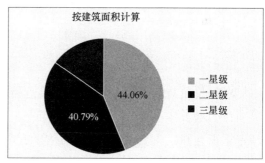

图 3.4　星级比例（建筑面积）

绘制柱形图与折线图如图 3.5、图 3.6 所示。

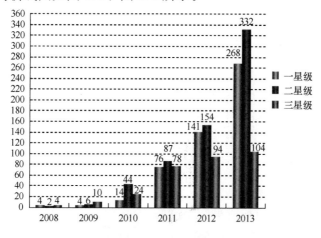

图 3.5　项目数量柱形图

通过观察柱形图与折线图，2008 年到 2010 年绿色低碳建筑项目的数量幅度增长较慢，而 2011 年到 2013 年底绿色低碳建筑项目总数增长速度很快，并且仅仅 2013 年

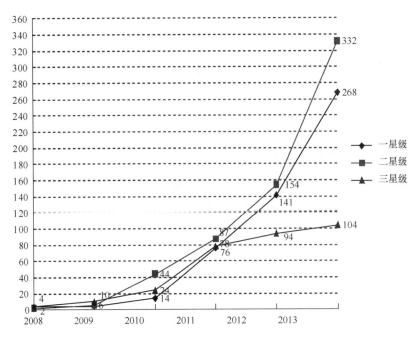

图 3.6　项目数量折线图

一年项目总数与前五年的项目总数接近持平。通过观察折线图，发现自 2011 年起三星级项目的增长幅度变小，而二星级与一星级的增长幅度变大，说明了随着人们的绿色环保意识增强，人们对绿色低碳标准的要求越来越严格，从而使得二星级以及一星级绿色低碳建筑数量越来越大，涨幅越来越高。

3.2　绿色低碳建筑的认识现状

　　由于绿色低碳建筑进入我国的时间仅有短短十余年的时间，对绿色低碳建筑的基础研究起步对于世界上的许多发达国家来说相对较晚，绿色低碳建筑质量总体较差、国家法律法规制度体系不完善、国内区域之间差距巨大、人们的绿色低碳环保意识观念不强等许多方面的国情，使得我国发展绿色低碳建筑的过程相对于发达国家来说要难上加难。面临着全球环境恶化，世界各国都在发展绿色低碳建筑，在建筑方面我国需要建立健全何种法律法规制度，开发并应用新技术，推动绿色低碳建筑的发展。

3.2.1　开发生产者的认识

对于绿色低碳建筑的认识，大致可以分为两种。

绿色低碳建筑是一种目标成果。绿色低碳建筑就是节约材料，节约能源，高效使用，健康，舒适，环保的建筑。这种认识让人们知道了绿色低碳建筑节约了能源和资源，保护了环境，体现了人文色彩，本土文化。

绿色低碳建筑是一种过程。也就是在这个建筑项目中的全寿命周期的每个阶段实现绿色低碳。在项目的决策开发阶段，充分考虑社会、环境、经济等各方面的利益，来使项目建设的社会与环境风险降低；规划阶段，通过对建筑环境的细致勘察研究，充分考虑当地的生态环境，利用当地的资源，减少施工过程中对环境的破坏程度；设计阶段，对建筑进行设计时将建筑与自然环境相结合，来设计建筑物的结构，间距等；施工阶段，通过运用绿色施工方法来减少施工阶段的各种生产活动对环境造成负面影响；维护阶段，用科学的方法来确保设备的安全运行，降低能源消耗，减少浪费，提高工作效率，减少废弃物的产生。

其实这两种认识是从不同的角度看待绿色低碳建筑，第一种认识是从成果上静态上看到了绿色低碳建筑的好处，而第二种认识则是从一个动态的角度看待绿色低碳建筑。绿色低碳建筑概念便是这两种认识的结合统一[3]。

人们对于绿色低碳建筑的认识也有不全面的地方。在绿色低碳建筑中节能固然重要，但是节约用地在我国也非常重要，我国的国情是人多地少，所以发展绿色低碳建筑也要将节约用地当做一个重要因素。

3.2.2　消费者的认识

随着国家对绿色、低碳、节能、环保等的宣传力度的增大，越来越多的消费者开始关注绿色产品，也渐渐的有人注意到了绿色低碳建筑，但是由于人们对绿色低碳建筑的认识不全面，使得对此种建筑的积极性不高。

人们对绿色低碳建筑存在一定的误区，可以总结为：绿色低碳建筑并不是仅仅周围得到绿化的建筑；绿色低碳建筑并不是价格昂贵的奢侈品，并不是只适合高消费人群；绿色低碳建筑不等同于使用了采用先进技术、高科技的建筑，有的绿色低碳建筑用一些传统技术也能实现绿色低碳。

3.3　绿色低碳建筑的技术发展现状

3.3.1　绿色低碳建筑技术的研究

我国绿色低碳建筑技术研究时间如表 3.2 所示

绿色低碳建筑技术研究时间表 表 3.2

时　间	"十五"期间
部门	科技部与建设部
针对方向	绿色低碳建筑技术与设备
研究项目	"绿色建筑关键技术研究"
关于绿色低碳建筑的研究方面	"绿色建筑的规划设计导则和评估体系""绿色建筑的结构体系评价方法""绿色建材技术与分析评价方法""绿色建筑水的综合利用关键技术""降低建筑能耗""绿色建筑室内环境污染控制与改善技术""绿色建筑绿化配套技术""绿色建筑技术集成与平台建设"
成果	形成了我国第一部《绿色建筑技术导则》与《绿色建筑评价标准》
意义	奠定了我国绿色低碳建筑行业的发展的技术基础

时　间	"十五"期间
时间	"十一五"期间
部门	住建部
针对方向	绿色低碳建筑的设计与施工方向
研究项目	"现代建筑设计与施工关键技术研究"
关于绿色低碳建筑的研究方面	"绿色建筑设计与施工的标准规范研究""绿色建筑全生命周期设计关键技术研究"
成果	一批绿色低碳建筑成套技术初步成熟，技术的体系化也得到了加强
意义	为绿色低碳建筑的发展提供了强有力的技术支持与保障措施
时间	"十二五"期间
部门	住建部与科技部
针对方向	针对现有建筑进行绿色低碳改造时所遇到的难题
研究项目	"既有建筑绿色化改造关键技术研究与示范"
关于绿色低碳建筑的研究方面	研究建筑向绿色低碳化转型的综合检测与评价技术和推广机制，各类建筑进行绿色低碳化改造技术研究与工程示范
成果	形成了一系列既有建筑绿色低碳化改造相关的制度
意义	提高了我国绿色低碳建筑产品的技术含量和国际竞争力

3.3.2　绿色低碳建筑技术的种类

绿色低碳建筑技术可以简单分为两类技术，一种是被动式绿色低碳建筑节能技术，即通过建筑物本身的形态结构进行调节来达到不消耗能源从而实现建筑物的节能低碳，达到绿色低碳的效果。第二种是主动式绿色低碳建筑节能技术，即通过运用新技术、建筑物的附加设备系统提高能效、利用可再生能源的技术。

被动式技术：

（1）门窗系统中使用节能材料或措施来降低能耗。可以运用低辐射玻璃或多层窗，可以根据不同程度的采暖和供冷来选择不同玻璃类型；可以通过向中空玻璃中间充入惰性气体来进行隔热、隔音等；玻璃幕墙的窗户百叶的开启角度能够依据采光度来调节进行采光和遮阳；保温外墙所用的保温材料能够循环使用。

（2）屋面系统的建筑节能可以采用自动技术、环保技术。如采用种植屋面、透光屋面以及热反射屋面，可以将一些定型相变材料加入地板中来维持室内温度的稳定性。

（3）可采用人工湿地技术、人工土壤滤池技术来处理雨水再利用为其他用途的非饮用水。实现了水资源的良性循环。

主动式技术：

（1）通风系统可利用太阳能空调、置换通风、余热回收、辐射供冷等通风技术来降低建筑能耗，提高空气质量，调节室内舒适度。

（2）采暖系统可应用地热能、太阳能等可再生能源进行供暖。

（3）照明系统可运用背景照明技术，此技术照明系统采用了高效灯具和 LED 光源的配合，根据光感和人员感应系统来自动开关补充日照水平。

（4）设备系统中采用新技术有着消耗能源少或利用可再生能源进行运作的设备。如太阳能热水器、光电天窗等。

（5）可再生能源开发与利用：风能、生物能、太阳能、地热能等[4]。

3.3.3　绿色低碳建筑技术所面临的问题

（1）我国的绿色低碳建筑技术所展现的产业化仅仅处于初步发展阶段，所以并不像传统建筑一样被建筑市场所普遍接受，不过现有绿色建筑技术（太阳能光热技术、可再生建筑材料等先进技术）也逐渐处于加速产业化阶段。

（2）绿色低碳建筑技术要求全寿命周期中的各个环节做好废弃与再利用，这不仅仅是理论上的要求，更得得到实践的检阅，这将是需要攻破的一个难题，所以基础性的研究工作在现阶段并不完善。

（3）由于国外的许多发达国家对于绿色低碳技术的研究比我国要早，因此我国现阶段的绿色低碳技术与国际技术水平还有一段距离，而且现阶段发展初期我国引入许多国外的先进技术来进行绿色低碳建筑的建造，但是绿色低碳建筑是根据当地的自然环境进行设计建造，具有本土化的特点，国外的技术是基于特定的气候条件和生活习惯来提出的，所以它与我国的建筑情况并不完全一致。所以现阶段发展绿色低碳建筑技术的本土化也很重要，在这方面还呈现出一定的不足[5]。

（4）还有我国现阶段的设计理念与运作机制也需要改善，国内绿色低碳建筑的设计经验不足，对于整体设计理念这一方面还需要发展与提高。

3.4　绿色低碳建筑制度发展现状

发展绿色低碳建筑除了技术发展要素之外，制度要素也非常重要。假设将技术发展要素看做绿色低碳建筑发展的内在要求，那么制度的建立健全就是为绿色低碳建筑的发展构建一个外在环境的支持，是保证其发展的基础。

3.4.1　绿色低碳建筑标准体系

2003 年我国开始对绿色低碳建筑的标准体系进行探究，第一个与绿色低碳建筑的评估和标准有关的是"绿色奥运建筑评估体系"。从 2004 年"十五"计划中"绿色建筑关键技术研究"开始到 2006 年研究结束，编制完成了《绿色建筑技术导则》；2006年，《绿色建筑评价标准》成为我国首部绿色低碳建筑方面的国家标准；2010 年，国家实施《建筑工程绿色施工评价标准》以及关于民用建筑方面的《民用建筑绿色设计规范》；2011 年我国编制完成了《绿色建筑评价标准》修订版；2012 实施了关于办公、医院、商店等领域一系列建筑方面的评价标准[6]。

标准体系发展特点：

（1）从体系上看我国绿色低碳建筑体系从研究开始便迅速进入发展时期，各种类型的建筑标准体系陆续实施，不同领域、不同种类的建筑不管从施工、整改、完工还是使用的各个阶段都对应不同的标准体系进行指引。针对不同领域建筑所形成的不同类型绿色低碳建筑体系的出现为我国绿色低碳建筑的发展起到了重要作用。

（2）从评价方法上看，随着体系的发展与完善，绿色低碳建筑体系的评价方法越来越科学合理。

（3）从市场需求看，绿色低碳建筑要得到稳定发展，离不开标准体系的指导，一套完善的标准体系会广泛受到市场的需求。

3.4.2 绿色低碳建筑法律体系

我国为绿色低碳建筑的发展制定了一系列的基本法律法规，比如节约能源法、建筑法以及可再生能源法等。一方面在具体实施过程上，将这些国家法律法规当中的各项原则与各个不同地区、不同领域的地方法律相结合从而构成一项整体的规定还存在一定的问题，尤其是要把绿色低碳建筑评价标准中的操作性强、专业性强的标准包含在内还存在薄弱环节。我国的能效标识制度正在逐步完善，但要想大面积的运用在我国的建筑行业中，仍然存在许多问题，比如信息、管理、信用等方面[7]。另一方面，在制度的执行上，对当前我国为构建绿色低碳建筑系统大多通过运用行政手段进行强制执行，很少有鼓励性的相关政策来进行配合，很多制度与现在的建筑市场并不能紧密的结合在一起，加上中国目前现行的行政监督体制并未完善，使得制度的执行、贯彻没有得到很好地落实。

3.5 绿色低碳建筑所用材料现状

建筑材料作为建筑的物质基础，在建筑的发展过程中有着不可或缺的地位，所以绿色低碳建筑的发展离不开其所用材料的发展，必须通过绿色低碳建筑材料这个载体来实现[8]。绿色低碳建筑材料是一种环保型的建筑材料，它在生产过程中以绿色低碳为标准进行严格的控制，在使用过程中不会产生污染，废弃后可以进行再回收生产进行循环利用，现在越来越多的绿色低碳建筑材料被用到建筑中。

3.5.1 绿色低碳建筑材料与传统建筑材料的区别

（1）在生产技术方面有着耗能少、安全无污染的特点。

（2）在生产过程方面，绿色低碳建筑材料生产时不使用甲醛、含有铅、铬等化合物的颜料或者添加剂，大大减少"三废"的排放量，减少周围环境污染。

（3）在资源或能源选用方面，绿色低碳建筑材料的原材料大量使用垃圾、废渣等废弃物，尽可能的少用天然资源。

（4）使用过程方面，绿色低碳建筑材料的宗旨是提高生活质量、改善生活质量，功能较多，如调温、调湿、防辐射、抗静电、抗菌等。

（5）废弃过程方面，绿色低碳建筑材料不会对环境产生污染，可以进行回收循环利用。

3.5.2 绿色低碳建筑材料的特点

绿色低碳建筑材料与传统建筑材料相比有着低消耗、低能耗、无污染以及多功能环保的特点。

（1）低消耗：生产加工时基本不用自然资源，利用垃圾、废渣等废弃物作为原材料进行加工生产为绿色低碳建筑材料，有效减少了资源的消耗[9]。

（2）低能耗：使用绿色低碳建筑材料能有效的减少在建筑生产和使用过程中所产生的建筑能耗。

（3）无污染：绿色低碳建筑材料生产加工的过程中受到了严格的控制，不添加有害物质，采用的是绿色环保的原材料，而且采用清洁的生产技术，废弃、废渣和废水等的排放量相对较少。

（4）多功能环保：在绿色低碳建材使用过程中对人体健康有益，能够改善生态环境，废弃材料可作为再生资源或作为能源进行回收利用，也可以进行净化处理。

3.5.3 绿色低碳建筑材料的基本要素

（1）生产所用的原材料可以使用各种废弃物，在原材料的收集采用过程中不会产生环境污染和破坏；

（2）生产过程中所产生的"三废"等废弃物符合环境保护的标准，同时大大减少了材料制造全过程中的能源消耗，符合绿色低碳建筑的标准；

（3）使用过程中，绿色低碳建筑材料功能性强（如隔热能力强、持续使用时间长等）。有益于人体健康，安全无污染；

（4）在其寿命结束废弃以后不会对环境造成二次污染，可以再次作为原材料进行重复利用。

3.5.4 绿色低碳建筑材料的类别

近年来绿色低碳建筑材料在我国的需求方面大致可以分为资源节约型、能源节约型、空间功能型以及环保清新型材料四类[10]。

（1）资源节约型材料指原材料减少使用有限的矿产资源，运用城市材料垃圾、生活垃圾等废弃物经过高科技加工利用再生产形成的新型建筑材料；

（2）能源节约型材料指的是在建筑材料生产过程中运用当地原材料，降低能源的消耗、减少材料运输成本等的材料，此种材料可以降低建筑施工成本；

（3）空间功能型材料指运用一些高科技环保的吸光、隔热、防爆、隔音材料来制造一个与自然和谐相处有益于居住的空间环境，此种材料的功能能够较大的满足人们的生活追求；

（4）环保清新型材料主要应用于室内装饰过程，指的是不产生污染、毒性气体的绿色低碳建筑材料。

目前市场上已经应用了许多新型绿色建筑材料，从建筑材料所产生的功能分，可以分为结构建材和功能建材。

（1）结构材料中有木材、石材、砖材、混凝土等。木材与石材本身的绿色环保能力较好。混凝土可以选择粉煤灰、矿渣灰等生活垃圾的焚烧灰进行脱水形成的干粉作为原材料进行生产的绿色低碳水泥和混凝土。粉煤灰在煤电工业的生产过程中会大量排放，这些废渣可以经过加工处理使其得到循环利用，这样减少了对环境所造成的污染，具有社会效益。

（2）功能材料中有节能功能材料、利用天然可再生能源的功能材料、改善居室生态环境的功能材料。①在节能功能建材中应用比较广泛的是保温绝热型材料。如聚苯乙烯复合板、铝箔隔热卷材、聚氨酯硬泡等。②天然可再生能源的功能材料将建筑外墙、窗户以及屋面材料等与热能、太阳能紧密的融合在一起，如太阳能光电屋顶、太阳能电力墙、太阳能光电玻璃等。③生态环境的功能材料有抗菌材料、绿色涂料、自动调温材料、调光材料等。

3.5.5 绿色低碳建筑材料应用的必要性

（1）能源消耗量大、空气污染严重、废弃物排放量大的现状必须改善。传统建筑材料的高速发展前提是消耗我国大量的资源和能源。当前我国的建筑能耗中，钢铁消耗总量占世界钢铁消耗总量的 45% 左右，水泥占 3/5。我国每年的社会耗能在世界每年社会耗能总量的 1/5 左右，据国内统计：建材行业消耗量中的 90% 为墙体材料与水泥资源消耗量。建筑行业的发展大大增加了建筑材料的使用量，而建材的生产工作主要以煤炭为主要能源，使用过程会产生大量对环境有害的污染物（如 SO_2、粉尘以及氮氧化物等），不仅使得建材生产所用能耗逐年增大，也使得环境污染越来越重。绿色低碳建材的应用可以有效地改善我国能源消耗量大、空气污染严重、废弃物排放量大的现状。

（2）适应经济、社会可持续发展的需要。21 世纪人类面临着各种资源短缺、能源消耗量大等各方面的压力，而且我国的人口众多，人均占有经济、资源比例较小，资源经济的可持续发展在我国尤为重要。研发和运用绿色低碳建材产品的可回收、循环利用的特性来提高绿色低碳建筑的质量日益受到国家重视。在这种条件下，我们要根据经济现状变传统的建材为绿色低碳建材以满足我国经济可持续发展以及不断增长的经济的需要。我们需要高技术的传统建材行业的改革，提高绿色低碳建筑材料的发展，使建材行业继续保持在国民经济中的重要地位，继续推动中国经济的可持续增长。

（3）绿色低碳建材的发展有利于人类的生存与发展。人类想要健康生活需要有舒适的环境作为支撑，只有得到健康舒适的生活才能从根本上保证人类社会可持续发展。绿色低碳建材中不使用甲醛、含有铅、铬等化合物的颜料或者添加剂等，能大大减少对人体有害物质以及二氧化碳在环境中的排放量，有效降低温室效应，缓解环境污染问题。人类本身的发展必须依赖健康的居住环境和供以使用的能源，因此必须要发展绿色低碳建筑以及所用建材的发展。

（4）绿色低碳建材的发展适应国家推动绿色低碳建筑各方针制度的需要。伴随着绿色低碳理念在人们心中地位的逐渐上升，绿色低碳建筑逐渐受到人们的关注，国家也对绿色低碳建筑的各项标准要求逐渐升高，促使对建材质量的要求也逐渐增高。如果建筑材料达到绿色低碳标准要求，那么此建筑能够更容易达到绿色低碳标准，加快绿色低碳建筑在我国的发展进程。

（5）绿色低碳建筑材料的发展适应中国建筑市场的需要。近几年我国建筑行业作为城镇化建设中的主力军，各地的建筑行业高速发展竞争非常激烈。许多的建筑企业为了在偌大的建筑市场中占有一席之地，将企业的发展目标放在了建筑材料方面。跟随国家可持续发展政策来大力宣传绿色低碳、节能环保的企业形象，从建筑材料入手获得竞争优势。如果在这种大环境下企业仍然采用传统的高能耗建材而不改变观念的进行建筑业竞争，必将会被市场所淘汰。

4　绿色低碳建筑发展进程中存在的问题

绿色低碳建筑在我国的兴起相对于世界发达国家来说起步较晚，不管是从建筑理念方面还是建筑技术方面要想与国际上的绿色低碳建筑标准相接轨都存在一定的差距[16]。总体来说绿色低碳建筑在我国正处于发展期，各个地理区域之间发展不平衡，而且规模并不大，现有的大部分绿色低碳建筑项目主要设立在国内的大城市、沿海等发达地区。虽然在人们心中发展建筑的节能环保、绿色低碳已基本达成了共识，但是绿色低碳建筑在我国的发展仍然要面对较大的困难和挑战。

4.1　认识理念的局限性

（1）目前由于绿色低碳建筑作为一项新兴的建筑领域并且其建筑专业性相对于普通建筑来说具有较强的专业性，所以除了一些从事绿色低碳建筑研究与实践的专业人士对其理念有较深层次的理解之外，大部分的社会人员以及建筑从业人士对其理念的理解仅仅处于一个较浅的层次。

（2）在国内许多地区并没有真正将发展绿色低碳建筑放到实施可持续发展战略、保证能源安全的战略高度。缺乏紧迫感，缺乏主动性，相关工作得不到开展。二是由于起步较晚，各界对绿色低碳建筑上的差异和误解仍然存在，只简单片面地理解绿色低碳建筑的含义。关于绿色低碳建筑真正内涵的普及工作仍然艰巨。

4.2　设计能力的局限性

（1）缺乏绿色低碳建筑设计的整体性[11]。很多建筑设计师在进行绿色低碳建筑设计时往往按照设计一般建筑的设计思路来设计绿色低碳建筑，等设计方案完成后进行绿色低碳建筑技术的附加，缺乏绿色低碳建筑的整体设计。

（2）绿色低碳建筑设计能力欠缺。绿色低碳建筑的要求是无论在建筑的设计阶段还是建设阶段都要将节能、经济、环保等综合因素考虑进去，从而实现建筑与自然环境的协调可持续发展。绿色低碳建筑在设计方案的实施之前就要将可持续发展的综合因素引入，可能需要将光照、采暖、通风等系统提前制定措施，但是在现阶段我国无论从设计体系来说还是设计人员的专业程度来说，与绿色低碳建筑设计的专业标准都存在些许差距。

（3）国内设计师人才缺乏，设计能力相对于国外顶级设计师来说比较落后。面对建筑设计市场的激烈竞争环境状态下，很多设计师为了达到业务数量，往往没有充分的时间和精力去设计一项好的项目，难免会在这种竞争环境下只追求数量。所以设计师人才的主动性设计对于绿色低碳建筑的发展很重要。

4.3　企业缺乏自主创新能力

建筑企业的科技创新能力有待提高。绿色低碳建筑的发展需要科技的创新，其中包括了设计方案的创新、材料设备创新、建筑施工技术的创新等。在建设过程中，由于高性能绿色低碳建筑材料的研发成本较高，使得企业的投资较大，消费者的接受能力就受到了限制，也使得企业的科技创新热情提高不起来。

4.4　国家政策与制度的不完善性

绿色建筑在我国处于起步阶段，相应的政策法规和评价体系还需要进一步完善。

（1）我国现阶段缺乏相关的民用建筑绿色低碳化改造的激励措施。主要表现在税收、补贴以及金融等几个方面的激励措施还不够完善。除此之外，绿色低碳建筑项目相联系的融资平台还不能成功地搭建，虽然各地政府在探索新型高效融资模式投入了巨大努力，建立了政府层面的风险补偿机制，对一部分优秀的绿色低碳建筑项目的融资提供信用担保，但是目前这方面取得的成果还是比较有限。政府资金"以奖代补"的使用方式（主要是事后奖励）很难在项目的启动上发挥应有的作用。作为资金主要来源的地方财政与企业配套资金对于部分改造资金缺乏的企业以及无企业依托的小区来说是很有依赖性的，从而造成了巨大的资金压力。

（2）绿色低碳建筑局限于在经济发展较快城市中建设。由于我国目前城市化发展的国情，使得城市建筑体系研究相对于农村地区的建筑体系研究来说更全面、更专业，绿色低碳建筑的发展与推广也大多在城市建筑中。

（3）绿色低碳建筑评估体系在我国并不完善，评价标准主要集中在使用技术和设备建设，忽略了技术设计在施工过程中的整体效果，使绿色低碳建筑偏离了节能减排的轨道。偏向于设计建造过程引导的现有评估标准，大大地降低了评估结果的科学性、权威性和可靠性。首先，评估体系定性条款比较多而量化的数据较少，评估质量被过多主观的判断影响了。其次，评估体系偏向于评价建筑环境质量，着重强调节地、节能、节水、节材，但代价就是牺牲掉使用的舒适性以及建筑本身的经济性，影响了绿色低碳建筑的推广及发展。同时，绿色建筑的综合标准体系还在构建当中，如将侧重点投向技术的应用而不是评估整体运行过程节能减排效果的话，在一定程度上会误导公众和市场。

（4）绿色低碳建筑发展制度存在问题。一方面，在编制制度过程中，参与编制的队伍群体大多数是研究机构的专家，比较单一，没法全面反映绿色低碳建筑发展过程中的其余参与者的想法，使得制度认同感与可操作性降低。本来绿色低碳建筑是一个集各个相关产业为一体的综合产业，产业中所涉及的投资商、施工方、使用人员、政府监管机构等都有着不同的目标与利益，所以他们对绿色低碳建筑的建造过程有着不同程度的影响[7]。所以在编制制度过程中要引入更多的群体进行编制，才能提高制度的可操作性。另一方面，在制度的执行方面，执行时没有相应的激励制度进行配合，使得制度与市场的结合度较低，过分强制手段使得制度执行较为困难。因此发展绿色低碳建筑要积累各方经验改变现有的执行手段。

5　推进绿色低碳建筑发展的建议

通过对绿色低碳建筑现状及面临问题的分析，总结出推动绿色低碳建筑实现的原则。理念上要普及绿色低碳建筑的理念，得到社会的广泛认可，为绿色低碳建筑的发展提供一个良好的社会空间；能源上要节能减排，充分使用太阳能等可再生能源；技术设计上充分考虑绿色低碳建筑的整体性，根据当地的自然环境进行设计，将绿色低碳建筑技术措施运用到建筑的各个阶段；材料上可以就地取材，使用绿色低碳建筑材料，要考虑回收利用旧建材，减少建筑材料形成建筑垃圾；制度体系方面，建立科学的绿色低碳建筑评估体系，更进一步强化建筑节能强制性标准的实施与监督，推行建筑物绿色低碳改造计划，因地制宜制定不同的政府扶持激励政策。

5.1　普及绿色低碳建筑的理念

要想使得公众对绿色低碳建筑的理念得到普遍了解，并在现代建筑领域的建设中普遍使用，个人认为要从两方面入手比较好。一方面要提高大众领域的普及宣传教育，另一方面要从建筑专业领域进行普及教育。绿色低碳建筑由于建筑初期所进行的高成本的技术与设备投入，很难得到开发者与使用者的支持，所以要通过政府进行相关政策、媒体宣传等方式来对社会进行绿色低碳建筑理念的普及，使其得到广泛的推广，从基础上支持绿色低碳建筑的存在。在建筑专业方面进行普及与教育可以选择在大学的相关专业（建筑学、土木工程、工程管理等）中增加关于绿色低碳建筑知识的课程，为绿色低碳建筑的发展培养高技术人才。

5.2　重视绿色低碳建筑的设计整体性并加大技术支持

一方面要坚持设计先行，实现建筑的绿色低碳需要很多个环节的决定，在设计期就要将各种因素考虑到，除了建筑本身的设计，还有暖通、水电等的设计以及建筑材料、设备的选择。另一方面要在技术支持方面加大投入。进行绿色建筑技术产品推广目录的编制与完善，提高研究成果转化的速度，建立健全绿色低碳建筑的成果推广与应用机制，从而能够为绿色低碳发展提供强有力的支撑；开展绿色低碳建筑新技术的研究，大力地发展具有自主知识产权的绿色低碳新材料、新体系、新技术；加强国内外先进绿色低碳技术成果的交流，吸收精华，取得突破，从而促进我国的绿色低碳建筑的发展[5]。

5.3 培养绿色低碳建筑专业的人才

绿色低碳建筑要进入高速发展期，离不开专业人才的支持，特别是设计人才。建筑的最终成果所为人们提供的功能都是在设计阶段形成的，设计阶段的优秀程度能够影响到建筑的结构与功能，所以在设计阶段必须严格要求。政府部门应积极引导各大专业院校组织活动，如举办大型绿色低碳建筑设计大赛等，鼓励学生积极参与，从源头上来影响建筑的从业者。如此下去，绿色低碳建筑的人才数量会逐渐增多。

5.4 加强企业的科技创新能力

政府部门在绿色低碳建筑的建设领域应该积极倡导，引导并支持各个企业之间进行联合研究创新，并通过出台一系列激励制度与优惠政策来加快企业创新研发进程。①建设单位要以绿色低碳建筑理念为核心进行科技创新，设计出符合我国建筑市场发展需求的绿色低碳建筑结构体系，这种建筑结构既要结构安全、外形美观，也要节能环保、绿色低碳。②施工单位要在施工阶段进行科技创新与施工技术创新来实现绿色低碳。优化施工组织设计，合理利用绿色低碳建材，节约材料；安全生产，减少机器设备所耗能源；加强质量控制，减少重新整改所产生的资源原料的浪费。③建筑材料、机械设备生产企业加强科技创新能力，积极研发新型绿色低碳建筑材料与消耗可再生资源的机械设备。例如：自动遮阳幕墙、太阳能系统等。

5.5 完善绿色低碳建筑技术标准

国家可以编制一套完整的与绿色低碳建筑相关的技术标准体系，从基础上明确绿色低碳建筑的法律责任，加强在建筑的规划设计、施工、使用、拆除等整个过程中关于绿色低碳工作的监管，为绿色低碳建筑在我国建筑市场的有效运营提供法律保障。

5.6 积极在农村地区开展绿色低碳建筑

实际上，农村相对于城市来说更具有地域、人文色彩，作为我国建筑市场的重要组成部分，对当地的土地资源充分利用，成为绿色低碳建筑低耗能的典范。农村的部分建筑因地制宜、与周围环境和谐共处是其精髓之处，应该积极推广绿色低碳建筑在农村的发展。

河北省迁安马兰社区：2014年获亚太地区绿色建筑先锋奖项目提名，是中国唯一新农村建设示范项目。该项目系省住建厅建筑节能示范项目，建筑节能新技术、新材料应用广泛，如太阳能供应热水、地源热泵集中供暖（制冷）、雨水收集（雨水窖）、污水处理（污水处理厂）、中水利用（中水回收系统）等。(1) 严格执行建筑节能强制性标准。(2) 全部采用地源热泵技术供暖制冷。(3) 利用太阳能供应热水、照明。太阳能资源作为一种清洁的可再生能源，被充分应用到了社区建设当中。(4) 中水再利用。社区建有污水处理系统和中水回用装置，实现处理污水和利用中水，最大限度地做到水的循环利用。(5) 社区运行管理高效、节能。

5.7 政府实施绿色低碳建筑激励制度

对于发展时期的绿色低碳建筑来说，国家政府部门的激励制度与政策非常重要[14]。一方面政府部门可以主导投资承建一些公益性建筑，如学校、博物馆等，起到领导的作用。另一方面政府可以对绿色低碳房地产开发商、绿色低碳建筑材料与设备研究企业进行财政方面的补贴，减少税收、优先选择等方面的鼓励措施。为企业技术人员提供学习国际先进技术经验的机会，鼓励大型金融机构为绿色低碳建筑的建设发展提供资金保障等。

湖南省从政策方面执行并推动绿色建筑标准，2013年湖南省召开的建筑节能与科技工作会议提出了，湖南省要积极开展绿色建筑行动，推动绿色建筑区域化与规模化全面发展。其中，从2014年起，湖南省的各级政府投资新建的公益性公共建筑和长沙市的保障性住房，全部要采用绿色建筑的标准；到2015年，长株潭3市以及部分有条件的地区、非政府投资的居住和公共建筑，执行绿色建筑标准比例要超过20%。2014年开始，对于应该严格执行绿色建筑标准的建设项目，颁发建设工程规划许可证和施工许可证时必须要落实绿色建筑相关内容。

6 绿色低碳建筑的发展趋势

当前，我国的经济增长，社会进步正处于高速发展时期，我国的建筑市场是世界上最大的，它作为我国经济发展的支柱产业之一，有着重要的地位。我国每一年的建筑面积约有20亿 m²，规模宏大，这也使得在建筑的施工和使用的过程当中的土地资源、水资源等被大量消耗。据统计建筑直接能耗相当于整个社会能耗的30%左右，水资源的利用在城市用水中占47%左右，钢材料的使用约占全国使用量的30%。因此目前我国的建筑能耗已经为国民经济带来了负担，实施绿色低碳建筑对于我国的可持续发展有着巨大作用。

（1）发展绿色低碳建筑的国际环境。目前面临着全球气候变化和环境恶化的大环境下，绿色低碳成为了世界各国的关注焦点。面对这一环境，世界许多发达国家大力发展绿色低碳技术，并调整国家相关政策，从而抢占了绿色低碳建筑产业、能耗、技术等的制高点。绿色低碳已经成为未来世界发展的必然选择。而作为世界大国之一的中国也必须转变观念，积极发展绿色低碳产业，对于建筑行业来说，绿色低碳建筑的发展成为重中之重。

（2）发展绿色低碳建筑的内在价值。中国的建筑市场如此之大，绿色低碳建筑的发展将成为中国前景广阔的产业，现如今，中国各式各样的产业中，对国民经济影响最大、促进中国内需、规模最大的便是建筑及其相关产业。绿色低碳建筑的发展也推动国内经济的快速发展。改变传统的建筑行业的高能耗发展为绿色低碳建筑的发展，有望使中国成为世界上规模最大的绿色低碳建筑市场。

（3）绿色低碳建筑的发展可以使资源得到有效的利用。传统的建筑在为人们提供场所的同时也消耗着大量的资源。面对如今全球变暖、环境污染等自然问题的前提下，保护大自然、节能减排、实施可持续发展战略尤为重要。而绿色低碳建筑可以根据当地气候条件进行设计建造一个低能耗建筑；在材料方面一方面可以就地取材，减少运输成本，另一方面可以运用新型建筑材料来实现建筑的各项功能；在能源方面可以通过太阳能、风能、水能等来减少能源使用。

现阶段，我国绿色低碳建筑标准与国际标准还存在一定的距离，比如在建筑节能方面，我国与气候相近国家的建筑能耗相比，我国采暖地区的能耗大约是其三倍左右，资源的回收利用，室内环境的自然通风等技术并不成熟，绿色低碳建筑理念并未得到普及，所以我国绿色低碳建筑的未来发展应该重点在以下几个方面：

（1）积极广泛的宣传绿色低碳建筑理念，使绿色低碳建筑深入人心，绿色低碳建筑的发展需要广大人民的积极参与来形成一个科学、健康的需求市场，刺激绿色低碳建筑的发展。

（2）要完善绿色低碳建筑技术法规体系与标准，这是控制绿色低碳建筑稳定发展的根源所在。

（3）加强绿色低碳建筑技术的研究与探索，如可再生能源的利用、低碳设备的使用以及绿色低碳建筑材料的使用，以此来控制生产与建造成本，充分节约资源和能源。

（4）总结先进的技术经验，形成一套适合中国国情的绿色低碳建筑技术体系，并积极开展国内外绿色低碳建筑研究活动，加强合作与交流。

（5）充分考虑绿色低碳建筑实现的经济效益，从建筑企业角度出发，绿色低碳建筑进行经济效益评价时，要考虑碳的排放量与成本估算，增加绿色低碳建筑的经济效益，推广绿色低碳建筑的发展。

（6）政府出台激励政策时，要引导金融机构进行绿色低碳建筑的开发，建立一套较完善的扶持政策，形成中国建筑绿色低碳发展的长效机制。

总结：

从绿色低碳建筑的概念和特点上看，绿色低碳建筑迎合了我国发展绿色低碳的各种环境政策，为我们指明了建筑行业中的可持续发展的方向，绿色低碳建筑将会取代原有的建筑，成为未来的发展趋势。绿色低碳建筑以绿色科学环保的设计为基础对建筑环境进行研究更新，这将是建筑史上一个新革命的兴起。现代的人们已经不仅仅在物质上需要满足，精神层面上的追求也日益提高，发展绿色低碳建筑长远来看更能满足人们的需求。绿色低碳建筑尊重自然、倡导和谐、提倡人文，在为我们提供场所的同时也保护了我们赖以生存的环境。在我国绿色低碳建筑的发展，面临着巨大的机遇与挑战，发展绿色低碳建筑利国利民。我国发展走的是可持续发展道路，面对建筑市场经济地位巨大的国情，发展绿色低碳建筑能使我国的经济低碳稳定发展。

7 本部分小结

绿色低碳是以人为本、科学发展观、可持续发展、和谐社会等多种先进理念的综合体现，顺应了时代潮流、符合我国国情和发展的需要。绿色低碳建筑在我国的发展才刚刚起步，在这一方面，我们与世界上的许多发达国家存在着根本性的差距，绿色低碳建筑发展的初期，由于实践经验相关理论不足，相关法律法规的不完善，会产生各种各样的问题，这就需要我们在政府的相关政策以及发达的科学技术条件下不断地进行探索，找到解决问题的方法与对策。建筑行业在我国占据着如此重要的地位，所以绿色低碳建筑也与建设节约型社会息息相关，它不仅仅的在节能减排中起着重要作用，更为关键的是绿色低碳建筑将能源消耗与环境等因素紧密的联系起来，将建筑与环境形成一个良性的循环系统。

绿色低碳建筑在我国面临着非常大的挑战，要想使绿色低碳建筑普遍实行，急需政府对低碳建筑、绿色建筑进行大力宣传，使得整个社会都积极的关注绿色低碳建筑，使其在人们心中扎根，从根本上发展绿色低碳建筑。毫无疑问，绿色低碳建筑已经得到国家的高度重视，其本质在于充分利用可再生能源，直接影响到了资源的循环利用，保护了自然环境。从长远来看，随着社会的发展，建筑节能和能源利用的可持续发展理念的环保意识深入人心，绿色低碳建筑在我国的发展前景非常广阔。

参考文献

[1] 汪勇军. 绿色低碳建筑节能浅析[J]. 建筑节能，2008(07).

[2] 仇保兴. 从绿色低碳建筑到低碳生态城[J]. 城市发展研究，2009(07).

[3] 中国建筑科学研究院. GB/T 50378—2006 绿色建筑评价标准[S]. 北京：中国建筑工业出版社，2006.

[4] 夏云. 生态与可持续发展建筑[M]. 北京：中国建筑工业出版社，2001.

[5] 陈滨州. 低碳建筑，让绿色永恒[J]. 世界华商经济年鉴·城乡建设，2013(02)：311.

[6] 曹里. 简析绿色低碳建筑技术[J]. 低碳世界，2014(02)：34-35.

［7］ 王俊，王有为，林海燕，徐伟，高彩凤，叶凌. 我国绿色低碳建筑技术应用研究进展［J］. 建筑科学，2013，29(10)：2-9.

［8］ 中国建筑科学研究院. 绿色建筑技术导则［S］. 建设部与科技部印发，2005.

［9］ 谢辉茂. 浅谈绿色低碳建筑的发展［J］. 城市建设理论研究，2012(03).

［10］ 张劼，刘福智. 绿色低碳化建筑［J］. 城市建设理论研究，2011(19).

［11］ 朱慧明. 绿色低碳建筑意义及其发展现状［J］. 中国新技术新产品，2010(08)：154.

二 大型公共建筑绿色低碳激励机制的国内外比较

1 绪 论

1.1 研究背景

我国建筑分三类，分别是农村建筑、工业建筑和城镇建筑。城镇建筑按性质又可分为居住建筑、公共建筑和其他建筑。公共建筑是指人们从事社会活动的非生产性建筑物，包含办公建筑、商业建筑、科教文卫建筑和交通运输用房等[1][2]。随着城镇化的发展，城市建筑的重点逐渐由居住建筑向公共建筑偏移。目前我国每年要建成 4～5亿 m² 的公共建筑[2]。

广义的建筑能耗是指从建筑材料制造、建筑施工，一直到建筑使用的全过程能耗，其中建筑使用能耗即为狭义的建筑能耗，是指建筑运行过程中的长期消耗包括照明、采暖、空调能耗等。目前大部分的建筑能耗属于狭义能耗，即建筑运行使用中的各种能源消耗[3]。

我国能源消耗最主要的领域是工业、建筑、交通三大领域。建筑能耗约占全社会总能耗的 1/3 左右[3]。我国建筑能耗逐年上升，在社会总能耗中的比例已从 20 世纪 70 年代末的 10% 上升到近年的 30%[3]，并预测到 2030 年达到 40% 左右。如此巨大的能耗比例，将超过工业能耗和交通能耗两大传统耗能大户，成为能耗最高的产业。建筑面积的不断增长是建筑能耗迅速上升的主要原因。随着我国社会经济的高速发展，建筑能耗占社会总能耗的比例将越来越大。

建筑能耗中公共建筑的能耗又占了相当大的比重。2014 年底全国接近有 200 万家公共机构，建筑能耗约占全社会总建筑能耗的 35.9%[4]。随着公共建筑在新增建筑中的比重逐年提高，这一比例还将上升，因而成为建筑能耗的一个主要增长点。《中国建筑节能年度研究报告》称：大型公共建筑的建筑面积占城镇总建筑面积不到 4%，但建筑能耗却占了 23%。公共建筑高能耗问题突出，忽视使用功能的现象日益严重，节能潜力大，因此公共建筑的绿色低碳节能是建筑绿色低碳节能工作的重点领域。不同性质的公共建筑用能的特点差别很大，见表 1.1。

数据显示公共建筑在单位面积耗电量分布上，采暖空调系统占了，照明系统占了 20%～40%[4]，大型公共建筑则更为突出。

公共建筑单位面积耗电量及比例   表 1.1

地区	建筑类型	耗电量 （kWh/m²）	所占比例			
			采暖	空调	照明	其他
北京	一般建筑	40～50	30～40	60～70		
	大型商场	210～370				
	大型办公楼	100～200				
	大型公共建筑平均值	150		30～60	20～40	10～30
深圳	高层办公楼	45～150		30	30	30

数据来源：《中国建筑节能年度发展研究报告 2007》

我国公共建筑能耗过大，究其原因：一方面是人们对建筑室内环境的舒适性要求越来越高，设计复杂加之用能集中[4]。与能耗相比，公共建筑能耗虽然总量低，但是单位能耗大。据专家测算公共建筑单位建筑面积能耗达到 26.7k 标准煤/m²，远高于一般住宅；另一方面在于公共建筑绿色低碳节能管理整体水平落后，能源系统利用率低，缺乏有效的激励政策。"十一五"期间我国公共建筑绿色低碳节能目标是力争实现单位面积能耗下降 10%。随着社会经济的快速发展，推动公共建筑绿色低碳节能对于实现我国建筑节能战略目标具有重大的意义。

1.2 研究目的及意义

1.2.1 研究目的

我国建筑绿色节能工作始于 20 世纪 80 年代，起步较晚。2005 年颁布了《民用建筑节能条例》要求新建建筑必须按绿色低碳节能 50% 的标准设计[3]。随着建筑节能工作的发展逐步扩展到公共建筑领域。我国公共建筑绿色低碳节能涉及到两个方面的内容：一是对新建建筑实行全面全过程管理，从项目设计、审查、施工到竣工验收。通过绿色低碳节能运行管理避免能源的浪费。二是推动公共建筑的运行管理与节能改造。2008 年以后才发布与公共建筑相关的绿色低碳节能设计标准及规范。从目前情况看很多公共建筑的建造并不符合设计标准，能耗状况堪忧。《公共建筑节能设计标准》对公共建筑绿色低碳节能提出要求：以政府办公楼为节能突破口，提高了建筑材料标准，通过城市试点的方式推广至全国领域的公共建筑[6]。近年颁布的相关行业标准和规范对于建立有效绿色低碳节能管理制度及绿色低碳改造具有积极的意义。

我国政府通过强制性手段推进绿色低碳管理工作，尽管取得了一系列的效果，但整体绿色低碳水平与发达国家还有很大差距，建筑绿色低碳激励政策整体缺失[7]，绿色低碳改造资金缺乏等一系列问题都阻碍了建筑绿色低碳工作的进展[8]。公共建筑的特殊性决定了其节能工作相对简单，以公用建筑为示范和建筑节能对象，建立针对性的激励制度，对于规范绿色低碳市场，推动建筑绿色低碳工作具有重要的推动作用。

本文就是通过分析我国公共建筑能耗现状，着重梳理和评析公共建筑绿色低碳节能激励政策，对我国公共建筑激励制度进行分析与改进研究，并试图对不同类型的公共建筑提出针对性的激励政策建议。

1.2.2　研究意义

鉴于我国公共建筑能耗特点，在分析我国公共建筑绿色低碳节能管理和激励政策的基础上，构建适合我国的公共建筑绿色低碳激励政策，完善建筑节能市场机制。

（1）有利于提高能源使用效率，缓解我国能源供需矛盾

我国正处于经济社会快速发展阶段，由资源依赖型变为创新发展型势必成为能源发展的主体。我国建筑绿色低碳节能潜力巨大，如何激励绿色低碳节能主体提高建筑能效水平，对提高我国能源效率有重大作用。

（2）有利于全面推行建筑绿色低碳节能改造

我国公共建筑绿色低碳节能激励方式单一，单纯的依靠政府的行政力量不能充分的调动相关利益主体参与公共节能的积极性，没有形成绿色低碳节能的内在激励机制，阻碍了建筑节能市场的发展。通过经济激励政策来刺激市场主体参与绿色低碳节能的主动性，释放社会潜在的节能需要，有利于推进我国公共建筑绿色低碳节能工作长期有效的发展。

（3）有利于实现我国建筑行业和社会的可持续性发展

国外建筑实践表明建筑行业发展往往与建筑绿色低碳节能相关，针对我国建筑绿色低碳节能改造不力的现状，在障碍分析的基础上研究制定我国公共建筑绿色低碳节能激励政策，对我国建筑行业和社会的可持续性发展具有现实意义。

1.3　我国建筑绿色低碳节能现状

1.3.1　我国建筑能耗概况

（1）我国建筑节能发展概况

我国经济的高速发展和人民生活水平的不断提高，刺激了国内建筑业和房地产业的快速发展。近十年来，我国房屋建设保持了持续高速的增长，每年的房屋建筑总建设量高达 $20\sim40$ 亿 m^2，竣工房屋建筑达 $160\sim22$ 亿 m^2，年增长率约为 $8\%\sim10\%$，2014 年人均居住面积达 $30m^2$。随着我国城市化进程的不断加快，以及经济社会的不断快速发展，住宅建筑与公共建筑的市场需求长期持续增长。据预测，21 世纪的前 20年内，建筑业仍将迅速发展，建筑规模继续增长。预计到 2020 年底，全国房屋建筑面积将达到 686 亿 m^2，相当于 2005 年的 2 倍。

（2）我国建筑能耗现状

①建筑能耗将持续刚性增长

我国建筑业和房地产业快速发展的同时，也带来了建筑能耗的高增长，建筑能耗正在成为我国的主要耗能领域之一，建筑用能占全社会终端能源总消费量的比例已上升至目前的 30% 左右。随着人民生活水平的逐步提高，对建筑环境舒适性的要求也越

来越高，采暖和空调设施增长较快，建筑能耗必将大幅度增加。

②建筑能效较低，节能潜力大

我国建筑物的保温隔热和气密性能很差，采暖系统热效率低。与同等气候条件的国家相比，单位建筑面积要多消耗一倍的能源，单位面积采暖能耗约为发达国家的1～2倍，建筑的外墙（窗）热损失也远高于加拿大等国家。例如，北京市在执行2012年节能标准后，建筑能耗虽大幅降低，但仍比瑞典等国高出近一倍（北京为20.6W/m^2，北欧仅为11W/m^2）；而对于夏热冬冷地区，其采暖度日数远比北欧国家低（上海的采暖度日数为1691，芬兰为5000～7000），但单位面积耗热量指标却大大高于北欧（上海为17.42W/m^2）。表1.2是各国建筑外围护结构传热系数比较，中外建筑能耗比较情况见图1.1、图1.2。

建筑外围护结构传热系数比较　　　　　　　　　　　　　　　表1.2

地 区	外 围	外 窗	屋 顶
中国北京	0.82～1.16	4.0	0.6～0.8
俄罗斯	0.44～0.77	2.75	0.33～0.57
德国柏林	0.5	1.5	0.22
日本北海道	0.42	2.33	0.23
加拿大	0.36	2.86	0.23～0.4
美国	0.32～0.45	2.04	0.19
瑞典南部	0.17	2.0	0.12

数据来源：《外墙外保温技术》

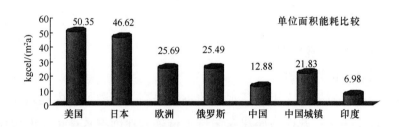

图1.1　中外建筑单位面积能耗比较

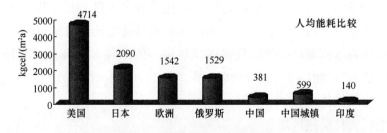

图1.2　中外建筑人均能耗比较

从上图可以看出，对比发达国家，我国城镇建筑能耗目前处在比较低的水平。伴随着建筑规模以及采暖空调设施使用的增长，建筑能耗不断地呈持续刚性增长趋势，与此同时，因为我国的建筑绿色低碳节能工作开始的时间比较晚，较低的节能设计标准，导致了我国建筑能效普遍较低，因此我国绿色低碳节能的潜力很大。目前我国每年城乡新建建筑竣工面积接近 20 亿平方米，预计到 2020 年底，全国房屋建筑面积将新增近 300 亿平方米。若新建建筑能够严格地执行建筑节能标准，逐步严格地推行对既有建筑的改造，到 2020 年，中国每年预计就能减少二氧化碳等温室气体排放量约 9 亿吨。

1.3.2　我国建筑绿色低碳节能发展概况

在能源日益紧缺、需求持续上升的情况下，我国的"十一五"规划中明确提出单位国内生产总值能源消耗比"十一五"期末降低 20% 左右，年均节能率 4.4%，

我国自 1986 年开展建筑绿色低碳节能工作起，实施节能工作计划的第一阶段（节能 30%），属于采暖居住建筑节能设计标准；1996 年开始实施第二阶段（节能 50%）属于绿色低碳节能设计标准，2010 年北京市开始实施节能 65% 的节能设计标准；2011 年实施绿色低碳公共建筑节能设计标准。现在，节能 50% 的设计标准正在我国的不同气候区全面地推进，设计标准适用的建筑类型由居住建筑扩展到公共建筑并且新颁发了《建筑节能工程施工质量验收规范》在节能工程施工中加强了质量监督工作与工程节能专项验收工作。根据住房和城乡建设部建筑节能专项检查情况的报告可以看出，全国新建建筑在设计阶段执行的绿色低碳节能设计标准的比例达 95% 左右，而施工阶段中执行绿色低碳节能标准的比例也逐年提高，2014 年达到 80% 以上。

经过了二十多年的发展，我国的绿色低碳建筑体系目前已逐步建立起中央和地方两级，包含法律、法规、规范性文件三个层次的法规体系制定了建筑绿色低碳节能设计专项规划并且基本形成了建筑绿色低碳节能设计标准体系，要加大建筑绿色低碳节能设计标准的执行力度，进而逐步形成新建绿色低碳节能建筑市场准入制度；加强与绿色低碳建筑研究起步较早的国家之间的合作，吸收国外先进的理念并引入国外建筑绿色低碳节能的技术。

总之，我国的建筑节能主要的管理手段是绿色低碳节能设计和绿色低碳节能验收，建筑节能的保障是以法律、法规、规范性文件三个层次的法规体系，主要领域放在北方既有居住建筑绿色低碳节能、政府办公建筑及大型公共建筑节能、可再生能源应用以及绿色照明。

1.3.3　我国建筑绿色低碳节能面临的障碍

当"能源效率"出现之后，现阶段普遍的观点认为节能主要强调的是能源效率的提高，目的是消除能源浪费。通过科学技术的进步、政策措施来节省能源，还需要人们转变生活方式以及改变不良的能源消费行为。

在建筑绿色低碳节能不断取得进展的同时，也遇到一系列障碍和问题。主要包括绿色低碳节能意识不强、缺乏有效的行政监管体系、绿色低碳节能技术及产品的研发能力薄弱、经济激励缺失等问题。

（1）建筑绿色低碳意识有待提高

虽然建筑绿色低碳工作得到了国家有关部门的高度重视，并且为之发布一系列落实文件，但由于种种原因社会对于建筑绿色低碳的重要性和紧迫性的认识仍然存在较大的差距，不能够有效地推动建筑绿色低碳工作的机制，像建筑绿色低碳工作责任制和政府部门建筑绿色低碳绩效考核就很难建立。

因为规划设计的关键性作用，若在绿色低碳建筑技术产品研发过程中采用较为先进的规划设计理念，可以大大地降低绿色低碳节能投资，减少不可再生能源的消耗。比如说，为了使绿色低碳节能的效果表现明显，可以在合理利用居住小区的自然环境、扩大小区的绿化、合理的安排建筑物的朝向以及整体布局等措施来实现。但由于现阶段，我国建筑绿色低碳节能设计强调的是单体建筑要能够达到绿色低碳节能的设计标准，如果规划设计并没有提出要求，规划设计中也普遍缺乏绿色低碳节能意识。

现阶段在房地产开发、设计、施工和监理企业等工程建设主体中也存在建筑绿色低碳节能意识淡漠的问题，在房地产开发、设计、施工和监理企业等工程建设主体也经常地出现。不能够按照主管部门的审批图纸来施工并且私自取消项目的绿色低碳节能措施，不考虑长期使用的运行费用，仅仅把注意点放在一次性建设的投资上，是当前存在的主要问题。对于消费者来说，往往会存在因为绿色低碳节能方面的专业技能，而不能维护自己的合法权益，造成自己的损失。

除此之外，大众薄弱的绿色低碳节能意识，使之在这方面存在严重思想的误区。建筑绿色低碳节能是在保障和提高基本生活品质，并满足尽可能多的消费群体多元化需求得条件下，减少对能源的消耗，并且提高能源利用率，而不是牺牲建筑物的舒适度和降低其综合性能为代价。然而，由于建筑绿色低碳节能的宣传力度不够，公众普遍缺乏对建筑绿色低碳节能相关政策规定和知识的了解，存在对绿色低碳节能建筑的认识误区。与此同时，我国绿色低碳节能价格偏低，公众对能源浪费的危机感和经济方面的压力没有完全释放出来，导致绿色低碳节能观念不强。

（2）体制障碍及有效行政监管体系缺失

目前我国建筑绿色低碳节能的管理体制还不能完全地理顺，政府管理职能相对弱化，所以当下我国推进建筑绿色低碳节能面临的最大障碍为体制障碍。例如，在现有的公共部门管理体制下，政府机构的财政预算中没有设立绿色低碳节能科目，绿色低碳节能改造需要的资金没有正当来源。并且，政府机构的年度能源费用主要根据前几年费用支出情况确定，是否采用绿色低碳节能技术与政府机构的工作人员没有直接联系甚至可能出现因为采取节能措施，可能会产生下一年度的能源费用拨款减少的情况。因为没有方法来调动相关政府机构相部门的绿色低碳节能积极性，以至于影响绿色低碳节能技术的推广应用。公共建筑由于种类较多，涉及的管理机构也繁多，管理体制也较为复杂。

再比如，建筑绿色低碳节能的管理机构机制还不够健全，建筑绿色低碳节能和墙体材料德革新工作不能够很好地分离等使绿色低碳节能管理不顺畅。例如，在我国的 29 个设有墙改办公室的省级单位中，归建设行政部门主管的就有 16 个，而归经贸委或发展改革委员会管理的有 13 个。建筑绿色低碳节能管理机构归口比较的分散，不能够很好地完成建筑节能工作的推进。而建筑绿色低碳节能工作的相关责任主体的职责不是很明确，导致以前的建筑绿色低碳节能管理制度不能够最大程度的发挥出应有的职能。

此外，职能部门执法力度不大、行政监管不力是影响我国绿色低碳节能工作开展的主要原因。相关的研究指出，2008 年落实的《节约能源法》中实行效果好的条款仅仅占了大约 60%，而针对建筑绿色低碳节能的《民用建筑节能条例》（国务院第 530 号令）于 2012 年 10 月施行。虽然我国出台了一系列法规以及国家标准、行业标准，但其中一些绿色低碳节能政策实施不力，鲜有项目因为没有达到绿色低碳标准受到处罚，应该强制执行的并没有强制执行。

（3）绿色低碳节能技术、产品的研发与推广薄弱

由于与国外的情况有所不同，我国地域广阔，气候条件差异较大，采用绿色低碳技术和产品与国外不同。除此之外，国内、外建筑构造的差异，要将国外的建筑绿色低碳技术、产品和材料引进国内，也需要进行成熟的配套应用技术研发，来使之完全适应中国国情。但是，目前条件下，我国建筑绿色低碳技术研发能力相对比较薄弱，存在很多问题，比如可供选择性差，绿色低碳技术和产品、材料种类少，产品质量参差不齐，绿色低碳材料的市场管理不规范，难以满足市场需求。出现以上问题是由于当前本来就很少的政策和资金主要集中在支持具体绿色低碳项目方面，而对于基础性节能工作的支持力度很小，从而也就造成节能基础工作薄弱的问题。在像我国这样的市场经济国家里，公共财政及各种绿色低碳节能公益性基金支持的重点主要放在节能技术与产品研发，往往会忽略掉具体绿色低碳项目，原因主要是建筑绿色低碳比较强的分散性。

另外，目前正处于研发阶段的第三方绿色低碳节能技术的检测以及评估，对绿色低碳产品和绿色低碳节能建筑的推广应用造成很大的阻碍。

（4）建筑绿色低碳节能经济激励政策缺失

20 个世纪 70 年代西方国家开始高度重视节能，我国开始陆续出台大批技能经济激励政策。作为市场经济国家推动绿色低碳工作的重要途径，通过制定基于市场的绿色低碳节能经济激励、约束和规范政策，引导不同群体为了自身的利益而自觉地进行节能工作。推行建筑绿色低碳是公益性的政策，因此推广建筑绿色低碳会不可避免地会增加生产商、开发商和用户的成本和支出，建筑能耗在发达国家中占的比重较高，空调和采暖也会引发大范围的季节性尖峰能源需求，因此，在绝大部分绿色低碳建筑较为发达的西方国家中，建筑绿色低碳节能经济激励政策一直占据着主导位置，多数绿色低碳节能经济激励政策和资金主要用于建筑节能领域。

在推广应用绿色低碳先进技术的目标指引下，我国专门建立了绿色建筑专项计划目的是鼓励绿色低碳建筑新技术的发展应用。但是，主要侧重点在节能型建筑、高效节能技术和设备的长期性经济激励政策没有对短期性的建筑绿色低碳节能改造项目和对高效绿色低碳节能新技术的支持，资金方面也比较缺乏。

目前我国建筑节能方面的经济激励政策缺失，首先是资金来源匮乏，而且没有建立基于市场的价格形成机制。发达国家的经验表明，绿色低碳节能专项基金是有重要作用的，绝大部分绿色低碳节能基金被用在具有较强公益性的建筑绿色低碳节能领域。当前情况下，是国债和一些国际合作项目是我国支持建筑绿色低碳节能改造的主要资金来源。并且，国债中支持建筑绿色低碳节能项目很少。资金来源的匮乏，成为建筑绿色低碳经济激励政策缺失的主要原因。除此之外，能源价格的偏低，取决于市场的价格体系不能够形成。就目前的热价形成机制而言，取暖费按面积计量，用户如果缺乏主动节能意愿，可能就无法形成绿色低碳节能建筑的市场需求，建筑用电的阶梯定价也尚未建立，峰谷差价低，绿色低碳节能效益就不能立刻体现出来，无法从根本上形成绿色低碳节能建筑的市场需求。

2 国内外大型公共建筑绿色低碳激励制度综述

2.1 国外大型公共建筑绿色低碳激励制度的类型

绿色节能低碳在我国的起步较晚，所以在我国的发展需要政府制度的引导，这是一个不断改变的过程，在国外政府出台完善的激励制度，若想要在我国更好的开展绿色低碳建筑的推广应用，必须学习外国的先进之处，使企业愿意主动服从法令，配合推广应用绿色低碳建筑。

综合分析各国绿色低碳节能政策，可以发现，经济激励政策在建筑节能激励政策体系中具有重要地位。国外常用的节能经济激励政策主要有以下几类：

（1）财政直接补贴

财政直接补贴是指政府以公共财政部门预算的形式直接向节能项目提供财政援助，如对研究与开发项目、示范项目和能源审计项目等的补贴。例如，针对可再生能源，英国率先在英格兰等地区推行的《非化石燃料公约》规定，通过对电力用户征收"化石燃料税"总电价的建立发展基金，用可再生能源发电的企业或项目在前一年可享受基金补贴，后一年电力公司以固定价格收购其电力，当市场价格低于固定价格时，将由政府给予差额补贴。丹麦政府在发展可再生能源方面，为每台风能发电机投入相当于成本的财政补助，此项补贴计划一共实行了2年。

（2）税收优惠

各国通过税收的手段来激励节能的形式主要是两种一种是税收减免的优惠一种是

征收能源消费税。

作为政府减轻纳税义务人的税收负担的一种形式的税收优惠，包括了政府在税务征收方面给予纳税人的各种优惠，它的常见具体的表现形式如减税、免税、出口退税和优惠税率等，还有先征后返、税收抵免、加速折旧、投资抵免、亏损弥补等。因为税收优惠不需要额外的资金来源，国外大多采用税收优惠的激励措施来激励企业和消费者的投资和消费行为。举个例子，日本的工厂节能设备安装中，从应缴所得税额中扣除，或在前一年按设备购置费提取特别折旧节能技术开发项目可扣减应缴的所得税。

征收能源消费税的名称各不相同，如碳税、天然气税、二氧化碳排放税等，但内容是一致的，主要是对能源过度消耗者征收税费，一方面是抑制能源浪费的行为，另一方面为鼓励节能筹集资金。其实，征收能源消费税的同时也是间接地对节能的减免税，因为在制定征收能源消费税的同时都有相应的减免条款。例如，英国对电力按照每度电征收便士的消费税，对风电和热电联产则不征税。英国、法国也开始征收碳税。日本也开始征收电力开发税和石油税，将税收收入用于新能源技术的开发利用。

（3）加速折旧

国外也常采取加速折旧的税收优惠方式，主要是针对企业的固定资产投资。一般政府或节能组织制定节能设备的目录，当企业采购目录中指定的设备就可以提前计提折旧，相当于减少了所得税额度。例如，在英国，企业购买了纳入节能型设备目录的设备，可以对该设备采取年内加速折旧的办法，改变了以前一年才能折旧完毕的做法。这样，购买目录产品的企业相当于抵免了的所得税。

（4）贷款优惠

对节能投资和技术开发项目给予贴息贷款，或无息、低息贷款以及为贷款提供担保是各国通行的做法。贷款优惠对象主要是节能投资的主体，例如，节能设备的研发和生产企业、实施既有建筑节能改造的企业、可再生能源项目投资企业，也有针对个人节能投资的优惠贷款。通过对节能投资主体实施优惠贷款政策，可以激发投资者的积极性，从而吸引大量资金进入节能领域。对于政府来讲，这种优惠方式可以通过银行等金融机构对投资者的资信进行审核，从而可以提高公共财政的使用效率，避免信用风险。例如，德国在既有建筑节能改造和可再生能源建筑应用方面给予了大量的优惠贷款对于符合政府规定的改造项目，政府将给予一定程度的优惠贷款，优惠贷款额度不超过改造总投资的，利率在一年内利率保持不变，其余部分由产权单位个人承担，再由州政府担保，申请一部分商业贷款。投资可再生能源的企业，国家以低于市场利率的优惠利率，提供设备投资成本的优惠贷款。经济激励政策的出台，需要有大量资金支持，国外许多国家都采取建立节能基金的形式。各国的节能基金形式不尽相同，但多是通过财政筹集节能资金，用于支持各种节能相关的活动，保证资金来源和数量的相对稳定。

除税收优惠、贷款贴息和财政补贴等经济激励政策以外，国外在建筑节能方面采取的管理性激励政策也有很多，常见的有制定技术标准、实施能效标识制度及节能知识的宣传与咨询服务等。例如，美国采取的"能源之星"、绿色低碳建筑评价标准等，促使企业和居民自觉地采取节能措施。执行"能源之星"计划之后，建筑业主每年的能源费用减少到一美元。再如，德国不断修订节能标准，开始实行新的建筑节能规范，规定了建筑物最大允许能耗标准，建筑围护结构最大允许平均热损失值等。

2.2 国外大型公共建筑绿色低碳激励制度特点

（1）激励对象明确

激励对象是激励政策的客体，激励对象不同，激励政策的实施效果也不同。在建筑节能方面，国外政府的激励对象主要有以下几个方面：一是生产者，即节能技术、设备、产品的研究开发和生产单位。例如，对研究项目、示范项目的贷款贴息和财政补贴等支持；二是消费者，即购买节能技术、设备和产品的企业或个人，采用的激励手段主要是税收优惠和财政补贴；三是中介机构，即实施建筑节能宣传、培训和教育的社会组织或团体，一般给予节能资金支持。

（2）激励模式明确

放眼于世界推广绿色低碳建筑较早且有显著成就的国家，在建筑节能领域，有两个常见的激励模式，基于成本的激励以及基于性能的激励。前者激励程度主要是由能源效率的提高而增加的成本决定的，后者激励程度主要是由要满足的节能目标所决定。通常来讲，处于早期试验阶段的先进节能技术以及没有成功开发的先进节能技术属于基于成本的激励对象的范畴，基于性能的激励主要针对短期性的项目，比较易实现，并且其中绝大部分为已经广泛应用的技术。建筑节能激励政策的侧重点主要是节能的最终效果以及行为鼓励，所以激励政策大部分是基于性能的激励模式。

（3）激励力度明确

激励政策的形式和种类都有很多，不同的项目特点不一样，要针对项目特点调整激励的力度。有的激励政策是补贴性的，通常采用这种激励政策来保障绿色低碳项目正常投入运营和不亏损，而有的激励政策是引导性的。例如，欧盟在对研究项目的资助方面一般最高提供50%的资助，对示范性项目最多提供35%的资助。

（4）激励具有明确的领域

作为一项系统工程，建筑节能往往会包含多方面的内容，所涉及的领域也就比较广泛，明确激励政策发挥作用的重点领域是政府在进行宏观调控工作时的重点。国外政府在进行激励时的主要领域有技术的研发与推广应用、制定法规标准、示范性工程项目的确立、可再生能源建筑应用、节能宣传培训以及教育活动，以及大力支持对企业和个人购买节能设备等，有的领域中市场机制可以发挥作用的则不需要提供激励政策。

2.3 国内大型公共建筑绿色低碳激励制度研究综述

我国建筑节能激励政策包括：经济激励政策和以"国家机关办公建筑和大型公共建筑节能监管"为主的管理性激励政策。

20世纪80年代，我国建立了节能激励体制，1981年国家设立了国家节能基建与技改专项资金，推行节能基建专项资金实行优惠利率的政策，2001～2003年在全国范围内实行差别利率，2004年取消了节能技改的专项资金，给予贴息50%的优惠，而且还是税前还贷，2008年此专项资金被取消。从2006年起，我国建筑节能工作开始正式推进，主要靠政府强制性手段来推进。我国曾经推行及正在实施的建筑节能经济激励政策主要包括以下方面：

（1）定资产投资方向调节税

2001年，《中华人民共和国固定资产投资方向调节税暂行条例》国务院令82号）规定，"北方节能住宅"的固定资产投资方向调节税执行零税率。该政策的实施对北方采暖地区开展建筑节能工作，推广节能建筑起到了极大的推动作用。但是，《固定资产投资方向调节税暂行条例》自2010年1月1日起在全国范围内暂停。

（2）税收优惠

在现行的企业所得税优惠政策里明确地规定，利用生产过程中的废渣、废气、废水生产产品，政府会给予相应的税收优惠政策。在对西部开发实行的税收优惠政策里明确规定，2011年至2012年期间，设在西部地区国家鼓励类产业的内资企业和外资投资企业，政府会减按15%的税率征收企业所得税。该政策在西部地区的节能建筑的建设中产生了一定的积极影响。

为了加快新型墙体装饰材料产业的发展，适应建筑节能市场的需要，财政部和国家税务总局共同颁布了多项增值税优惠政策。例如，2008年发布的《关于部分资源综合利用产品增值税政策的补充通知》（财税〔2008〕25号）规定自2008年1月1日起，为解决西部地区新型墙体装饰材料产品生产企业因达不到财税文件中对建筑砌块和建筑板材规定的生产规模标准，无法享受增值税减半的优惠政策的问题，对西部地区内的企业生产销售的列入财税〔2006〕198号附件中对建筑砌块和建筑板材规定的生产规模标准，无法享受增值税减半的优惠政策的问题，对西部地区内的企业生产销售的列入财税〔2005〕198号附件的建筑砌块和建筑板材产品，在2007年12月31日之前不再限定企业的生产规模，均可享受新型墙体装饰材料产品增值税减半征收的优惠政策。

（3）贷款优惠

在鼓励企业技术改造的贴息政策中，节能项目列入技术改造的内容之一，享受投资贷款贴息的优惠。

（4）补贴

为了提高新型能源和节能环保产业的发展速度以及推广应用可再生能源，2013年财政部、住房和城乡建设部联合开展可再生能源与建筑应用城市示范工作，对于纳入示范的城市，中央财政将会拨付资金来进行补助。资金补助基准为每个示范城市 5000 万元，最高不超过 8000 万元。

2012 年，国家发展改革委和国家电监会发布的《可再生能源电价补贴和配额交易方案的通知》改价格（［2012］1581 号），对于可再生能源电价的附加补贴和电价附加配额交易出台了详细规定目的是对纳入补贴范围内的秸秆直燃发电项目，继续按上网电量给予临时电价补贴，补贴标准为每千瓦时 0.1 元。对收取的可再生能源电价附加太少不足够来支付本省可再生能源电价附加补贴的省级电网企业，国家会按照短缺资金金额，颁发同等额度的可再生能源电价附加配额证，以配额的交易方式实现可再生能源电价附加资金调配。

（5）热价政策

热价是市场经济的产物，也是制约供热企业盈亏的砝码，更是广大采暖用户最为敏感的热点。而科学合理地调整热价，既可以保证供热企业正常运行，并根据市场需要扩大供热范围，又可以使广大用户合理用热，减少热能的浪费。

2003 年，原建设部等八部委颁布了《关于城镇供热体制改革试点工作的指导意见》，提出停止福利供热，实行用热商品化、货币化和逐步实行按用热量计量收费制度等，并在三北地区开展了城镇供热体制改革和供热计量的试点工作。2007 实施的《城市供热价格管理暂行办法》规定要逐步实行基本热价和计量热价相结合的两部制热价。

（6）其他激励政策

当前，我国的一部分地区对主营业务为新型的节能材料公司会提供增值税、所得税方面的优惠来进行激励。除此之外，中央、地方、一些行业协会或社会团体，也设立各种鼓励能源领域的科学研究与技术创新的奖励措施。

我国目前的节能经济政策主要的侧重点是放在节能技术的开发、市场失灵和政策分析领域。国家层面的建筑节能经济激励政策主要为近几年建立的，并且大多是停留在法律、法规层次，缺乏操作性强的细则规定。

由于我国经济体制正在面向市场逐步地过渡，所以我国现有的以行政管制为主的节能体系逐渐暴露出与以市场为导向的经济体制的不相适应，节能产业的发展速度比较慢，促进建筑节能更好地面向市场过渡和转变，成为了当下我国节能领域十分迫切的任务。

各省、直辖市根据国家法律、法规，均从自身条件出发制定了地区性的建筑节能激励措施，例如，江苏省设立建筑节能专项资金 1 亿元/年，这其中 3 亿用于机关办公建筑以及大型公共建筑节能监管的体系建设、新建的建筑节能示范工程、既有建筑节能改造示范项目、可再生能源建筑应用示范项目，以及建筑节能适用成熟技术推广等。

3 国外大型公共建筑绿色低碳激励制度比较分析

3.1 美国大型公共建筑绿色低碳政策激励制度与中国的比较分析

美国绿色低碳建筑的政策体系，包括联邦政府、州政府甚至县一级地方政府的绿色低碳建筑政策，从对这些政策的分析中得到部分借鉴，为我国绿色低碳建筑政策体系的早日完善提供帮助。

3.1.1 美国联邦政府大型公共建筑绿色低碳激励制度

美国推进绿色低碳建筑发展的主要政策工具包括三类：强制性的绿色低碳建筑规范和标准、税收激励政策以及自愿性的产品和设备绿色标识等。

（1）强制性法规和标准

法规与标准	内 容 介 绍
2005 能源政策法案	《2005 能源政策法案》（Energy Policy Act of 2005）对绿色低碳建筑的发展来说是关键性的，这项法案包含了具体的经济激励政策来推进节能产品在民用建筑中的应用，特别是一整套的针对家庭绿色低碳节能改进的税收抵免政策；对联邦建筑执行的标准作了新的规定，即采用 2004 国际绿色低碳节能标准代码（ASHRAE 标准 90.1～2004），并希望进一步修订联邦建筑能效执行标准，规定未来联邦建筑必须达到一定的能效指标；要求到 2015 年联邦政府各机构的能源使用要消减到 2003 年的 80%，也规定了政府机构可以有一部分预算用于能源节约工作；对 15 种产品或设备设立了新的能效标准
标准 189	2011 年，ASHRAE（the American Society of Heating Refrigerating，and Air Conditioning Engineers 美国加热、制冷和空调工程师协会）/USGBC/IESNA（the Illuminating Engineering Society of North America，北美照明学会）联合发布了"标准 189"——除低层住宅以外的高性能绿色低碳建筑的设计标准。这一标准为绿色低碳建筑提供了一个"一揽子建筑可持续性解决方案"，从设计、建造及管理维护全方面，这一标准将建立绿色低碳建筑最低的基础来适应各区域对绿色低碳建筑的要求。2011 年 1 月刚刚通过了"标准 189.1"。"标准 189"的格式和结构是按照 LEED 绿色低碳建筑评价体系来设定的，它涵盖的主要议题也类似于绿色低碳建筑评价系统，包括可持续性、水资源利用效率、能源效率、室内环境品质和建筑对资源环境的影响。LEED is the leadership in Energy and Environmental Design 的简称，是由美国绿色低碳建筑委员会制定并推出的能源与环境建筑认证系统（Leader ship in Energy & Environmental Design Building Rating System），国际上简称 LEED，是一个自愿的以一致同意为基础的，目的在于发展高功能、可持续建筑物的标准（LEED 绿色低碳建筑评价体系）。由于 LEED 绿色低碳建筑评级体系越来越得到社会的认可，所以"标准 189"是要作为申请 LEED 绿色低碳建筑的基准线，以帮助绿色低碳建筑逐渐成为社会共识

（2）经济激励政策

美国政府主要通过经济调控的手段来增加绿色低碳建筑对市场的吸引力以鼓励绿色低碳建筑的发展，鼓励的方式主要有提供直接的资金或者实物激励、税收补贴以及为绿色低碳建筑发展建立市场（比如碳交易）。直接的激励和补贴能够快速直接的推动绿色建筑发展，而创建市场的方法对于绿色低碳建筑和相关的节能环保技术长远发展是很有利的。

经济激励政策	主 要 内 容
税收减免	美国有多种与绿色低碳建筑发展相关的税收激励政策。前文已经提到的《2005能源政策法案》中既包括了课税减免也包括课税扣除的规定。其中课税减免的规定是：商业建筑的所有者如果采取某些措施使得能源节约达到ASHREA 90.1标准的50%可获得1.8美元/平方英尺的课税减免。同时，该法案还有多项课税扣除的规定：对于商业建筑，如果使用太阳能或燃料电池设备可享受30%的税收扣除；对于新建住宅，如果所消耗的能源低于标准建筑的50%就有资格享受课税扣除；对于住户来说，选择节能设备可获＄500～＄2000的课税扣除。但是课税扣除政策有效的时间是2007～2009年，这一规定被认为不够合理，因为两年的激励还不足以对节能建筑产品和设施的市场产生很大的影响
专项资金	美国能源部资助LEED绿色低碳建筑评估标准的建立；美国能源部能源效率与可更新能源办公室（EERE）为推动可更新能源和能效技术的使用，提供多种激励方式，这些政策虽不是专门为绿色低碳建筑发展制定，却对绿色低碳建筑的发展至关重要。比如为可更新能源和新技术的发展和示范项目的建立，提供资金。这种专项资金除提供给开发商、消费者、技术开发人员，也提供给州和地方政府
碳交易	美国曾经通过二氧化硫排污权交易的方式成功解决了酸雨问题，试想如果建筑的所有者和开发企业能够通过碳减排而获得收益，这将对绿色低碳建筑的发展有多大的推动作用。世界上第一个温室气体排放权交易机构是美国的芝加哥气候交易所，成立于2008年，与影响力更大的欧洲气候交易所不同，芝加哥气候交易所是自愿性质的，美国尚未建立强制性的减排目标，限制了其发展潜力

（3）自愿性项目

自愿性项目作为补充强制性规范的一种方式，是美国推动绿色低碳建筑发展的一个有效手段。因为它能够通过设定更高的建筑节能绩效标准来推动能源节约的推广，并为未来建筑节能标准的改进奠定基础。

自愿性项目	主 要 内 容
能源之星	在美国，最为流行的自愿性手段是能源之星（Energy Star）。这是1992年由美国环境署和能源部开创的通过提高能效来达到温室气体减排目标的项目。据评估，2011年该项目节能效果达140亿美元，温室气体减排相当于2500万车辆的减排量。迄今为止，已经有上千的商业和工业建筑得到能源之星标识

自愿性项目	主　要　内　容
绿色低碳建筑 评估体系	2000 年，USGBC 建立 LEED（the leadership in Energy and Environmental Design）绿色低碳建筑评级系统。LEED 是美国第一个对商业项目的影响进行全面评价的评价体系，包括能源和水资源的使用、市政基础设施、交通能源使用、资源节约、土地利用和室内空气质量。在 LEED 绿色低碳建筑评级体系之前大多数的评价体系，比如 EPA 的"能源之星"项目，主要是关注建筑能源的使用，而 LEED 绿色低碳建筑评级体系则更为全面的对建筑从选址、材料、资源到设计施工各个环节进行评价。目前在世界各国的各类建筑环保评估、绿色低碳建筑评估以及建筑可持续性评估标准中 LEED 被认为是最完善、最有影响力的评估标准之一，已成为世界各国建立各自建筑绿色及可持续性评估标准的范本。LEED 是自愿采用的评估体系标准，主要目的是规范一个完整、准确的绿色低碳建筑概念，推动建筑的绿色集成技术发展，为建造绿色低碳建筑提供一套可实施的技术路线。LEED 是性能性标准（Performance Standard），主要强调建筑在整体、综合性能方面达到建筑的绿色化要求，很少设置硬性指标，各指标间可通过相关调整形成相互补充，以方便使用者根据本地区的技术经济条件建造绿色低碳建筑。由于各地方的自然条件不同，环境保护和生活要求不尽一致，性能的要求可充分发挥地方的资源和特色，采用适合当地的技术手段，达到统一的绿色低碳建筑水准。这样的标准设计给建筑设计师和开发者更大的自由度，在加强他们对绿色低碳建筑认知的同时，也提高了他们的参与积极性，这也是 LEED 成功的重要原因之一

3.1.2　小结

美国大型公共建筑 绿色低碳激励制度 的特点	（1）绿色低碳建筑标准是基础性政策工具 　　在美国，强制性的国家标准的制定一般采用政府组织，由第三方中介机构完成的方法。从美国的实践来看，无论是强制性标准还是自愿性标准都是保障绿色低碳建筑发展的基础。这些标准从制定到实施，相关单位及群体的权、责、利非常明确，这也是标准能产生良好政策效果的关键
	（2）经济激励政策不可或缺西方市场经济国家无一例外地把经济激励作为最基本的推进绿色低碳建筑的手段之一。政府推动绿色低碳建筑的资金主要有两类：一是政府的财政拨款，二是节能公益基金。政策激励方式主要有：财政补贴、税收减免、信贷优惠三类。财政激励对于能效产品和技术的应用有较大的帮助，但是财政激励政策如果没有设计好，会导致很高的资金投入却没有对市场产生较大影响。避免这种情形发生的一种方式是将财政激励用于那些初始成本高，但是随着需求增加成本降低大的新技术
	（3）激发微观主体参与积极性 　　绿色低碳建筑政策及与之相关的能效政策，都必须激发私营部门的积极性，只有这样，政策才能有大规模和持续性的影响。能源之星和 LEED 绿色低碳建筑评价体系被认为是最为有效的政策工具，他们为企业和公众提供了权威和公开的信息，为其选择绿色低碳建筑清除了信息不透明的障碍
	（4）政策设计以市场转型为目标 　　美国绿色低碳建筑的政策设计是以市场转型为最终目标的，因此，政策和项目如果能够解决一些现在的市场和制度障碍，对于市场转型起到推动作用，就是最好的政策手段。同时，也说明经过良好设计的政策可以产生明显的节能效果，这一结论已经被很多政策效果评价研究证明了

3.2 澳大利亚大型公共建筑绿色低碳政策激励制度与中国的比较分析

3.2.1 澳大利亚大型公共建筑绿色低碳激励政策法规

（1）强制政策

强制政策	主　要　内　容
澳大利亚政府要求商业建筑信息公开（CBD）	根据 2008 年 7 月生效的最新的建筑能源效率公开法案，绝大多数 2000m² 或以上的办公建筑的卖家或出租房在出售或者出租该办公建筑之前，都应当公开其最新的建筑能源效率认证（BEEC）。作为政府整体战略的一部分，政府部门正在考虑从 2010 年起将这个法案推广应用到其他的建筑类型（比如酒店、购物中心以及医院）。在第一年，该项目提供了一年的过渡期。在 2010 年 11 月 1 日到 2011 年 10 月 31 日之间，业主们也可以提出一个澳大利亚全国建成环境评价系统（NABERS）平台或者建筑整体评价方法下的评分。从 2012 年 11 月 1 日起，业主就必须为建筑提供一份完整的 BEEC。每份 BEEC 的有效期有要求达到 12 个月，且能够从在线的建筑能源效率认证网站上被公众查询。一份 BEEC 应当包括：该建筑的 NABERS 能源星级评价；将被出售或者出租的建筑的租赁照明认证；该建筑的能源效率概览手册
澳大利亚建筑规范（BCA）：能源效率要求	2010 版澳大利亚建筑规范已经提高了建筑在能源效率方面的规定。这些规定包括：对于新建居住建筑，应达到 6 星能源评价或者相应水平；对于所有新建商业建筑，应有能源效率方面明显的提高
小化能源性能标准（MEPS）	最小化能源性能标准被各州政府颁布的法案以及法规定为强制项目。法律对其中电气用具部分的概括性要求进行了详细规定，包括不满足要求的规定以及惩罚措施。该标准的技术要求则颁布在相关申请标准中，这些标准能够在各州的法规中找到。由于澳大利亚先发给予各州政府包括能源在内的资源管理事项的责任，各州政府的立法是非常必要的。该标准的主要申请者来自建筑制造业，包括商业建筑的冷却装置和空调制造商

（2）配套政策

配套政策	主　要　内　容
可再生能源目标（RET）	2010 年 8 月，澳大利亚政府开始实施可再生能源目标（RET）计划，以期在 2020 年澳大利亚电力供应的 20% 来自可再生能源。在未来十年中，来源于太阳、风以及地热等的电力将随处可见，就像澳大利亚目前的电力使用一样。2012 年 6 月，澳大利亚议会通过一项法案，规定从 2012 年 1 月 1 日起，将 RET 分割为两个部分：大额可再生能源目标（LRET）以及小额可再生能源计划（SRES）。这次改变的目的在于给居住建筑、大额可再生能源项目以及小额再生能源系统的投资者更多的信心。LRET 和 SRES 结合在一起的话，总共将提供比目前对 2020 年的 45000 千兆瓦时的目标还要多的再生能源供应

配套政策	主　要　内　容
能源效率机会 （EEO）	能源效率机会项目（EEO）要求大型能源使用公司辨别、评估并向公众报告有效减少能耗的机会。每年使用能源超过 0.5 帕焦耳的公司都被强制要求参加 EEO。在国民经济的各个部分中，有 210 个企业在 EEO 中注册，包括商业房地产部分
国温室气体以及 能源报告（NGER）	"全国温室气体以及能源行动 2007 法案"提供了一个框架，据此可以报告企业自 2008 年 6 月 1 日以来的温室气体排放量以及能源消费和产出。该行动规定，能源生产、消费或者温室气体排放量达到一定限值的公司必须注册并报告

（3）激励政策

澳大利亚绿色低碳建筑经济激励措施主要有对绿色低碳建筑进行减税，创立"绿色低碳建筑基金"，"国家太阳能学校项目"以及"可再生能源补贴制度——太阳能热水补贴"。

对绿色低碳建筑进行减税是指从 2010 年 2 月起举办了关于绿色低碳建筑减税计划的公共听证会，该计划将于 2010 年 7 月 1 日实施。减税措施将促进对现有建筑（从二星级到四星级或更高级）进行节能方面的改造，一次性减免的税收金额能够达到改造投资的 50%。减税项目计划其相当于对澳大利亚现有建筑的节能改造提供了 10 亿美元的资金支持。

激励政策	主　要　内　容
绿色低碳建筑 （商业）基金	"绿色低碳建筑（商业）基金"项目计划从 2010 年至其后 4 年，为已建成商业办公建筑提供 9 亿美元的资金支持，使其进行节能改造。该项目由澳大利亚工业部负责。基金用途有两种：一是对已有建筑节能改造提供支持；二是对相关工业在商用建筑方面的可持续能源技术的研发提供支持
国家太阳能学校 （小学和中学）	"国家太阳能学校（小学和中学）"项目将对符合标准的学校提供多达 5 万甚至 10 万美元的资金支持，用于安装太阳能或其他可持续发电系统，太阳能热水系统，雨水收集装置以及其他节能设施。公办或私立学校都能进行基金的申请。但幼儿园、学前班、研究学院及大学不能申请此基金。从 2010 年 7 月 1 日起，已有 7300 个学校提出了申请。目前已经对 2600 个学校提供了总量达 1.16 亿美元的支持资金，其中已有 1600 个学校正在进行节能设备的安装
可再生能源补贴 制度—太阳能热 水补贴	"可再生能源补贴制度—太阳能热水补贴"项目鼓励符合条件的住宅业主或租户对现有电热水器更换为太阳能或地缘热泵式热水系统。它是 2008 年 2 月 20 日暂停的太阳能热水补贴项目以及家用保温改造项目的替代。凡符合条件的住户改造成太阳能热水系统的能够申请 1000 美元的补贴，改造成地缘热泵式热水系统的能够申请 600 美元的补贴。此项目自 2010 年 7 月 20 起执行

（4）政府以身作则

政府采取的措施	主 要 内 容
政府运行的能源效率（EEGO）	政府运行的能源效率（EEGO）旨在提高能源效率，降低其全生命周期能耗和对环境的影响。该项目涉及政府拥有和租用的建筑。 该项目最早在 2006 年提出，它要求各机构提供年度能源效率报告，并规定了它们的最低效率标准，从而逐步改善其效率水平。该项目还计划扩展到其他可持续领域，如节约用水和减少废物等。 EEGO 项目包括三个主要方面：政府各部门、机构的年度能源效率报告；各部门 2010 年的能耗目标；对办公楼、设备和车辆的最低能源效率标准
绿色租赁表（GLS）	为了协助政府部门和机构遵守澳大利亚政府建筑物的能源效率要求，政府制订了绿色租赁表（GLS），明确包含租户及业主为了实现效率目标的相互义务。 凡是 EGGO 项目所涉及到的政府机构或法定机构，迁入一个大于 2000m² 的办公空间，或是租期超过两年的话，必须在租赁合同中附有绿色租赁表
环保采购指南与清单	为了协助政府部门和机构遵守澳大利亚政府建筑物的能源效率要求，政府制订了绿色租赁表（GLS），明确包含租户及业主为了实现效率目标的相互义务。 凡是 EGGO 项目所涉及到的政府机构或法定机构，迁入一个大于 2000m² 的办公空间，或是租期超过两年的话，必须在租赁合同中附有绿色租赁表
水效率指南：办公建筑和公共建筑	澳大利亚政府和昆士兰州、新南威尔士州、首府地区、维多利亚、南澳大利亚州和西澳大利亚州等政府，制定了一份指南以提高办公建筑和公共建筑的用水效率。该指南为减少办公建筑和公共建筑的耗水量，提高水的再利用介绍了相应的技术支持，并指出了现有的改善机会。经验表明，这些建筑往往能实现 30%~40% 的节水目标。之间往往在这些建筑物可以实现的。对于建筑物的建设管理者、业主、租户以及维修人员，该指南都非常有用

3.2.2 澳大利亚大型公共建筑绿色低碳评价体系

澳大利亚绿色低碳建筑评价体系主要有澳大利亚全国建成环境评价系统（NABERS）、"绿色之星"评价系统（Green Star）以及建筑可持续性能指标（BASIX）等几种评价系统。"绿色之星"由澳大利亚绿色低碳建筑委员会开发完成，其评价的多项内容均奠定了依据设计信息和管理程序的理想的环境状况下，所有的设计预设，其表现效果将会怎样。而澳大利亚全国建成环境评价系统（NABERS）建立的实际运行中的表现数据库，则是绿色之星评价系统的大力补充，这样就构成了一个对于建筑师、工程师、开发商、租赁者和所有者的一个颇有意义的反馈环路。

建筑可持续性能指标（BASIX）是一个基于网络的规划工具，用于评价设计阶段的新建居住区的水资源和能源效率，由新南威尔士州的规划部开发。NatHERS 和 AccuRate 则是模拟包，用于评价住房表皮的潜在的能源表现，依据住房的规划布局和材料的应用情况。

澳大利亚大型公共建筑绿色低碳评价体系	主　要　内　容
澳大利亚全国建成环境评价系统（NABERS）	澳大利亚全国建成环境评价系统（NABERS）最初是由澳大利亚环境与遗产部（DEH）开发出来的一种评价系统。澳大利亚新南威尔士州环境与气候变化和水资源部（DECCW）由澳大利亚环境与遗产部于2012年3月选出来作为该系统后续的商业化等事宜。 　　新南威尔士州环境与气候变化和水资源部负责管理澳大利亚全国该系统的运营和发展。由NABERS全国指导委员会监督其执行，该委员会成员为澳大利亚和各个州等地方政府的代表，澳大利亚可持续建成环境委员会作为观察员存在。该系统由获得认证资格的评估员来执行其评价。 　　澳大利亚全国建成环境评价系统（NABERS）是一种基于既有建筑表现的评价系统。其对建筑的评价是以测量出的建筑运行对环境的影响为基础，并给出一个简单的指标，来显示这些环境影响的控制效果，其影响结果以该项目获得的星级为认证指标。目前已经提供的评价系统包括办公建筑、住宅、旅馆、购物中心、学校、医院和运输等不同类型建筑的评估系统。例如，为办公建筑准备的评价系统包括了NABERS能源，NABERS水，NABERS废弃物和NABERS室内环境。 　　该系统最大特点是针对既有建筑运行的测量结果进行评价。因为绝大部分建筑的环境影响来自既有建筑的运行，而目前绝大多数澳大利亚和国际上现存的评价体系主要是进行设计和开发阶段的评价。而设计尽管非常重要，但不能保证好的设计一定带来建筑运行中好的环境表现。 　　这样，该系统针对的是既有建筑，而且测量的各种数据都是在建筑运行阶段获得的，那么其意义非常巨大，不仅提供了一套评价系统，脚踏实地地反映建筑运行的环境影响，而且基于实测表现的结果，可以有助于补充完善专业的设计工具，完善针对设计和开发阶段的评价系统。该系统实测的主要环境影响门类包括能源利用和温室气体排放、水利用、废弃物和室内环境。其他的环境影响门类，正在研发中
"绿色之星"评价系统（Green Star）	"绿色之星"的评价工具帮助房地产业和建筑业减少建筑的环境不利影响，提升使用者的健康以及工作效率，真正做到节省开支。目前的"绿色之星"评价工具有针对不同开发项目的，例如教育建筑、医疗建筑、工业建筑、多层集合住宅、办公建筑、办公建筑建造、办公建筑设计、办公建筑室内、购物中心、会展建筑、观演建筑、社区等。 　　"绿色之星"评价体系的目录包括九个部分的内容，分别是：管理、室内环境、能源、交通、水、节材、土地利用与生态、排放物、创新。每个部分均细分为几类，每一类别分别评分，均强调提高环境表现的主动性。此外考虑到地域差异，每个评价系统中，往往会附有一个关于权重分析的附件。 　　"绿色之星"有如下的评价结果： 　　①四星绿色之星评价认证（得分45～59分）：表明该项目为环境可持续设计或建造领域"最好的实践"； 　　②五星绿色之星评价认证（得分60～74）：表明该项目为环境可持续设计或建造领域"澳大利亚杰出"； 　　③六星绿色之星评价认证（得分75～100）：表明该项目为环境可持续设计或建造领域"世界领先"

3.2.3　小结

澳大利亚绿色政策法规注重政府在各个组织中的参与，尤其制定了政府以身作则的规章制度，同时在绿色低碳建筑教育、科技创新、产品标识等领域均有明确的组织机构和具体的战略目标。在经济激励措施上，为了推进绿色低碳建筑发展，力度很大，目标指向性明确。其评价体系，既有针对设计和开发阶段前期的系统，也有针对既有建筑的系统，二者之间是一个补充和合作的关系。

3.3　日本大型公共建筑绿色低碳政策激励制度与中国的比较分析

3.3.1　日本大型公共建筑绿色低碳主要政策法规

日本大型公共建筑绿色低碳主要政策法规	主　要　内　容
强制政策	日本于 1979 年制定了《节能法》，与节能基本方针、节能判断基准结合，强化了企业计划性和自主性的能源管理，规范了政府、企业和个人之间的用能管理关系和节能行为，是日本开展节能管理的工作基础。2011 年最新修订的节能法主要是针对温室气体的减排，要求对大型建筑物（建筑面积 2000m² 以上，称作"第一种特定建筑物"）除必须提交建筑节能报告书外，如果节能措施明显不完善、且不听从进行改善的要求，管理部门将进行公示，并责令其进行整改；同时要求新建独立住宅应采用一定的技术措施提高节能性能。此外，要求中小规模的建筑物（建筑面积 300m² ～2000m²，称作"第二种特定建筑物"）必须在新建与改建时向管理部门提交节能报告，以及节能设备维护保养的相关报告
配套政策	针对建造、销售住宅的造商，采取"提高新建住宅节能性能措施的制度"，促进其在新建特定住宅（独立式住宅）中采用节能措施，并制定针对住宅建造商的评价标准。面向建筑物设计单位、施工单位，实行国土交通省大臣发布的提高节能性能和性能标识的指导、建议制度。针对建筑物销售者和租赁者，明确规定其必须通过节能性能标识来向普通消费者提供信息
激励政策	为促进住宅、建筑物的 CO_2 减排，鼓励有助于 CO_2 减排技术普及、研发的先进住宅或建筑物的建设，而给予补助金。同时，为促进住宅、建筑节能改造事业，鼓励有助于提高住宅、建筑物的节能改造，也给予补助金。 实施住宅环保积分制度，对环保翻修或新建环保住宅给予可交换各种商品的生态积分。环保积分可用于兑换商品券、预付卡、有助于地区振兴的物品、具有杰出节能环保性能的商品、新建住宅或节能改造工程施工方追加实施的工程等

日本大型公共建筑绿色低碳主要政策法规	主　要　内　容
激励政策	实行鼓励购置优质住宅的制度。在住宅金融支援机构的证券化支持框架下，对性能优异住宅的购置，将在一定期间内下调贷款利率。鼓励的对象包括：节能性、抗震性、无障碍性、耐久性、可变性等任一性能优异的建筑，以及具有一定节能性或无障碍性的既有住宅。 实施促进节能改造事业的制度。在激励完善改造市场的同时，鼓励提高住宅和建筑物的使用寿命，鼓励 CO_2 减排技术（隔热、设备、自然能源等）普及开发的先进项目。在促进住宅改造、促进建设长久优质住宅、促进住宅 CO_2 减排方面给予补贴。 此外，日本政府还采取免除住宅节能改造相关所得税、免除住宅节能改造相关固定资产税、促进能源供求结构改革投资税制（购买节能设备等时，享受法人税、所得税方面的优惠税率）等激励政策，推动绿色低碳建筑的发展

3.3.2　日本大型公共建筑绿色低碳评价体系

| 日本大型公共建筑绿色低碳评价体系介绍 | （1）CASBEE 发展概况
日本建筑物综合环境性能评价体系 CASBEE 在国土交通省支持下，从 2008 年开始进行研究，主要由日本可持续建筑协会 JSBC 开发，开发成员来自产（企业）、政（政府）、学（学术界）。自 2010 年颁布了针对新建建筑的评价标准后，截至目前先后颁布了针对既有建筑、改建建筑、新建独立式住宅、城市规划、学校、以及热导效应、房产评估的评价标准，并即将颁布针对都市的评价标准

（2）基本概念
CASBEE 是为提高建筑居住性（室内环境）和降低地球环境负荷等一体化的综合环境性能评价体系，明确划定评价对象的边界是用地边界和建筑最高点之间的假想封闭空间，独创性地引入了"建筑环境效率 BEE"，将"建筑物环境质量与性能 Q"与"建筑物的外部环境负荷 L"严格划分，分别进行评价。

目前应用 CASBEE 可进行"建筑物环境效率评价"和"$LCCO_2$ 评价"。其中"建筑物环境效率评价"根据"建筑物环境效率 BEE"的数值，更为简洁、明确地将建筑物的评价结果由高到低划分为 S、A、B＋、B－、C 五个等级，冠以"红色标签"，三星级 B＋以上为绿色低碳建筑。"$LCCO_2$ 评价"则是针对从建筑建设、运用直至废弃的全生命周期 CO_2 排出量的 $LCCO_2$ 评价，引入了自动而简单的计算 $LCCO_2$ 的标准计算方式，为了明确表示 $LCCO_2$ 的性能，加入了基于 BEE 的综合评价，将评价建筑与参考建筑（拥有与节能建筑判定标准相当的假象标准建筑）的 $LCCO_2$ 进行比较，标明比率，同样划分为五个等级，冠以"绿色标签" |

日本大型公共建筑绿色低碳评价体系介绍	（3）认证制度 CASBEE 一直作为个人软件使用，但为了保证评价的透明性和公正性，2010 年开始在全国范围内实施第三方机构开展的评价审查制度，实施主体包括日本建筑环境与节能协会（IBEC）以及 IBEC 认证的 11 个民间机构（独立住宅项目认证主体只有 IBEC），对通过认证的项目颁发"CASBEE 评价认证书"，截至 2012 年 8 月共评出获得认证的新建、既有和改造项目 108 项，独立住宅项目 15 项。 为保证评价工作的顺利开展，CASBEE 引入了评价员等级制度。评价员分为两种，一种是"CASBEE 建筑评价员"，另一种是"CASBEE 独立住宅评价员"。获得登记的 CASBEE 评价员有资格受聘参与 CASBEE 的认证工作，评价员在开展相关工作中若被发现不能胜任，或发生造假行为者，将被取消登记资格。 申请 CASBEE 认证的项目需在获得登记的评价员帮助下填写申请表，准备相关申报材料，并申报由评价员认定的评审结果，申报过程一般需要 5 个月时间。实施主体需召集相关专家组成评审委员会实施评审工作，重点审查申请材料的完整性，以及申报结果的准确性，评审时间最快需 1 个月时间。经过第三方认证的项目，将向社会公布认证结果，颁发认证证书
	（4）地方推广 在日本国土交通厅的大力推动下，CASBEE 评价工具被越来越多的地方政府所采用，目前已有名古屋市、大阪市、横滨市等 22 个地区施行了强制提交评价结果及公布制度，即针对一定规模（建筑面积 2000m² 或 5000m²）以上的新建建筑，地方条例中都要求必须提交包含建筑确认申请以前的 CASBEE 评价的计划书以及施工完成时的完成报告书，提交结果会在地方自治体的网页上公布，包括建筑物名称、业主名称、设计单位、施工单位等信息。 名古屋市从 2011 年 4 月将 CASBEE 在市区范围内强制使用，是第一个强制性执行 CASBEE 的城市，目前申报并公开 CASBEE 评价结果的建筑物已达到 1094 个。横滨市则结合地域特点，从全球变暖、热岛效应、长寿命化和城市景观配合等四方面，在 CAS-BEE 评价体系基础上，于 2011 年推出横滨市建筑物环境性能标识"CASBEE 横滨"，并于 2012 年 4 月启动认证工作，是日本第一个引入 CASBEE 地方认证制度的城市，截至目前共有 4 个项目获得了"CASBEE 横滨"认证
	（5）评价结果利用 部分日本银行（如静冈银行）对获得 CASBEE 认证的项目给予低息贷款的优惠政策。北九州市、鸟取县和爱知县等将 CASBEE 作为决定独栋住宅、利息优惠、利息补偿制度的条件之一。大阪市、名古屋市将其作为决定是否给予补贴的条件，或用作确定优先顺序的评价项。大阪市、横滨市等将其用作审批综合设计制度时的条件。川崎市通过与金融机构合作提供贷款优惠。其中横滨银行对获得三星以上认证的新建公寓提供低于银行公示利率最多 1.2％的利率优惠；住友信托银行对四星级以上新建公寓，根据星级高低，提供低于银行公示利率最高 1.5％的优惠

3.3.3　小结

日本对于绿色低碳建筑的推广既有法律的强制性规定，又有着大量相关的经济、金融引导政策与补贴制度，不管是对建造者还是对业主都有着很大的吸引力。在绿色低碳建筑评价体系推广方面，日本绿色低碳建筑评价工作由政府主导，产学研共同研发、共同推进，并通过地方强制推行的自评上报制度使得以迅速铺开，同时通过建立的评价员考核登记、认证机构严格把关、评审程序公平规范的认证制度，确保认证项目的质量。此外，利用评价结果建立的激励政策，更使绿色低碳建筑评价制度得到社会认可，成为推动日本绿色低碳建筑发展的重要积极力量。

3.4　欧洲大型公共建筑绿色低碳激励制度与中国的比较分析

3.4.1　欧盟大型公共建筑绿色低碳激励制度

绿色低碳建筑政策制定。欧盟各国政府非常重视绿色低碳建筑中的节能，一直受到欧盟各国政府的重视。为实现建筑节能减排，欧盟各国制定了具体的建筑节能减排政策。其中《建筑能效指令》规定了欧盟各成员国必须制定建筑能效最低标准、建筑用能系统技术导则、建筑节能监督制度、建筑能源证书制度等，对各国的建筑节能影响深远。

我国的绿色低碳建筑政策分为国家和地方的绿色低碳建筑政策和建筑节能政策两大部分。国家的绿色低碳建筑政策有《关于加快推动我国绿色低碳建筑发展的实施意见》、《绿色低碳建筑评价标识管理办法（试行）》、《关于推进一二星级绿色低碳建筑评价标识工作的通知》（建科〔2012〕109号）等，北京、广州、深圳等地积极响应国家绿色低碳建筑政策，结合当地特点制定了相应的绿色低碳建筑发展规划、评价标准等政策性文件。建筑节能政策有《节约能源法》、《可再生能源法》、《民用建筑节能条例》等。

欧盟制定的绿色低碳建筑政策较中国全面，针对各部门环节分别出台相应制约、控制措施。我国必须结合我国区域特色制定出符合我国实际条件、便于实施的绿色低碳建筑政策，同时加强政策信息透明度、多方位促进政策的落实实施。

3.4.2　制度实施及效果

（1）欧盟建筑节能政策

德国是较早推行绿色低碳建筑及建筑节能减排的国家，其建筑节能政策是欧盟建筑节能政策的缩影。从法规到技术推广，德国的政策措施涵盖了整个建筑领域，为绿色低碳建筑在德国的发展起到了重要作用。

在政策和技术的双重支持下，过去十年中，大部分欧盟成员国建筑能源效率不断提高，不同国家和地区实现的绩效成果为2%～20%不等[9]。欧盟委员会的研究显示，到2030年，住宅区电子及供暖装置的能源效率趋势如下：低政策密度场景降低41%（LPI），高政策密度场景降低57%（HPI），技术场景降低73%（Tec）。

（2）中国绿色低碳建筑政策

我国的绿色低碳建筑政策实施情况经过"十一五"的发展落实，建筑节能实施率从 2011 年的 42% 上升到 71%，完全实现建筑节能的新建建筑面积达 48.57 亿 m²，节约 4.6 千万吨标准煤。其中 2010 年达标建筑就达 12.2 亿 m²，节约标煤 1.15 千万吨[10]。

由于组织机构不同，欧盟与我国的绿色低碳建筑政策制定实施存在较大分别：欧盟的政策通过议会表决生效之后，便在欧盟区域生效实施；我国的政策主要由人大及国家主管部门制定，生效后，发给各级主管部门制定实施细则，由于纵向机构层次较多，实施过程冗长、效率低下。

（3）激励政策实施及效果

政策是基础性工具，而恰当的激励制度将有助于绿色低碳建筑的推广实施。下表就欧盟与我国绿色低碳建筑推广与激励政策及实施效果进行了比较：

欧盟绿色低碳建筑政策相比，我国绿色低碳建筑政策制度主要存在以下不足：

① 强制性、针对性不够。虽然出台了《绿色低碳建筑发展实施意见》等政策，但是没有进行强制性要求，多为"推荐"、"提倡"类政策，采纳施行与否不定。缺乏专门立法和明确的法律责任及处罚措施。

② 操作性法规层次低，法律效力弱。操作性法规多由建设部和地方部门制定，法律约束力相对较弱，如建设部颁发的《民用建筑节能管理规定》法律地位较低，推动实施与监管的力度远远不够。

③ 涉及部门多，法规不完善，实施缓慢。绿色低碳建筑涉及能源、环境、设计等多个部门，而现有政策法规中除对能源方面有单独立法外，其余方面涉及甚少，内容不完善。加之层级关系复杂，实施过程冗长、效率低下。

④ 推广、激励制度匮乏，落实难。由于政策法规、技术规范、评价体系不完善，进而导致推广政策匮乏，激励措施力度不够，监管管理薄弱，落实效果差，推广难。

3.4.3 欧盟政策对我国大型公共建筑绿色低碳推广与激励的启示

我国正处于快速城市化时期，如何有效的推广绿色低碳建筑，提高绿色低碳建筑在新建建筑中的比重，同时对既有建筑进行绿色改建是一个亟待解决的难题。借鉴欧盟经验，可从以下方面着手：

（1）建立健全绿色低碳建筑法规体系

首先，将绿色低碳建筑纳入建筑法中，以强制性法律推动绿色低碳建筑的发展；第二，规范细化现有法规和技术指导，增强绿色低碳建筑行业能力建设；第三，建设绿色低碳建筑评估系统，完善绿色低碳建筑评价标准及评价技术手段，组织专职部门进行评估考查；第四，完善监理、监督举报以及奖惩机制。

（2）完善信息交流平台

借鉴欧盟建筑节能信息交流平台经验，完善绿色低碳建筑信息交流平台。整合利用现有绿色低碳建筑信息交流平台，强化基础数据库，网络专业人员，促进先进技术、经验的交流，推进绿色低碳建筑业全面发展。

（3）激励制度

恰当的激励制度将有助于绿色低碳建筑的推广实施。政策上，鼓励发展绿色低碳建筑，对研究成果示范工程加以宣传、推广；技术上，给予技术和资金支持，鼓励自主创新；经济上，建立税收减免、经济补贴、补贴性贷款等专项补贴，加大力度与广度，惠及整个绿色低碳建筑产业。

（4）加强建筑业自身能力建设

与欧美国家相比，我国的绿色低碳建筑整体水平仍然较低，必须加强建筑业自身能力建设。对从业者按类别进行培训，推广最佳可用技术，确保跟上先进技术的发展。对监管、评估人员，定期进行从业资格再次认证，以确保专业性及技术同步性。

（5）鼓励第三方组织进入绿色低碳建筑行业

西方国家的推广主要依靠民间组织以及市场引导的方式自下而上进行，日本与我国台湾地区则是自上而下推进绿色低碳建筑[11]。借鉴二者的经验，双管齐下，以政府为主导，鼓励第三方组织进入，加强监管，多方合作共同推进绿色低碳建筑发展。

3.4.4　小结

在我国推广绿色低碳建筑，首先应建立和完善政策法律体系，完备的政策支持和监管机制；其次建立良好的信息交流平台，积极推广、宣传绿色低碳建筑；再次增强行业建设、引入第三方机构，形成多方合作机制，共同促进绿色低碳建筑发展；最后合理利用激励措施，以技术支持、经济补贴等形式鼓励绿色低碳建筑的研发建设。

4　大型公共建筑绿色低碳激励制度建议

绿色低碳建筑节能的第一阶段：采用节能监管激励政策，激励主体是中央政府，地方政府作为补充，第二阶段：采用节能改造激励政策，地方政府逐步达到与中央政府并重，共同作为激励主体。在节能监管激励阶段，以政府办公建筑和大型公共建筑为试点，率先进行节能监管与改造示范，实行限制性政策与鼓励性政策共举的方式，罚劣奖优。在节能改造阶段，通过采取财政补贴、税收优惠、提供专门融资渠道等优惠政策，引导业主通过节能服务机构进行能源审计、节能改造。在建筑节能市场的不断发展过程中，逐步实行限期改造，限期内给予贷款贴息等优惠政策，以市场手段促进节能，并综合运用能源阶梯价格等经济调节手段，引导可再生能源在建筑中应用和更低能耗及绿色低碳建筑的发展在建筑节能市场成熟后，逐步对节能材料与产品、节能设备与技术等通过减税、补贴等措施，促进节能产品、材料的大规模生产与应用。从经济激励政策类型来看，有财政补贴、财政奖励、财税政策、价格政策等。不同类型经济激励政策的施行范围，作用对象也有所不同。从资金来源看，公共建筑可以分为三类政府办公建筑、部分使用财政资金的公共建筑、商业建筑。这三种不同类型的公共建筑具有不同的特点，节能改造的主体责任也有所不同，应当分别制定不同的激励政策。结合前文分析结论，可以建立节能激励的基本体系，见图 4.1 所示。激励政策与节能法规、节能技术标准、能效标识等措施相辅相成，共同构成绿色低碳建筑激励体系。

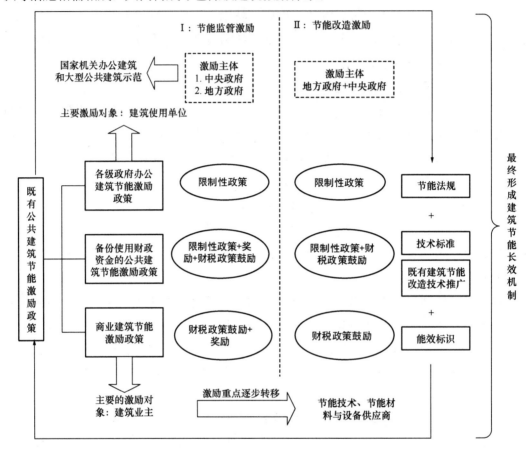

图 4.1　大型公共建筑绿色低碳激励制度体系

4.1　政府办公建筑绿色低碳激励制度

我国对政府办公建筑节能已经采取了一系列的激励政策已开始在示范省市对政府办公建筑建立节能监管体系，开展能耗统计、能源审计、能效公示等工作，有必要进行节能改造的政府办公建筑办理审批手续后，可进行节能改造，相关费用由财政资金解决[12]。在对政府办公建筑节能进行激励的同时，也采取了一些限制性措施，主要包括将政府办公建筑运行节能管理工作的落实情况纳入既有公共建筑节能激励政策设计全国建筑节能专项检查的考核范围将节能管理目标及任务分解，落实到各级管理机构及人员工作的绩效考核内容，但这些限制性措施的落实及效果并不理想。2014 年 1 月实施的《公共机构节能条例》对公共机构的能源消耗有计量、监测、报告的制度要求，但没有对未实现节能目标的明确处理规定对超过能源消耗定额使用能源的，只有向本级人民政府管理机关事务工作的机构作出说明的要求。这些政策凸显了对政府办公建筑用能的行政管理，但由于限制性激励政策不足，导致政府机构实施节能的主观积极性不强。因此，对于政府办公建筑节能应以限制性政策为主，并建立监督制度以保证政策的有效实施。

（1）节能监管激励政策内容

① 财政资金补助

目前中央财政对地方建立能耗监测平台给予一次性定额补助对建筑能耗统计、能源审计、能效公示等工作予以适当经费补助，地方财政也对当地节能监管体系建设予以适当支持，这凸显了中央政府对地方政府节能工作的资金支持[13]。除此以外，在现有的全国表彰活动中设立公共机构节能奖，对在节能工作中做出显著成绩的单位和个人予以表彰和奖励。

② 强制、限制性政策

目前对公共机构的节能工作实行目标责任制和考核评价制度，节能目标完成情况作为对公共机构负责人考核评价的内容。各级人民政府管理机关事务工作机构对其进行节能监督检查，依据检查情况分别给予表彰奖励及限期改正的处理。这凸显了地方政府对公共机构使用单位的行政管理规定，除此以外，应加强中央政府对地方政府节能的管理与引导，从而促进地方政府的节能工作积极性。中央财政在对地方政府给予节能工作资金补助时，将地方政府上一年度的建筑节能工作考核情况纳入本年度补助资金的核定体系。

（2）节能改造激励政策内容

随着建筑节能工作的逐步深入，节能意识广泛培养的基础上，逐步取消财政资金补助。由专业能耗测评机构对其能耗情况进行审计测评，并将结果在官方网站或当地主流媒体公示之。对没有达到节能标准的政府办公建筑勒令限期改造，期限之内改造完成且符合要求，给予颁发荣誉证书等鼓励性激励措施，对超过期限仍没有完成的，则给予公开批评或对单位负责人给予批评等限制性激励措施。考虑到政府办公建筑的特殊性，以及政府应当在推动节能方面率先垂范，在节能量可以计量的基础上，可将政府办公建筑节能量纳入当地单位 GDP 能耗下降的考核目标体系。

根据前文分析，可将政府办公建筑节能激励政策内容汇总，见表4.1。

政府办公建筑节能激励政策内容　　　　　　　　表 4.1

政策内容 ＼ 发展阶段	节能监管阶段		节能改造阶段
激励主体	中央政府为主，地方政府为辅		地方政府＋中央政府
激励对象	地方政府	建筑使用单位	建筑使用单位
激励方式	财政补贴＋强制执行规定		财政补贴＋强制性改造

发展阶段 政策内容	节能监管阶段		节能改造阶段
节能费用	纳入财政预算，由各级财政按一定比例给予金额支持		
激励内容			
①限制性规定	上一年度建筑节能监督管理体系建设工作考核不合格的，本年度专项资金补助核定时给予扣发50%，本年度工作考核合格后予以补发	节能目标完成情况是对单位负责人考核评价的内容； 制定年度节能目标实施方案，并上报备案； 能耗计量、统计与监测； 能源消耗状况报告； 能耗定额内使用资源； 设置能源管理岗位； 强制能源审计； 连续两年超出定额使用能源的，给予通报并惩罚	能效公示； 限期节能改造；对其节能量进行考核，并纳入当地GDP降耗考核目标体系中
②监督措施	建筑节能减排专项检查	各级人民政府管理机关事务工作机构进行节能监督检查	节能改造后对节能指标进行考核
③财政补贴	建筑节能专项资金补助		
④表彰奖励		对完后曾和超额完成节能目标的单位负责人，结合全国节能表彰活动进行表彰奖励	限期内完成改造并达到节能改造指标的，颁发荣誉证书与固定金额的奖励

相应地，可以制定出政府办公建筑节能经济激励的技术路线，见图4.2。综合以上分析，

政府办公建筑节能激励政策内容主要包括以下几个方面节能激励政策建议：

a 《限制性规定与要求公共机构节能条例》等相关文件规定

b 对其节能量进行考核，并纳入当地降耗考核目标体系中

c 超出定额使用能源的单位，应向本级人民政府管理机关事务工作机构作出说明；连续两年超出定额使用能源的，给予通报

d 对没有达到节能标准的建筑勒令限期改造，期限之内改造完成且符合要求，颁发荣誉证书与固定金额奖励，对超过期限仍没有完成的，给予通报批评

e 节能改造费用纳入财政预算，由各级财政按一定比例给予全额支持。

中央政府对地方政府的建筑节能工作除了经济支持外，也应有限制性要求对于上一年度建筑节能监管体系建设工作考核不合格的，本年度专项资金补助核定时给予扣发，本年度工作考核合格后予以补发。

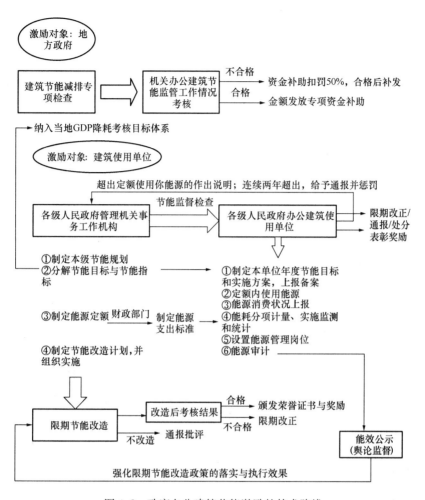

图 4.2 政府办公建筑节能激励的技术路线

使用财政资金的公共建筑节能激励政策。部分使用财政资金的公共建筑也是属于公共机构的范畴，因此，此类建筑的节能激励与政府办公建筑相似。由于此类公共建筑是财政资金部分投入建设的，相应地，节能改造费用由政府、建筑所有权人共同负担，节能改造费用中的财政投入与自筹比例可以参考该建筑总投资中两部分的比例。除此以外，应在限制性规定的基础上适当考虑对建筑所有权人的节能奖励，以及财税政策支持。结合前文分析，可将部分使用财政资金的公共建筑节能激励政策内容汇总，见表 4.2。相应地，可以制定出部分使用财政资金的公共建筑节能激励的技术路线，见图 4.2。

部分使用财政资金的公共建筑节能激励政策内容　　　　　　　　　表 4.2

发展阶段\政策内容	节能监管阶段		节能改造阶段
激励主体	中央政府为主，地方政府为辅		地方政府＋中央政府
激励对象	地方政府	建筑使用单位	建筑使用单位

续表

政策内容 \ 发展阶段	节能监管阶段	节能改造阶段
激励方式	财政补贴＋强制执行规定	限期改造 带框利息＋奖励
节能费用	国家、地方、业主共同负担	
激励内容		
①限制性规定	节能目标完成情况是对单位负责人考核评价的内容；制定年度节能目标和实施方案，并上报备案； 能耗计量。统计与检测；能源消耗报告；能源定额内使用能源； 实际能源管理岗位；强制能源审计	能效公示； 限期节能改造；
②监督措施	各级人民政府管理机关事务工作机构进行节能监督检查	节能改造后对节能指标进行考核；
③财政补贴		按该建筑总投资财政投入比例确定节能改造的补贴金额
④财税政策	使用财政资金的公共建筑节能激励政策内容	节能改造费用中使用单位自筹资金部分，予以带框贴息补助，中央财政贴息50%，中央建筑节能改造项目贷款，中央财政全额补贴
⑤奖励	对完成后和超额完成节能目标的单位负责人，结合全国节能表彰活动进行表彰奖励	限期内完成节能改造按核定的节能量给予一次性财政奖励

综合以上分析，部分使用财政资金的公共建筑节能激励政策内容主要包括以下几个方面：

a 《限制性规定与要求公共机构节能条例》等相关文件规定；

b 节能改造所需资金由财政部分投入，其他部分由使用单位自筹，财政投入和自筹比例可以参考该建筑总投资中两部分的比例；

c 对节能改造费用中使用单位自筹资金部分给予贷款贴息的优惠措施地方建筑节能改造项目贷款，中央财政贴息，中央建筑节能改造项目贷款，中央财政全额贴息；

d 限期内完成节能改造的，按照经国家检测机构核定的节能量给予财政奖励，额度按照节能比例确定，一次性发放。

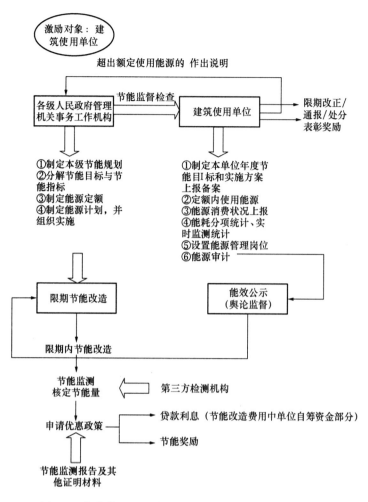

图 4.3 部分使用财政资金的公共建筑节能激励技术路线

4.2 商业建筑绿色低碳激励制度

现阶段，我国对商业建筑的节能激励处于探索起步阶段，针对单体建筑面积 2 万 m² 以上的公共建筑，在尊重建筑所有权人意愿的基础上实行节能监管，节能监管体系建设支出由中央财政的专项资金支持。但是，节能效益与商业建筑的经营收入比较相对较低，加之建筑所有权人的节能意识较低，导致商业建筑节能推进十分困难，主动愿意并配合进行节能监管试点的不算太多，主动进行节能改造的更少。《国家机关办公建筑和大型公共建筑节能专项资金管理暂行办法》中明确规定专项资金可用于节能改造贴息支出，但申请的项目不多[14]，这说明推进商业建筑节能不仅需要经济性政策支持，更要加大对节能知识与低成本、管理性节能措施的宣传力度与范围。可见，商业建筑节能与前述公共机构有所不同，公共机构节能以限制性政策为主，而商业建筑节能应以鼓励性政策为主，以充分调动建筑所有权人的节能积极性为主要目标。

（1）第 1 阶段节能监管激励政策内容

目前我国已对大型公共建筑进行能耗统计、能源审计、能效公示工作，《民用建筑节能条例》中也要求公共建筑的所有权人或者使用权人应当对建设主管部门的调查统计工作予以配合，但有部分业主配合度不高。业主是开发商或主营投资开发、建筑租赁运营企业的商业建筑主动进行建筑节能的比例较高，这表明商业建筑节能的关键在于增强业主的节能知识，提高业主的节能意识。

我国每年举行"全国节能宣传周"活动，该活动涵盖社会多个领域，其目的在于倡导节能的生产、生活方式和消费模式，广泛宣传节能，形成浓厚的节能减排的社会氛围。建设领域的"节能宣传周"活动由各级住房和城乡建设管理部门负责，主要进行建筑节能、绿色低碳建筑等内容的宣传，这些活动对于提高公众的建筑节能意识、普及节能知识起到了十分重要的推动作用。随着"节能宣传周"活动的持续、稳定开展，宣传内容应逐步从科普知识转向具有一定专业技术含量的节能措施、管理节能等方面。

商业建筑业主获取建筑能耗、能效水平等信息的渠道很少，自 2010 年实施机关办公建筑及大型公共建筑节能监管试点示范后，各示范省市从 2012 年开始逐步向公众公示部分监管范围内大型商业建筑的能效（包括建筑单位面积能耗排名前 20% 的建筑，以及能效高的标杆建筑），公示主要在建设系统内部网站进行，也有的在当地报纸上公示。能效公示使得节能监管具备了社会监督、比较竞争的作用，在全社会引起不小震动，也使得商业建筑业主开始了解并重视建筑能耗问题。

如果能效公示时增加内容，将能源审计中发现的高能耗建筑运行管理中存在的主要问题，以及高能效建筑的运行管理经验一并公示，将增加业主对能耗、运行管理和节能的直观感受。

（2）第 2 阶段节能改造激励政策内容

随着节能工作的逐步深入，广大商业建筑业主的节能意识逐渐增强，节能改造需求逐步释放，此时应充分发挥财税政策的作用以提高业主的节能效益。由于公共建筑的类别较多，不同类型建筑的能耗特点不同，因此，应将"同类型建筑的相对能耗比较"作为制定节能激励的依据。当参与节能改造的商业建筑业主的数量逐步提高至一个临界点时，其他业主也将最终选择绿色低碳分析，此时，公共建筑节能市场将自发形成，也就意味着政府对业主的激励政策可择机适时分批退出。

常用的经济性政策主要有补贴、税收、贷款优惠、价格政策等。我国对公共建筑节能已实行了一系列财政补贴政策，如 2010 年将大型公共建筑作为试点进行了节能监管补贴，2012 年对购买节能灯的城乡居民给予 50% 的价格财政补贴[15]。由于我国尚未征收化石燃料税，补贴资金来源狭窄，所以，对于节能监管范围外商业建筑的经济激励应以税收优惠、贷款贴息为主，辅以恰当的能源价格政策。税收优惠是通过税收政策，将本应上缴财政的部分资金留给企业，从而支持企业的节能行为。税收优惠不需要政府拿出大量资金，只是减少一部分政府的收入，因而易于实施。我国在节能环保方面已有一系列的税收优惠政策，例如①减免企业所得税企业从事"既有高能耗建筑节能改造"等节能减排技术改造项目的所得，从项目取得第一笔生产经营收入所属纳税年度起，"三免三减半"减半征收企业所得税；②投资抵免企业购置并实际使用优惠目录中规定的环保节能专用设备的，可以按该设备投资额的从企业当年的应纳税额中抵免；③企业所得税研发费用加计扣除；④企业的固定资产由于技术进步等原因，确需加速折旧的，可以缩短折旧年限或者采取加速折旧的方法[16]。

这些政策在促进节能环保方面发挥了重要作用，但是，许多节能项目有投入却不产生收入，无法享受现有的税收优惠政策，所以，应在现有税收优惠政策基础上进行补充，从而能使商业建筑业主从中直接受惠，提高业主的节能效益。

商业建筑业主进行节能改造如果实现节能 50% 以上，节能增量成本在按照规定据实扣除的基础上，按照节能增量成本的 50% 加计扣除，税收优惠的最大额度是当年应缴营业税的 50% 如果节能改造是按国家标准分项实施，即使建筑整体未达到的节能标准，达到了规定的节能标准，度是当年应缴营业税的而照明系统与电器、空调系统、建筑围护结构等子系统按照节能增量成本的 50% 加计扣除，税收优惠的最大额 17% 子系统。

对于购买并实际使用《优惠目录》中的节能专用设备的，可享受设备投资额 10% 从企业当年应纳税额中抵免的优惠。除此以外，还应考虑对商业建筑业主的节能奖励，奖励基于同类型建筑平均能耗，而不是节能量，否则会导致"鞭打快牛"效应影响业主的节能积极性。

根据前文分析，可将商业建筑节能激励政策内容汇总，见表 4.3。

商业建筑节能激励制度内容　　　　　　　　　　　　　　　　表 4.3

政策内容 ＼ 发展阶段	节能监管阶段	节能改造阶段
激励主体	中央政府为主，地方政府为辅	地方政府＋中央政府
激励对象	建筑所有权人（业主）	
激励方式	宣传教育	自愿改造 贷款贴息＋税收优惠＋奖励
节能费用	主要由业主自筹	
激励内容		
①鼓励性措施	发放"公共建筑节能措施推广手册"监管范围内大型公建的能效公示	
②贷款贴息	建筑节能监管范围内的改进的项目，予以贷款贴息补助，地方建筑节能改造项目贷款，中央财政贴息 50%	由商业银行提供贷款优惠利率

发展阶段 政策内容	节能监管阶段	节能改造阶段
③税收优惠		1. 计算应纳税所得金额时，按照节能增量成本的50%加计扣除，税收优惠的最大额度是当年应交营业税的50%；（大道建筑整体50%节能标准） 2. 计算应交纳税所得额，按照节能增量成本的50%加计扣除，税收优惠的最大额度是当年应交营业税的17%子系统；（子系统达到节能标准） 3. 购买并实际使用节能专用设备的投资额10%从企业当年应缴纳税额中抵免
④奖励		完成节能改造后，按核定的节能量与同类建筑平均能耗相比较给予一次性财政奖励

下面以一个算例来说明对商业建筑业主的税收优惠。某商业企业某年度应纳税所得额 2800 万元，企业进行了建筑节能改造，改造后建筑实现节能 50%，节能增量成本为 200 万元另外，企业购置并实际使用节能用水专用设备一台，价款 100 万元，适用企业所得税税率 25%，不考虑其他因素。算例的详细计算结果见表 4.4。

既有商业建筑节能经济激励算例计算结果　　　　　表 4.4

单位：万元

	应纳税所得额	可抵免应纳所得税额	应纳所得税额	优惠金额
优惠政策应用前	2800	0	2800×25%（70）	0
优惠政策应用后	2800−200×50%（2700）	100×10%（10）	2700×25%−10（665）	35

不失一般性，假设商业建筑业主的节能增量成本为 x，则 0.5x 加计扣除，按适用税率 25% 计，应纳所得税额减少 0.125x，这意味着节能改造成本的由政府来承担：绿色低碳建筑实施节能措施后至少可在原能耗基础上实现节能 30%[17]，意味着可节约 30% 的运行成本，再加上政府给予的节能奖励，将大大缩短业主的节能投资回报期。与前文类似，可以制定出商业建筑节能激励的技术路线，见图 4.4。

综合以上分析，既有商业建筑节能要从宣传教育入手，扩大社会对节能的认同：①结合"全国节能宣传周"活动，向广大商业建筑业主发放"公共建筑节能措施推广手册"，重点介绍不同类型商业建筑的能耗特点及实用的管理节能措施与既有公共建筑节能激励政策设计产生的节能效益。②能效公示增加内容，单位面积能耗较高建筑在运行管理中存在的问题、高能效建筑运行管理中可推广的经验等内容也列入公示范围。

在公众节能意识不断提高的基础上，应及时对既有商业建筑业主进行节能经济激

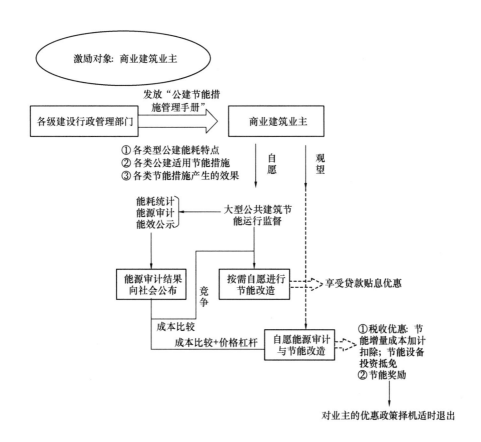

图 4.4　商业建筑节能激励技术路线

励，内容主要包括以下几个方面：

a. 节能改造后经国家检测机构检测达到节能标准，在改造启动当年计算应纳税所得额时，按照节能增量成本的加计 50％扣除，税收优惠的最大额度是当年应缴营业税的 50％；

b. 只对照明系统与电器、空调系统、建筑围护结构等子系统进行分项节能改造并达到节能标准，在改造启动当年计算应纳税所得额时，按照节能增量成本的加计扣除，税收优惠的最大额度是当年应缴营业税的 17％子系统；

c. 购买并使用节能专用设备的，享受设备投资额的税收抵免；

d. 按照经国家检测机构核定的节能量，参考同类型建筑平均能耗给予中央财政奖励。

5　大型公共建筑绿色低碳节能激励制度实施建议

5.1　建立绿色低碳节能信息宣传扩散平台

加强节能信息宣传扩散可以有效降低节能市场中相关主体间的信息不对称程度，

不仅是公共建筑业主获得节能信息的重要渠道，也是政府宣传节能激励政策的重要平台，有助于节能市场的培育与发展，激发潜在市场需求的有效释放。深圳市在节能信息扩散方面做出了一定努力依托深圳市节能专家委员联合会网站对节能技术、政策、案例、培训等内容进行宣传，为企业提供政策、产品、技术咨询，对节能改造成果进行经验总结交流与技术培训，为用能单位提供节能改造技术方案及管理方案的咨询服务等。另外，结合全国节能宣传周进行了形式多样的建筑节能宣传活动，出版了《节能指南及案例分析》科普读物，采取漫画、图片等形式简洁、生动讲解节能技术或者案例及产生的经济效益。

由分析可知，节能意识障碍是阻碍节能发展的重要因素之 ，节能效益、实施节能的业主比例是影响业主行为的重要因素，能效公示制度就是基于此而建立起来的起信息扩散作用的重要制度。节能信息宣传扩散平台与能效公示制度相比较不尽相同能效公示是节能监管体系的核心制度之一，通过公示重点建筑和标杆建筑的能耗信息，起到社会舆论监督与比较竞争的作用而节能信息宣传扩散平台使得公众了解建筑节能的原理和技术，通过节能改造案例的技术原理讲解与经济效益分析，使得公众主动接受节能。因此，节能信息宣传扩散平台有助于公众节能意识的培养。

由于深圳市十分重视节能信息的宣传扩散，宣传内容丰富、形式多样，宣传扩散平台建设运行良好，既有公共建筑业主易于接受节能改造，这对于经济激励的实施具有借鉴意义。加强行政监管与节能指标考核。

5.2　加强行政监管与绿色低碳节能指标考核

分析可知，由于节能的正外部性，必须由政府主导推动建筑节能，政府办公建筑在节能上应当先行一步带头示范。节能措施主要有强制性的行政管制与激励两类，政府办公建筑节能应当更多地依靠管理性激励，即以管理性规定为主。这是由于在信息不对称条件下，政府机关的最优努力水平很低。政府行政管理力度的加强和管理性规定的有效落实，将为深圳市的建筑节能工作提供了强有力的政策保障。

将建筑节能降耗指标，尤其是政府办公建筑的节能降耗指标，纳入政府官员考核体系产生的威慑力是不言而喻的，可以有效防止地方政府建筑节能流于形式。

5.3　管理体制灵活

政府管理体制灵活与否是建筑节能工作顺利实施的重要保证，这是由建筑节能的正外部性所决定的。深圳市年启动了政府机构改革，组建了人居环境委员会，负责统筹环境治理、水污染防治、生态保护、建筑节能、污染减排和环境传扩散平台、行政监管与节能指标考核、管理体制灵活、能源价格机制完善四方面的节能激励制度实施建议。节能激励政策应用研究监管等工作，对涉及人居环境的建设、水务、气象等部门实行归口联系建筑节能工作的执行由组建的"住房与建设局"负责"节能减排工作领导小组办公室"主要负责节能减排工作的日常协调和统筹，不具有独立行政管理职能。既有建筑节能改造的组织与实施实行属地管理，条块联动，以工程项目管理模式进行。这一管理模式打破了部门之间的信息不通畅，极大提高了管理效率。这种实现了有机统一的大部门制，有效解决了多个部门之间的配合协调困难，实现了决策、执行和监督既相互制约又相互协调，为深圳市的建筑节能工作提供了有力的机构保障。

5.4 能源价格机制完善

由分析可知，完善的能源价格机制利于节能建筑市场需求的形成，是一种有效的经济调节手段。深圳根据本市的能源消耗特点实施了较为完善的峰谷电价政策机制，对工业、商业服务业和其他类用电 101 千伏安以上的用户实行峰谷电价，峰谷电价差大，工业峰谷电价比达 3.161，商业服务业 2.181、其他类用电峰谷电价比为 2.131，并对蓄冰空调用电给予倾斜，蓄冰空调谷期用电电价仅为 0.2884 元/kWh，比非蓄冰空调谷期电价平均还要低 0.15 元/kWh 以上。为配合节能监管体系中的超定额加价制度，深圳编制了《民用建筑用电超定额征收用电附加费管理规定》并计划在 2011 年颁布实施。峰谷电价与超定额加价制度作为一种经济杠杆有效激活了企业潜在的节能需求。

6 本 部 分 小 结

在我国推广绿色低碳的大型公共建筑，首先应建立和完善政策法律体系，完备的政策支持和监管机制；其次建立良好的信息交流平台，积极推广、宣传绿色建筑；再次增强行业建设、引入第三方机构，形成多方合作机制，共同促进绿色低碳建筑发展；最后合理利用激励措施，以技术支持、经济补贴等形式鼓励绿色低碳的大型公共建筑的研发、建设。

参考文献

[1] 张瑞宏. 绿色建筑可支付意愿研究[D]. 黑龙江：哈尔滨工业大学，2011.
[2] 曹博. 引导居住建筑节能的经济激励政策研究[D]. 山东：山东建筑大学，2011.
[3] 刘玉明. 既有居住建筑节能改造经济激励研究[D]. 北京：北京交通大学，2009.
[4] 张巍，吕鹏，王英. 影响绿色建筑推广的因素：来自建筑业的实证研究[J]. 建筑经济，2008(2)：26-30.
[5] 汤民，孙大明. 绿色建筑运行实效问题与碳减排研究分析[J]. 施工技术，2012(2)：30-33.
[6] 程志军. 我国绿色建筑标识项目回顾(2008-2010)[J]. 动感(生态城市与绿色建筑)，2011(1)：30-35.
[7] 叶祖达，梁俊强，李宏军，等. 我国绿色建筑的经济考虑——成本效益实证分析[J]. 动感(生态城市与绿色建筑)，2011(12)：28-33.

［8］　马维娜，梅洪元，俞天琪. 我国绿色建筑发展策略研究［J］. 城市建筑，2010(2)：93-94.

［9］　廖含文，康健. 英国绿色建筑发展研究［J］. 城市建筑，2008(4)：9-12.

［10］　高升. 论美国和欧盟促进绿色建筑发展的策略［J］. 山东科技大学学报，2010(6)：57-62.

［11］　林宪德. 绿色建筑［M］. 北京：中国建筑工业出版社，2007.

［12］　兰昆，李启铭. 英国绿色建筑发展研究［J］. 西安建筑科技大学学报，2012，6：30-33.

［13］　ToveMalmqvist etc. A Swedish environmental rating tool for buildings［R］. Energy，2011，36：1893-1899.

［14］　徐莉燕. 绿色建筑评价方法及模式研究［D］. 上海，同济大学，2006.

［15］　王磊. 德美两个建筑节能立法比较研究及对我国的启示［D］. 北京：中国人民大学，2008.

［16］　费衍慧. 我国绿色建筑政策制度分析［D］. 北京，北京林业大学，2011.

［17］　Thomas etc. Combining theoretical and empirical evidence from an international comparison：policy packages to make energy savings in buildings happen［R］. IEPEC Conference Proceedings In press，2012.

［18］　Klinkenberg Consultants. Better buildings through energy efficiency：A roadmap for Europe，2006.

三 基于全生命周期的大型公共建筑绿色低碳建筑评价

1 前 言

1.1 研究背景

随着经济的不断快速发展，人民生活水平得到了很大提高，人们在追求物质生活质量的同时，越来越注重周围环境对人们身体的影响。人们越来越强烈地意识到二氧化碳排放量的猛增，必将会导致全球气候变暖，而全球气候的变暖也一定会对整个人类的生存和发展产生严重的威胁。在目前的中国工业化和城镇化快速发展的同时带动了居民消费结构快速升级，人们对能源资源的需求也更加迫切，目前对能源资源的消费需求又以常规能源为主，碳排放还必将呈现持续不断增长的势态，我国未来控制碳排放的形势也必将更加严峻。一个不可忽略的事实是：建筑的二氧化碳排放量在二氧化碳的总排放量中，几乎占到了 50%，这一比例远远大于运输和工业领域的二氧化碳排放量。实际上，城市里碳排放 60% 来源于建筑维持功能本身上，而交通汽车只占到 30%。然而经过几十年的发展，绿色低碳建筑也逐渐由理论走向了实践，许多国家逐步形成了较为完善和较为适用并且符合本国国情的绿色低碳建筑评价体系，如美国的 LEED 绿色建筑评价体系、英国的 BREEAM 评价体系和日本的 CASBEE 建筑物综合环境性能评价体系等，这些评价体系一般是通过制定定量的指标对其评分，最后给出评估结果。基于可持续发展要求演变而来的绿色低碳建筑以及绿色低碳建筑评价体系成为当前建筑评价体系领域的新方向。可以预测，绿色低碳建筑评价体系的构建与完善是衡量城市发展水平的重要标志，更是推动绿色低碳理念在整个社会以及其他领域的延伸。因此，在经济快速发展以及环境问题全球化的双重背景下，绿色低碳建筑行业也得到了迅速发展，而绿色低碳住宅也自然而然成为建筑行业应用和发展的主流趋势。

1.2 研究目的及意义

日益变暖的全球气候对人类造成了非常严峻的挑战，同时随着我国经济的不断发展，建筑行业处在高峰发展时期，规模大、能耗大的问题日益显著，作为全球二氧化碳的主要排放国，我国面临着巨大的压力。

针对当前绿色低碳建筑的现状，通过对相关评价体系进行分析和梳理，探寻科学的有效的绿色低碳建筑的评价方法，为我国绿色低碳建筑的发展提供理论依据。结合我国国情，从全生命周期的角度出发，通过对绿色低碳建筑各阶段影响碳排放因素的问卷调查，综合研究绿色低碳建筑的评价体系。希望通过本研究，对建筑的五个阶段，包括建筑的决策阶段、规划和设计阶段、施工阶段、运行维护阶段和拆除处置阶段进行同步评估，有效改变和减少碳排放量多的阶段，确保最终的绿色低碳目标，同时也能为政府相关部门掌控绿色低碳建筑的发展现状提供依据。

研究将基于全寿命周期角度对绿色低碳建筑的评价体系进行分析研究，从中总结分析其评价因素，构建绿色低碳建筑评价指标体系，针对建筑运用合适的评价方法确定各施工阶段评价得分点，为绿色低碳建筑在建设中建筑设计、施工、运营管理方面提供参考，为其在绿色低碳建筑建设开发及绿色低碳城市发展中提供思路。

1.3 研究内容

本研究以民用住宅建筑为研究对象，围绕建立一套适合我国国情的绿色低碳建筑评价指标体系和评价方法，研究的内容如下：

（1）第一小节首先提出课题的研究背景和意义，根据绿色低碳建筑的特点明确研究的目的和内容，采用科学的研究方法，构建本研究的思想路线。

（2）第二小节是本研究研究的绿色低碳建筑和绿色建筑评价体系的分析，对国内外相关评价体系进行分析和研究。

（3）第三小节是基于全生命周期的理论，对绿色低碳建筑全生命周期各阶段影响碳排放的因素进行分析，再结合我国现阶段国情，构建绿色低碳建筑评价体系的框架。

（4）第四小节是对绿色低碳建筑评价指标的具体说明，通过问卷调查和查阅文献，选取出适合我国现阶段的评价方法。

（5）第五小节是在前几小节基础上，通过分析和比较，给出具体过程中的得分点，根据建筑最后得分确定绿色建筑评价等级。

（6）第六小节是本部分的结论与展望。对本研究完成的研究工作进行总结并且对未来我国绿色低碳建筑建设的展望。

1.4 研究方法

（1）文献研究法

根据研究内容，收集国内外大量相关的文献资料，通过对当前绿色低碳建筑实践案例以及国内外主要的绿色建筑体系评价指标和评价方法的研究和分析，从而在内容和方法上作为绿色低碳建筑评价指标和评价方法的理论依据。在大量的相关文献研究的基础上，综合分析该领域的研究成果，以建筑的整个生命周期为研究视角，对其绿色低碳建筑的影响碳排放因素进行归纳总结，再结合我国的绿色低碳建筑现状，总结出一套适用于我国国情的绿色低碳建筑的评价指标和评价方法。

（2）问卷调查法

本研究数据大多数来自于问卷调查搜集而来，如绿色低碳建筑评价指标的选择，我国当前绿色低碳建筑发展情况，评价时定性指标的专家打分，都是通过调查方法得来的。

（3）定量和定性相结合方法

为了体现各个指标在绿色低碳建筑评价中的作用地位以及重要程度，合理确定各评价指标的权重方法。本研究通过对各阶段的各个评分点进行打分分析，在此基础上，给出定量和定性分析相结合的评价方法对绿色低碳建筑进行综合评价。

2 绿色低碳建筑相关评价研究综述

2.1 绿色低碳建筑的定义

绿色低碳建筑目前还没有一个明确和较为规范的定义，绿色低碳建筑的核心是能够降低二氧化碳排放的建筑，我国目前比较广泛认可的说法是建筑指在材料的生产制造、建筑的施工和运营过程中，能有效得到提高，石化能源使用得到减少，二氧化碳排放量得到降低。

总的来说，绿色低碳建筑的概念有狭义和广义区分。狭义的绿色低碳建筑一般是指建筑在使用阶段所产生的二氧化碳的排放。广义的绿色低碳建筑是指参照低碳经济的相关定义，结合全生命周期的理论，保证居住舒适度的前提下，在设计阶段，充分考虑太阳能、风能等清洁能源，选择低碳材料，在建筑施工建造阶段，使用施工新技术；在建筑运营维护以及拆除废弃（或再利用）阶段，使用低能耗的设备；在整个生命周期内，尽可能减少能源的消耗，最大限度地降低二氧化碳排放量。

2.2 绿色低碳建筑与其他类型建筑的区别联系

梳理完绿色低碳建筑的概念，在可持续发展的建筑领域，人们往往把节能建筑、生态建筑认定为绿色低碳建筑。因此，我们有必要对节能建筑、生态建筑几个概念进行区分，理清几个概念的区别与联系，有助于更好的探索绿色低碳建筑的内涵及特性。

（1）绿色低碳建筑与节能建筑的区别联系

一般来说，节能建筑是指按照节能设计标准，遵循节能的基本理论，采取合理的措施进行规划设计和施工建造，在使用上采用合理的能源，加强能耗管理，降低能耗的建筑。节能建筑强调建筑在使用阶段能源的低消耗。而绿色低碳建筑是节能建筑和可再生能源建筑的结合体，中国社会科学院城市发展与环境研究所气候变化经济学研究室主任庄贵阳提出，绿色低碳建筑包括两个方面，一是节能建筑；二是在节能建筑的基础上再利用可再生能源。

（2）绿色低碳建筑与生态建筑的区别联系

生态建筑是一种与传统建筑完全不同的建筑，主要从大的方面来讲，形成一个大的生态系统，获得一种高效低耗，无污染生态平衡的环境，是一种理念和追求，使人、建筑、自然之间变得更加和谐，更加人性化。而绿色建筑是指在建筑的全寿命周期内，最大限度地节约资源，包括节能、节地、节水、节材，保护环境和减少污染，为人们提供健康、适用和高效的使用空间，与自然和谐共生的建筑。两者在一定范围内通用，但绿色低碳建筑是偏具体的概念。

2.3 国内外研究现状

随着经济的发展，人类生存的环境不断恶化，人们逐渐认识到节约能源的重要性。因传统建筑都为"高耗能"、"低效率"、"高排放"建筑，建筑物在其生命周期需要消耗大量能源，并对环境造成极大的影响。由于能源危机和环境污染状况的加剧，当前建筑形式已经不能满足可持续发展的需要，可持续发展的绿色低碳建筑逐渐进入了人们的视野。

2.3.1 国外研究现状

基于这样的背景下，国外率先推出了生态建筑的概念，并建造了一批生态村、生态社区项目。与此同时，"绿色与绿色建筑"也逐渐进入了人们的视野。2003年2月，英国政府在《我们未来的能源——创建低碳经济》中提出2050年英国二氧化碳的排放将降至2000年的40%，预示着低碳建筑的诞生是大势所趋，2009年12月哥本哈根会议的召开，低碳建筑成为整个世界的主旋律。为了实现低碳建筑的发展，英国于2007年颁布可持续住宅标准，标准中量化了住宅的二氧化碳排放范围，并对建筑进行等级评价，以推动低碳节能的发展；Lowe. R指出国家在制定低碳减排政策时，应同时涵盖新建建筑和既有建筑；Adalberth对全寿命周期不同阶段建筑物的能耗给出了相应的计算公式；Dunsdon. A在对伦敦能源政策执行情况进行研究后，指出在低碳建筑实施阶段引入可再生能源技术的重要性，并认为最好的低碳节能方式在于热能和电能的混合使用。在国外，有很多国家通过合理利用可再生能源率先推出了低碳住宅、零碳住宅等试点项目，具有代表意义的有德国"三升房"项目，英国"贝丁顿生态村"项目，丹麦Beder的太阳风公共社区项目等，这些项目具有很强的代表性，都极大减少了建筑物的碳排放。

2.3.2 国内研究现状

在中国，随着日益恶化的气候，绿色低碳建筑理念越来越得以重视，并已经纳入我国规划发展措施中。在2011年哥本哈根气候变化大会的召开，温家宝总理正式向全世界承诺，中国将制定具体措施大幅降低碳排放量。国务院常务会议决定到2020年中国单位国内生产总值二氧化碳排放比2005年下降40%～45%，并制定了相应的政策措施和行动。这一系列的举动证明我国已经在国家战略和政策方面重视和降低碳排放量。自 2007 年起，我国陆续制定和出台了关于绿色建筑相关政策和标准，对低碳建筑的评价具有借鉴作用。并且 2011 年 6 月出版的《中国绿色低碳住区技术评估手册》结合典型的实例从节能减碳、节水减碳、绿化减碳、交通减碳 4 个方面对建筑业的碳排放进行评价。作为全国首个低碳城市试点的重庆，编制了国内首部《低碳建筑评价标准》并于 2012 年 1 月通过专家审查，有助于我国绿色低碳建筑进一步的实践。

2.4 国内外绿色低碳建筑评价体系分析

目前国外对建筑评价的研究大多数是针对绿色建筑的评价研究，最早来自于英国的 BREEAM 评价体系，它是世界上首部针对绿色建筑的评价体系。目前国际上有较大影响的评价体系有：英国 BREEAM 体系，美国的 LEED 体系，日本的 CASBEE 体系，加拿大"绿色建筑挑战"评价体系 GBC 等，它们都是针对绿色建筑的评价体系。

2.4.1 国外主要评价体系分析

国家	定　义	内　容
英国 BREEAM	1990 年由英国建筑研究组织（BRE）制定的英国建筑研究组织环境评价法（The Building Research Establishment Environmental Assessment Method，简称 BREEAM），是对绿色建筑进行评估，为绿色建筑的实施提供权威指导，减少对环境的危害为目的的世界首部评估体系。评估对象从最初的新建办公楼逐渐扩展到工业建筑、商业建筑等多种建筑类型	BREEAM 体系是采用全生命周期评价方法，是为建筑所有者、设计者和使用者设计的评价体系，以评判建筑在其整个生命周期中，包含从建筑设计开始阶段的选址、设计、施工、使用直至最终报废拆除所有阶段的环境性能。评价的内容包括 7 个方面：能源、污染、水资源、材料、交通、生态价值和土地利用。每部分内容下分为若干个定量指标，从建筑性能、设计与建造、管理与运行这 3 个方面考虑各个指标的得分点，然后对建筑进行评价。按照建筑得分高低给予"优秀"、"很好"、"好"、"通过" 4 个主要级别的评定
日本 CASBEE 体系	建筑物综合环境性能评价体系（Comprehensive Assessment System for Building Environmental Efficiency，简称 CASBEE）是 2002 年由日本学术界、企业界专家、政府联合组成的"建筑综合环境评价委员会"推出的绿色建筑评估体系，也是第一部由亚洲国家开发的绿色建筑评估体系	CASBEE 提出了简明的评价指标：建筑物环境效率用作评估建筑绿色性标准，使评估过程更明了。采用公式：BEE=Q/L 计算数值。其中 Q 为建筑物的环境质量为使用者提供的服务水平，L 为能源、资源和环境的负荷的付出，BEE 为建筑物对其外部环境影响的综合评价
国际组织 GBTool（GBC）	绿色建筑挑战（Green Building Challenge，简称 GBC）是加拿大自然资源部（Natural Resources Canada）1996 年发起的，有英、美、法等多个国家共同参与制定的用来评价建筑环境性能的评价标准。在 1998 年 10 月，提出建立一个国际性的绿色建筑评价体系——GBTool，由于体系是根据不同国家和地区当地情况制定的标准和权重，各国的专家可以调整应用于不同国家和地区。目前已发展到 GBTool 2005	GBC 2005 以新建建筑或者改建翻新建筑为评价对象，分别从选址、项目规划和开发、消耗的能源和资源、室内环境质量、环境荷载、耐久性、社会和经济方面长期性能 7 部分内容进行评价。GBC2005 的评价方法采用定性与定量相结合的方法，对其内容进行评分。项目的评价结果用图表形式表达，这些图表体现在各个标准层次上分别是分类图表"Category Chart"、组图表"Section Chart"和综合图表"Global Summaries"等。这些图表既能把被评定建筑在各层次的环境性能清晰准确地表达出来，还可以对能改进的地方给予提示

2.4.2 国内主要评价体系分析

较发达国家相比，绿色低碳建筑概念在我国进入时间较短，绿色低碳建筑评估体系发展也相对滞后。随着我国绿色低碳建筑的不断发展，借鉴国外发达国家的绿色低碳建筑评价体系成功案例。2006年6月，我国国家质量监督及检验检疫总局联合出台了《绿色建筑评价标准》。这是中国真正意义上的绿色建筑评价体系，具有划时代的意义。《绿色建筑评价标准》在全生命周期的角度下按照材料的开采、建筑规划和设计、建筑施工、建筑的运营拆除和处理构建评价指标体系。并且《绿色建筑评价标准》基于全生命周期的角度对六大项评价指标进行评价，分别是：节地与室外环境、节能与能源利用、节水与水资源利用、节材与材料资源、室内环境质量和运营管理。每一大项指标分成具体的指标，而具体指标分为控制项、一般项和优选项三类。按上述六大项在进行建筑评估打分时，总分按由高到低分为三星级、二星级和一星级3个等级。如表2.1绿色建筑3星级项目评选标准。

绿色建筑3星级项目评选标准　　　　　　　　　　　　表2.1

等级	一般项目40项						优质项数6项
	节地与室外环境9项	节地与能源利用5项	节水与水资源利用7项	节才财与材料资源利用6项	室内环境质量5项	运营管理8项	
一星	4	2	3	3	2	5	—
两星	6	3	4	4	3	6	2
三星	7	4	6	5	4	7	4

3　全生命周期下绿色低碳建筑评价指标的构建

3.1　全生命周期的概念

全生命周期评价（Life Cycle Assessment，LCA），也称为全寿命周期评价，是一种用于评价产品或服务相关的环境因素及整个生命周期影响环境的工具。国际标准ISO定义：生命周期评价是对产品或服务系统整个生命周期中与产品或服务系统直接有关的环境影响、物质和能源的投入产出，进行汇集和测定的一种方法，它既是一门技术，又是一种制造的理念。这种评价贯穿于产品、工艺和活动的整个生命周期，包括原材料的提取与加工，产品制造、运输以及销售、产品的使用、再利用和维护、废物循环和最终废物弃置。各国际机构对LCA进行定义尽管表述不同，但总体核心是：环境因素及潜在影响的研究LCA贯穿原材料获取、生产、使用到最终处置的产品全生命周期过程。

3.2　全生命周期下各阶段的影响因素分析

绿色低碳建筑影响因素分析是指在整个寿命周期内对影响绿色低碳建筑碳排放量

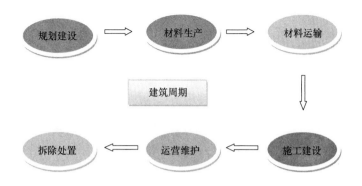

图 3.1　建筑周期框架

的各个因素、各个指标进行分析，找出涉及到二氧化碳排放的各类因素，只有通过对绿色低碳建筑各个影响因素、各个指标进行有效的分析和总结，才能找出影响绿色低碳建筑碳排放的关键因素，并对其进行详细分析和系统评价，从而最终控制绿色低碳建筑全寿命周期二氧化碳的排放量。建筑的全寿命周期包括建筑物的前期策划阶段、规划设计阶段、施工阶段、运营维护阶段，拆除报废阶段各种阶段，绿色低碳建筑各阶段不是简单地堆积，而是一个相互联系，相互影响，密不可分的整体。因此，应在基于全生命周期的视角下研究各个阶段各指标对绿色低碳建筑的影响，这样才能使评价指标及评价体系更客观，更有参考价值。

3.2.1　前期策划阶段影响因素分析

前期策划阶段是低碳建筑整个生命周期的起始阶段，主要任务是对拟建项目进行策划，并对其可行性进行技术分析论证，其主要包括编制项目建议书，可行性研究报告，项目初步构想。该阶段虽不涉及具体的碳排放，但它是整个低碳建筑项目的大构想，它决定着建筑设计的大致走向，其对后续规划设计阶段、施工阶段、运营维护阶段、拆除报废阶段的影响起着统领作用。该阶段影响建筑物日后碳排放量的主要影响因素为：

（1）低碳建筑技术水平

其主要考虑当今我国及各地区低碳技术的成熟度和发展水平。

（2）建设项目对周边环境的影响

环境影响的评价主要考虑项目建设对周围环境的影响，主要包括对周围大气环境、生态环境及对周围居民的消费理念及生活方式的影响。

（3）经济效益评价

任何一个项目投资者及开发商都以其利润为宗旨，如果一个项目不盈利，那么这个项目很难进行下去，低碳建筑技术经济效益分析应基于全寿命周期的视角上去考虑，考虑未来能源及各方面成本增加及通过建筑低碳为社会带来直接和间接及潜在的收益，来衡量低碳建筑的可行性。

3.2.2　规划设计阶段影响因素分析

规划设计阶段是低碳建筑的核心和精髓，规划设计阶段任何一个指标或措施的制定都会对后续的施工、运营及报废回收产生重大的影响，对于低碳建筑来说，一个良好的建筑场地规划设计和总平面布局不仅为建筑单体设计的一个重要依据，同时可从整体上调控建筑物全寿命周期的碳排放量，从而从宏观和全局上优化低碳建筑的开发强度和规模，达到资源和土地的合理利用及优化，最大限度的减少碳排放量，实现经济和社会价值。该阶段影响建筑物日后碳排放的主要因素归为以下几大类：

因素	关键点
建筑选址及 场地质量	建筑选址和场地质量的好坏是建筑物能否长期使用的根本和保障，其主要关注的是该地区的防灾减灾，场地日照、场地遮阳及空气质量
服务设施规划	建筑区域内服务设施的好坏是判断一个建筑或者小区的重要指标，包括居民配套设施规划、地面停车比例、公共交通系统
建筑材料与 资源的选择	对于低碳建筑来说，材料和资源的选择利用对于建筑的低碳性影响很大，主要包括旧材料的利用、材料的耐久性、低碳建筑材料的选择与使用，建筑废弃物回收利用及可循环能源利用等

3.2.3　施工阶段影响因素分析

施工阶段是将策划和规划设计意图转换为建筑产品的过程，施工过程中会消耗大量的材料和能源，它对整个建设项目碳排放量的影响巨大，为了减少建筑物全寿命周期过程二氧化碳排放量必须对低碳建筑施工阶段各工艺流程的能耗加以控制。

因素	关键点
施工人员 办公耗能	施工人员办公耗能主要包括在施工过程中人员办公区的能耗及为施工办公服务的生活区的能耗。在这个工程中涉及二氧化碳排放的主要因素有：施工人员办公区和生活区的水、电及各种能源消耗
地基与基础 分部工程	地基与基础分部工程主要包括土方工程，混凝土与桩基础工程，砖、石基础工程。在这些分项工程施工工程中涉及二氧化碳排放的主要因素有：各种砖石、混凝土、钢筋等原材料的消耗及各种运输设备、大型机械耗能
主体结构 分部工程	主体结构分部工程主要包括钢筋分项工程、模板分项工程、混凝土分项工程，在这些分项工程施工工程中涉及二氧化碳排放的主要因素有：木材、钢材、水泥、砂、石等原材料的消耗及各种加工器具、吊装器具、运输器具及照明设备的能耗
装饰装修 分部工程	装饰装修分部工程主要包括楼、地面、外墙防水保温工程，吊顶工程，轻质隔墙工程，饰面板工程、幕墙工程、涂料、涂饰裱糊与软包工程，细部工程等。在这些分部工程施工工程中涉及二氧化碳排放的主要因素有：砂、石、保温材料、防水材料、各种装修装饰材料的消耗及各种用电设备、器具的用电消耗及运输机械、器具的能耗等

3.2.4　运营维护阶段影响因素分析

低碳建筑运营维护阶段是实现低碳建筑关键所在。根据建筑物周期能耗现状，建筑物在使用阶段的能耗占全生命周期总能耗的 70%～80%，主要包含建筑采暖、制冷、通风、照明等维持建筑正常使用功能的能耗，装修、维护以及翻修等程中所涉及的能耗。

（1）低碳管理

低碳管理对于减少低碳建筑运营维护阶段的碳排放量尤为重要，只有加强运营维护阶段的低碳管理，才能最大程度减少低碳建筑运营维护阶段的二氧化碳排放量。主要包括绿化、垃圾处理、分户计量和智能化等。

（2）节材和材料资源利用

运营维护阶段节材和材料利用主要指的是运营维护阶段装饰装修材料的合理使用。在这个过程中，难免会发生因材料寿命的原因更换建筑材料，或人为的原因对建筑物进行一系列的装饰装修。

（3）节能和能源利用

节能和能源利用对于降低建筑物全寿命周期过程的碳排放量是一项非常重要的评价指标，主要包括照明、能效利用、可再生能源利用。

3.2.5　拆除报废阶段影响因素分析

低碳建筑的拆除报废阶段，是建筑物全寿命周期的终结，影响该阶段的碳排放量的因素主要包括：拆除过程中建筑物方便拆除、拆除过程中各种机械耗能及低碳建筑材料循环使用，废水、废渣、废气的排放等。

3.3　评价指标体系的建立

3.3.1　评价指标体系的结构设计

通过对低碳建筑各阶段影响因素分析可知全寿命周期视角下低碳建筑各阶段都会影响到建筑物整个寿命周期的碳排放量，绿色低碳建筑各个阶段是相互联系、相互影响、密不可分的；因此，我们在进行指标体系结构设计时，不能仅仅从某个阶段或某几个阶段来进行指标体系的设置，而应该涵盖建筑物整个寿命周期的全过程，本研究将全寿命周期视角下低碳建筑指标体系指标的设置从前期策划阶段、规划设计阶段、施工阶段、运营维护阶段、拆除报废阶段五个阶段进行设置，涵盖了建筑物整个寿命周期的全过程。

3.3.2　评价指标体系的选择流程

为了保证全寿命周期视角下低碳建筑评价体系的合理性、科学性、适用性，本研究在指标选择时考虑了多方面因素，对指标进行了筛选，完善，修改，精选，其评价指标选择的具体流程为：

1. 首先以绿色低碳建筑全寿命周期理论为根本出发点,结合相关文献在全寿命周期视角下对绿色低碳建筑各阶段进行划分,得到我国绿色低碳建筑评价指标体系的二级指标。

2. 通过对全寿命周期视角下低碳建筑各个阶段影响因素的分析,结合我国低碳建筑发展的实际状况,参照国内外绿色建筑评价指标体系指标,结合现场调研的实际情况及咨询相关专家,构建低碳建筑各阶段评价指标的大致框架。

3. 在此基础上,依据指标体系构建的原则,对初步构建的各指标进行合理筛选,对同一类指标因素加以归纳总结,精简指标的数量,从而使指标体系各指标更具有代表性,拟定低碳建筑评价指标的内容。

4. 根据拟定评价指标的内容进行小范围验证,经多方分析讨论,最终确定全寿命周期视角下低碳建筑的评价指标。

3.3.3 评价指标体系的内容

基于以上的分析总结,对同一类指标因素加以归纳,构建了全寿命周期视角下的绿色低碳建筑评价指标体系,如下表 3.1 所示。

绿色低碳建筑评价指标体系内容 表 3.1

绿色低碳建筑	前期策划阶段	低碳建筑技术水平
		项目经济可行性
	规划设计阶段	节能设计
		规划场址选择
		节地和服务设施配建
		节水和能源利用设计
		建筑室外环境
		室内环境设计
		建筑维护结构
	施工阶段	施工节材和材料利用
		施工节能
		新型施工工艺引入
		低碳及新型材料使用
	运营维护阶段	日常生活管理
		日常运行管理
	拆除报废阶段	建筑方便拆除及节能
		可回收材料利用

4 全生命周期下绿色建筑评价体系指标的选取

4.1 评价指标体系选取的思路

选取绿色低碳建筑的指标体系总体思路是为了更好地、更全面地、更具体地对绿色低碳建筑进行评价，它不仅要求我们对影响绿色低碳建筑碳排放量的各个因素、各个指标进行区分并汇总，更要求我们上升到基于全生命周期角度上对影响到绿色低碳建筑碳排放量的各个阶段、各项指标进行综合评价。绿色低碳建筑评价指标内容应涉及建筑全生命周期的各个阶段，同时也要考虑到数据的可获取性和可比性。绿色低碳建筑评价指标体系的选取内容涵盖了绿色低碳建筑全寿命周期的各个阶段，包括前期策划阶段、规划设计阶段、施工建造阶段、运营维护阶段和拆除报废阶段。并对影响绿色低碳建筑碳排放量的各个指标进行综合考虑，以便更好地、更准确、更全面的对绿色低碳建筑进行评价研究。在指标选取上，基于对绿色低碳建筑概念及其各阶段影响碳排放量的主要因素进行分析，并从全寿命周期视角的角度下，同时参考分析当今国内外绿色建筑评价体系的评价指标，建立一套基于我国国情的绿色低碳建筑的评价指标体系。同时通过问卷调查、咨询房地产企业从业人员、施工和监理单位企业管理人员及实地调研的方式，针对我国建筑发展的实际情况，修改和完善相关评价指标，丰富和完善绿色低碳建筑的评价指标体系。

4.2 评价指标体系选取的原则

全寿命周期视角下绿色低碳建筑评价体系作为实现绿色低碳建筑评价的基础，既要全面准确的反映绿色低碳建筑全生命周期的有效信息，同时也要更利于绿色低碳建筑评价体系的科学实施，是具有一定层次关系并满足一定要求的众多指标相结合的体系，而不是指标的简单堆积。因此在选取全寿命周期视角下的绿色低碳建筑评价指标体系时要遵循选取指标体系的一般原则，这些原则始终贯穿着整个指标体系的选取阶段。低碳经济的评价指体系是对低碳经济发展程度的客观评价与反映，在构建评价指标体系时一方面要遵循构建指标体系的一般原则，还要根据影响低碳经济的主要影响因素建立低碳经济的评价指标构建的特殊原则。所以在建立评价指标体系时必须遵循：科学性原则、系统性原则、可获得性和可比性原则、技术合理性原则、完备性与简明性原则、继承性与创新性原则、指导性原则、适应性原则、区域性原则、相关性原则。

4.3 评价指标的选取

4.3.1 评价指标的初步选取

评价指标选取的方法主要有三种，一是根据相关的理论确定指标。二是通过咨询专家、问卷调查确定所需要的指标。三是根据指标在文献中出现的频率确定指标，因此本研究检索大量的国内外相关文献，统计相关文章中指标出现的频率，以大量问卷调查，初步选取了低碳建筑评价体系最初的评价指标，共30个，见附录一。

以个人为单位，专业知识为背景，发放问卷30份，回收27份，回收率90%，其中有效问卷为24份。成员分布为建筑硕士研究生10人，建筑本科生15人，建筑工程师5人。第一轮问卷统计结果见表4.1第一轮调查问卷结果。

第一轮调查问卷结果 表 4.1

编号	认同次数	编号	认同次数	编号	认同次数	编号	认同次数
1	21	7	17	13	12	19	9
2	14	8	21	14	14	20	27
3	11	9	22	15	22	21	24
4	22	10	26	16	23	22	26
5	18	11	23	17	15	23	27
6	21	12	22	18	13	24	24

问卷回收量为27份，根据问卷结果，指标认同率达到60%的指标，即认同次数等于16的有19个，低于60%的指标，认为与本论题相关度不高，给与删除处理。同时再根据在问卷中给予的其他建议，对指标进行调整和修改。第一轮问卷后修改指标结果如表4.2第一轮问卷后修改指标。

第一轮问卷后修改指标 表 4.2

编 号	指标内容	编 号	指标内容
1	决策阶段影响	16	空调系统
2	场地选址明确	17	照明系统
3	建筑布局合理	18	采暖系统
4	建筑日照	19	低能耗材料的选择
5	建筑采光	20	材料的再利用
6	建筑通风	21	材料生产的碳排放计算
7	体形系数	22	材料的运输
8	面宽进深比	23	施工机械
9	窗墙比	24	施工过程的碳排放计算
10	墙体保温	25	施工方式
11	屋面系统	26	施工照明
12	楼地面系统	27	施工过程的碳排放计算
13	门窗系统	28	施工废弃物的碳排放
14	遮PI1系统	29	使用维护节能阶段
15	给排水系统	30	拆除处置阶段

4.3.2 评价指标的最终选取

根据第一轮附录一问卷调查调整后新的指标，同时结合附录二的调查问卷，请专家再次对该指标进行评判，最终得以确定低碳建筑评价体系的评价指标，同时结合层次分析法的思想，将其指标划分为四个层次，依次为一级指标、二级指标、三级指标。见表4.3低碳建筑评价指标体系。

低碳建筑评价指标体系　　　　　　　　　　　　表4.3

一级指标	二级指标	三级指标
决策阶段	树立低碳意识建立低碳目标	
建筑规划设计阶段	规划设计	选址明确
		建筑布局合理
		因地制宜
		合理交通组织
		适宜间距
	建筑设计	面宽进深
		体形系数
		窗墙比
		日照
		采光
		通风设计
	围护结构	墙体系统
		屋面系统
		门窗系统
		遮阳系统
		楼地面系统
	设备系统	给排水系统
		供暖系统
		空调系统
		照明系统
施工阶段	材料的选择	材料选择
		材料的再利用
	材料运输	宜就地取材
	施工现场碳排放	施工机械
		施工方式
		施工照明
		施工过程碳排放量计算
	施工废弃物的碳排放	
使用维护阶段	高效率的设备系统	
拆除处置阶段	拆除阶段碳排放计算	
	回首阶段的碳排放计算	

根据第三小节的碳排放因素分析，评价决策、规划设计、施工、使用、拆除整个建筑生命周期的影响，对评价指标进行了具体的定性和定量。目前，有5个一级指标，13个二级指标，27个三级指标。

5 全生命周期下绿色低碳建筑评价体系得分点

5.1 前期决策阶段

绿色低碳建筑开发的首要环节是前期决策阶段。通常情况下，建筑师、开发商与政府部门在绿色低碳建筑的决策过程中起着重要的作用。建筑师是绿色低碳建筑设计方案的提供者，需要考虑对绿色低碳建筑方案最终实施的技术因素；开发商是要考虑绿色低碳建筑开发市场的必要性与技术可行性，同时要对市场进行调研、产品的定位、对技术经济的综合分析，确定绿色低碳建筑的目标，政府部门则要从整体和全局上考虑绿色低碳建筑环境与社会的因素。不同于传统建筑的开发，绿色低碳建筑的开发是要从全生命角度出发，整个过程要树立绿色低碳意识，设定清晰明确的绿色低碳建筑目标，按照目标要求对绿色低碳建筑实施控制管理。决策阶段是绿色低碳建筑的出发点，同时对其他阶段也有着不同程度的影响。作为对绿色低碳建筑实施的决策阶段，主要得分点有以下几点：

阶段	得分点
前期决策阶段	以规划和建筑设计标准为依据，判断绿色低碳建筑方案的实施性。
	广泛听取各方面意见和建议，在科学和理性的基础上对低碳建筑的进行判断。
	有效组织专家群体对绿色低碳建筑的实施方案进行评估

5.2 建筑规划与设计阶段

规划与设计是在项目建设前把控整个项目总体，对项目进行设想和布局。对是否能节约和控制整个项目的碳排放，实现绿色低碳建筑的重要的一个环节。

5.2.1 规划阶段

选址

选址阶段	考虑因素	得分点
建筑场地	建筑对基地的破坏程度和建造的难易程度直接由选址的好坏决定。综合考虑因地制宜，抗震减灾，交通便利等多方面因素	既要关注节能节地，也要充分考虑到有利于建筑的使用和后期维护等建筑的综合效应。
		减少能源在运输过程中的能耗，能源的供给点和中转站可以靠近水源，但是要尽可能的避免自然灾害威胁。
		建筑场地位于污染源地区的上风向或上游方向，与污染源保持一定的距离，避免受其干扰。
		选址应设置合理的交通组织，靠近路网，尽量利用原有道路

选址阶段	考虑因素	得分点
建筑布局方式	建筑布局应充分考虑建筑的使用功能，人的行为活动，当地的环境因素与气候的特征来进行设计	建筑物的主要房间尽量避免冬季主导风向，采用南北向或者近南北向为宜。 确定合理的住宅间距，减少相互间的遮挡影响采光，避免视线的干扰。 错位布局利于争取较多的日照。 向阳和居中的开口位置和方位宜在封闭围合的布局中采用

5.2.2 设计阶段

建筑设计应充分考虑建筑的使用功能，人的行为活动，当地的环境因素与气候的特征来进行设计。

设计阶段	得 分 点
建筑主体的设计	保持住宅合适的面宽进深，并且住宅建筑的体形系数宜不大于0.3。 建筑物的主要房间仅量避免冬季主导风向，采用南北向或者近南北向为宜，根据建筑的朝向和地区不同综合考虑，选择适宜的窗墙比。确定合理的住宅间距，减少相互间的遮挡影响采光，避免视线的干扰。 错位布局利于争取较多的日照，采光和通风设计满足要求。 充分利用地形高差因地制宜提高建筑空间的使用效率，条件允许下，开发利用地下空间
设备系统设计	给排水系统得分点 ①采用隔断热桥或绝热效果较好的保温方式，提高外墙外保温系统性能。 ②采用新型墙体材料和保温隔热材料，减少围护结构的导热系数。 ③尽可能减少墙体结构的热转移系数。 ④外墙的平均传热系数必须满足节能实施细则。 供暖系统得分点 ①采用屋面绿化遮阳，或种植屋面。 ②做好屋面预制架空通风隔热板。 ③在屋顶或者建筑外墙设置遮挡，承担遮阳的功能。 空调系统得分点 ①门窗的传热系数和气密性满足节能要求标准。 ②采用导热系数小的窗框材料，提高窗框的保温性能。 ③采用双层窗或中空玻璃窗等形式，减少热量进入室内。 ④入户门、外窗、阳台门加强保温。 照明系统得分点 ①采用既能保护屋顶避免暴晒，又能降低室内的热负荷的屋顶遮阳的方式。 ②通过建筑自身的凹凸变换的造型形成建筑自遮阳的阴影，有效遮阳。 ③充分利用自然通风和采光，选择合理的遮阳形式，是建筑全年的能耗得到有效减少

5.3 施工阶段

在建筑物的全生命周期中，施工阶段需要大量的能源，在消耗能源的同时释放大量的二氧化碳。有研究表明：建筑物施工阶段碳排放占到建筑物全生命周期碳排放总量的 23%。因此，研究住宅建筑施工阶段的碳排放指标，有效减少住宅建筑施工阶段的碳排放。施工阶段碳排放构成如图 5.1。

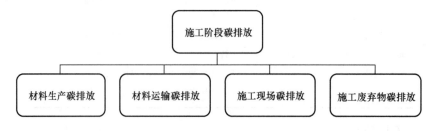

图 5.1　施工阶段碳排放构成

5.3.1　材料生产阶段

绿色低碳建筑评价中建筑材料生产与加工中消耗的能量是重要组成部分之一，是对建筑在建造之前对能源的消耗和二氧化碳的排放的客观反映，因此，实现绿色低碳建筑的重要前提就是选择合适的建筑材料。

阶段	得　分　点
材料选择	1）选用低能耗建筑材料，如石膏板材等。 2）采用低能耗的建材生产工艺。 3）选用具有建造成木低、获取与加工方便、耗能量少、可循环利用等优点的地方性建筑材料。 4）尽可能的选用预制板材，可以极大的减少材料的浪费及废弃材料的产生

5.3.2　材料运输阶段

建筑物施工所用的建筑材料从生产地到施工现场的运输过程中释放的二氧化碳是运输阶段碳排放的主要来源。碳排放主要得分点体现在：选择的交通工具，选择的运输方式以及运输距离的远近。

不同的运输选择方式碳排放总量差距是非常大的，尽可能的在该阶段使用和购买本地生产的建筑材料。建筑材料宜就地取材和合理安排运输方式，减少运输过程中间能源的消耗与二氧化碳的产生。

5.3.3　施工现场碳排放

施工现场的二氧化碳排放是施工碳排的最主要来源，且组成的要素也较复杂。主要得分点如下：

阶　段	得　分　点
施工机械	选用能达到一定的碳减排的效果高效节能的机械设备。 制定和执行保持设备低耗高效工况的按时保养、维修和检验制度，确保其正常运行。 加强对施工机械操作人员和维修人员的培训，提高其操作技能，避免因操作不当而造成的能耗损失

阶 段	得 分 点
施工方式	施工过程中为避免在对环境的破坏和能源的消耗，宜选用新的施工方法和施工工艺。 根据施工现场的实际情况，对多种施工方案进行综合评审，采用最佳施工工序与施工工艺。 充分调动和提高施工人员的低碳意识，才能使低碳施工方案真正的落实
施工照明	施工照明采用 LED 照明灯。 施工现场应合理配置节能灯数量，严格控制照明强度和照明时间。 施工现场的照明可优先考虑使用太阳能等清洁能源

5.3.4 施工废弃物的碳排放

施工废弃物的处理也是减少碳排放的重要环节，包括废弃物运输和废弃物两部分：一是废弃物在运输过程中会产生二氧化碳，二是废弃物在处理时消耗能源产生二氧化碳。因此，为降低碳排放，主要得分点如下：

阶 段	得 分 点
施工废弃物	根据废弃物种类，应分类收集。 减少废弃物、再利用和循环，制定减少固体废弃物的计划。 废弃物的回收加工制成建筑材料再利用。 建筑材料采用工厂化生产，运送至现场组装。 优先选择节能、低碳的工艺和设备处理废弃物，充分加工并循环利用建筑废弃物，避免和减少建筑垃圾的焚烧和填埋

5.4 使用维护阶段

低碳建筑的使用维护阶段是整个生命周期中能耗最大，且碳排放比例最大的阶段，也是持续时间最长的一个阶段。很多专家及学者都投入很多精力对此阶段进行研究分析，期望得到精确的评估模式，但是由于地理条件和气候条件，研究的结果差异较大。节能方案的确定应综合考虑各地区气候、自然、资源、经济、文化等实际情况，因地制宜。如太阳能、地热能的利用，建筑朝向的选择，保温隔热系统的设计等，让节能方案切实可行。

阶 段	得 分 点
使用维护	在建筑使用中采用节能型照明器具，开发运用高效家用电器，节约能耗。 城镇供热采暖系统应采用以集中供热为主导、多种供热方式相结合的方式。 充分利用自然能源如：地热、风力、太阳能等。 采取适宜的措施技术，提高建筑物的使用寿命。由于建筑物的使用寿命越长，新建建筑就越少，这样不仅会节约大量的资源和能源，同时还减少二氧化碳以及固体废弃物的排放。 采用高效率的空调、采暖通风、照明、热水供应等设备，保证建筑物在运行期间的能耗维持在一个较低的水平，从而达到节能减排目的。 节能方案的确定应综合考虑各地区气候、自然、资源、经济、文化等实际情况，因地制宜。如太阳能、地热能的利用，建筑朝向的选择，保温隔热系统的设计等，让节能方案切实可行。 采取科学的组织、管理、监督等措施，保证低碳建筑处于良好的功能状态，发挥节约能源的优势，对建筑和设备进行及时的更新改造使其节能效果处于一个相对稳定的状态

5.5 拆除处置阶段

拆除阶段碳排放主要包括拆除施工和建材回收处理两部分。拆除施工部分碳排放主要是来源于机械的拆除，建筑材料的拆除过程中能源消耗所释放的二氧化碳，见表5.1。

拆除阶段评价标准 表5.1

阶 段	得 分 点
拆除处置	拆除建筑时所采用的机械和方法，和拆除时采取科学的组织、管理、监督等措施。 拆除建筑过程中对排放的废水、废气、废渣的处置。 拆除建筑物后对原环境的维护，以及拆除后对可进行再次利用材料的回收利用

5.6 评价等级的确定

根据上文给出的绿色低碳建筑施工评价指标得分点，现将建筑分为1、2、3、4、5五个等级，各个等级所代表的低碳建筑的优劣水平如表5.2低碳建筑评价标准。

低碳建筑评价标准 表5.2

划分等级	五级低碳建筑	四级低碳建筑	三级低碳建筑	二级低碳建筑	一级低碳建筑
分值区域	(0, 1]	(1, 2]	(2, 3]	(3, 4]	(4, 5]
等级标准	差	一般	好	很好	非常好
描述	碳排放严重	碳排放较多	低碳环境较好	低碳环境很好	低碳环境优良

6 本部分小节

本研究以绿色低碳建筑的概念为基础，与节能建筑和生态建筑进行比较，结合绿色低碳建筑的国内外发展现状，使其对低碳建筑的内涵有更为客观的认知。同时，通过大量文献的研究和问卷调查，从全生命周期的考虑，对建筑全生命周期各阶段的碳排放的影响因素进行了分析。在以上评估体系和影响因素的分析下，探索出能有效对绿色低碳建筑的评价指标体系与评价方法，具体相关工作和主要结论如下：一是收集相关的资料，结合国内外绿色低碳建筑研究结论进行总结归纳，在现有相关评价体系研究的基础上，提出本研究的研究范围、目的及内容。二是基于绿色低碳建筑的特点和全生命周期的理论，对建筑设计、材料选择、施工、使用拆除等各个阶段碳排放因素进行具体的分析与评价，构建适合我国国情的绿色低碳建筑的全生命周期的评价指标体系。三是整个绿色低碳建筑的评价指标体系分成五个阶段的定性和定量指标。各阶段的各定性指标给出具体的得分点和得分标准，同时，根据现有相关的文献内容，选出适合我国现阶段国情的评价指标。

从我国的《绿色建筑评价标准》中不难发现，其主要侧重于提高土地的使用效率。

我国人均土地占有量仅为世界人均水平的30%，因此标准对人均和绿地都做出了明确的规定，要求人均居住用地低层不高于43平方米、多层不高于28平方米、高层不高于15平方米等，反映了我国在制定指标时注重了地少人多这一基本国情。但是节地只是可持续发展的单一方面，在未来的评价指标中，要考虑开发用地对生态环境的影响。虽然在标准中明确规定场地建设尽量不破坏当地文物、自然水系等其他保护区域，但从长远来看，要优先考虑不含任何敏感因素的场地，设计最小占地面积的建筑并充分考虑周边配套设施的规划，最大限度地保证当地生态环境的完整性。此外，在选用废弃场地进行建设过程中，要充分考虑改造和使用过程中可能产生的环境影响，政府也应将废弃场地进行分类，并对开发此类场地的开发商予以补贴和减税等政策，同时最好将此项归入控制项中，加大对废地的回收利用，降低我国的土地使用压力。伴随着人们出行方式的多样化，交通工具的存放和使用也逐步成为影响土地开发和环境污染的又一因素。虽然在标准中指出居民住区入口到达公共交通站点的步行距离不超过500米，但是这已远远解决不了当前的问题。新标准应提高可供选择的交通设施的权重，在大型居住区域周边设定固定的轻轨或地铁，增设一定数量的公共或校园公交路线，大力提倡自行车的使用。在住宅建筑中，免费给居民提供自行车存放设施等，来减少使用机动车造成的环境污染和停车场占地面积。基于此，我国在制定新指标时要考虑对未来居住者的交通需求，尽量将建筑建在交通枢纽附近，减少停车场的面积，注重对相邻建筑间的停车设施分享，并鼓励居民采用合伙使用汽车的方式来减缓交通压力，改善生活环境。此外，建筑开发要注重相互之间的连通性，例如，住宅建筑和周围公共设施配套服务设备的配合，从而可以有效地满足居民基本生活需要、节约资源、提高效率。

现有标准中，把水资源分为传统和非传统水资源两类，并在优选项中规定再生水、雨水等非传统水资源利用率至少达到30%。在水资源利用上，标准也指出要提高非传统水资源在景观、灌溉、道路浇洒、洗车等领域的使用比例，并通过采用雨洪收集系统、喷灌和微灌等高效节水灌溉方式以及节水设备的使用来节约水资源。数据表明，2014年我国城市污水排放量约为371.21亿立方米，对废水进行回收再利用即创新废水开发技术，将会是提高水资源利用效率的又一举措。考虑到我国国情，可以在大城市废水处理厂中采用氧化沟法；在住宅楼内设立厌氧水解池，其运行成本较低，可在独体建筑和农村使用；在土地资源丰富的地区，如广阔的西北城镇，可采用人工生物净化与自然生物净化相结合的方法，此法运行费用较低、管理方便、耗能较少。另外，在距废水处理厂较远的地区，要加强废水运送管道的处理能力，对管内加压、充氧使废水在运送过程中自行进行生物处理，减轻处理厂负担、降低成本、节约资金。尽管废水处理能产生很大的环境效益和社会效益，但在实施过程中，常常受到成本制约，为此政府也应采取相应的激励机制鼓励开发商加大对节水设施的建设力度。

采暖和空调能耗一般占建筑总能耗的20%左右，是耗能大户。为此，我国现有标准将建筑热工设计和暖通空调设计列入必须具备的控制项中。虽然针对不同区域制定了居住建筑节能率至少为 50％的设计标准，但对建筑达到的不同节能效率却没有明确的差值评定。为了促进开发商建造节能效率更高的建筑，可以对建筑达到的节能效率程度给予不同的分数，降低对生态环境的影响。基于我国国情，根据各个地区的能源分布和气候差异，对建筑降低能耗方面设计不同的评价标准，并把优化建筑能源效率归于控制项中，才能实现真正的节能模式。

关于可再生能源利用，虽然标准在评分项中提出了不同的指标，规定根据当地气候和自然资源条件，充分利用太阳能、地热能等可再生资源的使用量分别占建筑总能耗比例的 5％或 10％以上。但我国对可再生资源的强制性使用要求仍不是很高，对建筑达到不同可再生能源使用水平的鼓励机制不明确，且现有建筑大多数仅限于采用太阳能、地能等传统的可再生能源方式，因此可再生能源的强制使用以及开发新的能源方式将是未来标准的重要方面。

首先，在一般项中，新标准要加大对预拌混凝土的使用比例。相比于美国建筑使用预拌混凝土的比例至少占总量的 80％而言，我国在 2014 年也仅为 30％。继续加大预拌混凝土的产业化生产，一方面可以保证建筑的高稳定性，另一方面可以降低施工现场的环境污染和材料损耗。其次，推广钢结构的住宅形式。一是钢结构柔软性能高，重量较轻，可以有效地降低地震等灾害的影响程度。二是由于钢结构自重轻、强度高、架设便捷，可以有效地缩短施工周期，使开发商提前获得经济效益。三是钢结构建筑常采用聚苯乙烯泡沫夹芯板或单板保温棉来达到隔音、保温的效果，节能效果好、成本低。四是采用钢结构建筑，可以结束我国建筑寿命短的现状。虽然我国以每年新增 20 亿平方米的建筑量稳居世界首位，但相比美国平均 74 年、欧洲平均 80 年的建筑寿命而言，我国建筑寿命仅为 25 年左右。五是建筑钢材可以循环使用，减少了传统建筑的垃圾排放量。虽然我国新建建筑已逐步采用钢结构，如鸟巢、上海的金茂大厦等，但相比于日本等发达国家的钢结构建筑占总建筑比例的 50％以上而言，我国钢结构建筑仅为 5％。因此，转变我国建筑结构模式对于提高建筑寿命、减少资源浪费有着重要的意义。最后，现有标准虽然指出要对旧建筑拆除时产生的废弃物进行归类处理、回收再利用，但却忽视了对既有建筑的改造和使用。据 2014 年数据显示，我国 430 亿平方米现有建筑中有 95％为高耗能建筑。如果为了建设绿色建筑而对既有建筑进行拆除改造，那么会产生大量的建筑垃圾，据悉每万平方米的旧建筑拆除将产生 0.7 万吨～1.2 万吨的建筑垃圾，为此考虑利用原建筑的外部结构，去除可能产生污染的部件，更新老化的机械系统及管道设备，改善周边的绿化环境，可以有效地减少建筑废物，节约新建建筑的原材料及降低建造过程中的环境污染。

我国的室内环境质量标准主要涉及日照、采光、隔音及通风，这与其他国家的室内标准类似。但在对室内空气的质量监控上，我国还是比较注重二氧化碳的浓度，而忽略了烟草烟雾对建筑用户和建筑系统的影响。美国在这方面是比较重视的，LEED 中明确指出建筑物必须要严格控制环境中的烟雾浓度，要设定专门的带有独立通风系统的吸烟室，采用换气设备并保证非吸烟区可接受的烟草烟雾浓度要小于等于吸烟室气体浓度的 1‰。基于此，新的标准可以对吸烟造成的空气污染程度进行具体的评定。

这是我国绿色建筑评价标准的又一次突破，但我国的绿色建筑事业仍然任重而道远。为了能使我国绿色建筑评价标准在将来升级换代的过程中变得更易用、更好用，希望能够重视如下几个方面：

一要增强在实际操作方面的引导作用，使施工单位、业主和使用者更加了解什么样的建筑是绿色建筑，如何才能使建筑更加"绿色"；二要提高标准的量化程度，使标准更加科学、客观和严谨，同时也有助于增强标准的可操作性和便捷度；三要在引用参照标准时有更为明确的说明，这样做有利于提高标准的实用性，而不应当把查询参照标准的工作一概推给使用者；四要制定更为丰富多样、更有针对性的标准来完善现有评估系统，以满足不同类型项目的需要。制定不同自然条件、历史等条件下的评估策略来增强标准的弹性，以满足不同地区项目的需要；五是标准应当更加精简实用，减少评估过程中的工作量，使评估模式更加便捷高效；六是除了重视评估标准的内容制定外，还要重视标准的推广和市场的开拓，因为只有得到市场广泛的认可才算是真正优秀的评估标准。

在国家发展日新月异的同时，建筑行业的发展更是突飞猛进，而绿色建筑评估标准不应成为阻碍我国建筑行业全面健康发展的短板，因此只有保持对绿色建筑事业的热情，在评估标准的研究方面不断地推陈出新，才能满足行业需求，才能让我国的建筑行业更加节能、更加环保。

参考文献

[1]　陈力莅，丁太威，耿化民. 低碳建筑全生命周期碳排放影响因素分析[J]. 四川建筑，2012，32（5）.

[2]　丁太威，陈力夜. 灾后重建城镇援建住宅浅析——以都江堰为例[J]. 四川建筑，2012，32：增刊.

[3]　国土资源部. 中国城市人均建设用地居世界之首[N/OL]. http：//www. chinagate. com. cn/.

[4]　梁朝晖. 上海市碳排放的历史特征与远期趋势分析[J]. 上海经济研究，2009(7).

[5]　国家发展改革委员会应对气候变化司. 关于公布 2009 年中国低碳技术化石燃料并网发电项目区域电网基准线排放因子的公告[R]. 2009.

[6]　Daniel Weisser. A guide to life-cycle greenhouse gas(GHG)emissions from electric supply technologies[J]. Energy，2007，32(9)：1543- 1559.

[7]　龙惟定，白玮，梁浩，等. 从建筑节能走向低碳建筑[J]. 建筑经济，2010(2).

[8]　龙惟定，白玮，范蕊. 低碳经济与建筑节能发展[J]. 建设科技，2008(24)：15-20.

[9]　龙惟定，白玮，梁浩，等. 低碳城市的能源系统[J]. 暖通空调，2009，39(8)：70-84.

[10]　龙惟定，白玮，梁浩，等. 低碳城市的城市形态和能源愿景[J]. 建筑科学，2010，26(2).

[11]　Adalberth K. Energy use during the life cyele of buildings：a method[J]. Building and Environment，1997(4)：317-320.

[12]　仇保兴. 我国城市发展模式转型趋势——低碳生态城市. 城市发展研究，2009(8).

［13］ 何建清，娄霓. 低碳建筑：边研究边实践［M］//中国可持续发展研究会. 中国可持续发展论坛暨中国可持续发展研究会学术年会论文集(下册). 北京：北京师范大学出版社，2009：713-717.

［14］ 曹小琳，柳云状. 我国发展低碳建筑的障碍因素及对策研究［J］. 2010(3)：115-117.

［15］ 李恒，郭红领，黄霆，江展宏，李研. 推进中国住宅工业化进程的关键技术［J］. 2009.

［16］ 赵晓龙，林碧懂，刘丰峰. 住宅工业化技术在万科第五寓的应用［J］. 住宅产业，2011.

［17］ 冯劲梅. 基于空调排风与墙体能量交换的建筑节能［D］. 上海：上海交通大学，2008.

［18］ 余丽霞，肖益民，付祥钊. 居住实态对居住建筑供暖空调负荷的影响［J］. 煤气与热力，2010，30(10)：24-27.

［19］ 陈通，姚德利. 基于全生命周期的低碳建筑发展研究［J］. 价值工程，2011(3)：85-88.

［20］ 李兵. 低碳建筑技术体系与碳排放测算方法研究［D］. 武汉：华中科技大学，2012.

四 BIM 技术的发展现状以及绿色
低碳项目管理标准对比分析

1 BIM 的发展现状

2015 年国家"十二五"计划实施的第五个年头，建筑信息模型（Building Information Modeling）BIM 技术已经从认知理解、概念普及进入带深度应用的转折点。BIM 技术的应用已经不再是创建模型、浏览模型、检查空间关系的基本应用，而是在思考拥有 BIM 模型后，如何利用模型为企业和社会创造更大的价值。BIM 技术从初级阶段的碰撞检测，管线综合，造价计量的应用，发展到中级阶段，主要包括设计施工一体化，项目协调管理，设施设备运行；逐步发展到高级阶段智慧城市的智慧建造，智慧运营。

1.1 BIM 在国际的发展

建筑信息模型（Building Information Modeling，BIM）在建筑领域作为一种从未有过的技术和理念，在全国范围乃至世界范围受到各界的关注。BIM 思想源于 20 世纪 70 年代，之后 Charles Eastman[①]、Jerry Laiserin[②] 及 McGraw-Hill 建筑信息公司[③] 等都对其概念进行了定义，目前相对较完整的是美国国家 BIM 标准（National Building Information Modeling Standard，NBIMS）的定义："BIM 是设施物理和功能特性的数字表达；BIM 是一个共享的知识资源，是一个分享有关这个设施的信息，为该设施从概念到拆除的全寿命周期中的所有决策提供可靠依据的过程；在项目不同阶段，不同利益相关方通过在 BIM 中插入、提取、更新和修改信息，以支持和反映各自职责的协同工作。"[④]

自 BIM 产生以来，与其相关的研究及应用不断加强，BIM 的出现正在改变项目参

---

① LAISERIN J. Comparing pommes and naranjas [EB/OL]. (2002) http：//www. Laiserin. com/.

② GUO H L，LI H，SKITMORE M. Life cycle management of construction projects based on Virtual Prototyping technology [J]. Journal of Management in Engineering，2010，26（1）：41-47.

③ 麦格劳-希尔建筑信息公司在中国发布首份关于 BIM 的中文调研报告—建筑信息模型：Smart Market Report-Building Information Modeling，2009.

④ 美国国家 BIM 标准第一版：National Institute of Buiding Sciences，United States National Building Information Modeling Standard，Version1-Part 1 [R].

与各方的协作方式。深度分析 BIM 应用现状及发展动态，寻找其应用障碍，对推广 BIM 在我国建筑业更广泛更深入的应用具有重要研究意义。BIM 最先从美国发展起来，随着全球化的进程，已经扩展到了欧洲、日、韩、新加坡等国家，目前这些国家的 BIM 发展和应用都达到了一定水平。

美国是较早启动建筑业信息化研究的国家，到目前为止，美国关于 BIM 的研究与应用都走在世界前列。BIM 技术在大多数美国项目中得到应用，BIM 的应用点种类繁多，而且存在各种 BIM 协会，也出台了各种 BIM 标准。根据 McGraw Hill 的调研，2012 年工程建设行业采用 BIM 的比例从 2007 年的 28％增长至 2009 年的 49％直至 2012 年的 71％。其中 74％的承包商已经在实施 BIM 了，超过了建筑师（70％）及机电工程师（67％）。

美国总务署（General Service Administration，GSA）负责美国所有的联邦设施的建造和运营。早在 2003 年，为了提高建筑领域的生产效率、提升建筑业信息化水平，GSA 下属的公共建筑服务（Public Building Service）部门的首席设计师办公室（Office of the Chief Architect，OCA）推出了全国 3D-4D-BIM 计划。3D-4D-BIM 计划的目标是为所有对 3D-4D－BIM 技术感兴趣的项目团队提供"一站式"服务，虽然每个项目功能、特点各异，OCA 将帮助每个项目团队提供独特的战略建议与技术支持，目前 OCA 已经协助和支持了超过 100 个项目。GSA 要求，从 2007 年起，所有大型项目（招标级别）都需要应用 BIM，最低要求是空间规划验证和最终概念展示都需要提交 BIM 模型。所有 GSA 的项目都被鼓励采用 3D-4D－BIM 技术，并且根据采用这些技术的项目承包商的应用程序不同，给予不同程度的资金支持。目前 GSA 正在探讨在项目生命周期中应用 BIM 技术，包括：空间规划验证、4D 模拟，激光扫描、耗和可持续发展模拟、安全验证等，并陆续发布各领域的系列 BIM 指南，并在官网可供下载，对于规范和 BIM 在实际项目中的应用起到了重要作用。

在美国，GSA 在工程建设行业技术会议如 AIA-TAP 中都十分活跃，GSA 项目也常被提名为年度 AIA BIM 大奖。因此，GSA 对 BIM 的强大宣贯直接影响并提升了美国整个工程建设行业对 BIM 的应用。

美国陆军工程兵团（the U. S. Army Corps of Engineers，USACE）隶属于美国联邦政府和美国军队，为美国军队提供项目管理和施工管理服务，一共有 3 万多平民人员和 6 百多军人，是世界最大的公共工程、设计和建筑管理机构。

2006 年 10 月，USACE 发布了为期 15 年的 BIM 发展路线规划（Building Information Modeling：A RoadMap for Implementation to Support MILCON Transfor-mation and Civil Works Projects within the U. S. Army Corps of Engineers）为 USACE 采用和实施 BIM 技术制定战略规划，以提升规划、设计和施工质量及效率。规划中，USACE 承诺未来所有军事建筑项目都将使用 BIM 技术。

2010 年、2011 年英国 NBS 组织了全英的 BIM 调研，从网上 1000 份调研问卷中统计出最终的英国 BIM 应用情况。从调研报告中可以发现，2011 年，有 48％的人仅听说过 BIM，而 31％的人不仅听过，而且在使用 BIM，有 21％的人对 BIM 一无所知。这一数据不算太高，但与 2010 年相比，BIM 在英国的推广趋势却十分明显。2010 年，有 43％的人从未听说过 BIM，而使用 BIM 的人仅有 13％。有 78％的人同意 BIM 是未来趋势，同时 94％的受访人表示会在 5 年之内应用 BIM。

与大多数国家相比，英国政府要求强制使用 BIM。2011 年 5 月，英国内阁办公室发布了"政府建设战略（Government Construction Strategy）⑤"文件，其中有整个章节关于建筑信息模型（BIM），这章节中明确要求，到 2016 年，政府要求全面协同的 3DBIM，并将全部的文件以信息化管理。为了实现这一目标，文件制定了明确的阶段性目标，如：2011 年 7 月发布 BIM 实施计划；2012 年 4 月，为政府项目设计一套强制性的 BIM 标准；2012 年夏季，BIM 中的设计、施工信息与运营阶段的资产管理信息实现结合；2012 年夏天起，分阶段为政府所有项目推行 BIM 计划；至 2012 年 7 月，在多个部门确立试点项目，运用 3DBIM 技术来协同交付项目。文件也承认由于缺少兼容性的系统、标准和协议，以及客户和主导设计师的要求存在区别，大大限制了 BIM 的应用。因此，政府将重点放在制定标准上，确保 BIM 链上的所有成员能够通过 BIM 实现协同工作。

政府要求强制使用 BIM 的文件得到了英国建筑业 BIM 标准委员会（AEC（UK）BIM Standard Committee）的支持。迄今为止，英国建筑业 BIM 标准委员会已于 2009 年 11 月发布了英国建筑业 BIM 标准（AEC（UK）BIM Standard）、于 2011 年 6 月发布了适用于 Revit 的英国建筑业 BIM 标准（AEC（UK）BIM Standard for Revit）、于 2011 年 9 月发布了适用于 Bentley 的英国建筑业 BIM 标准（AEC（UK）BIM Standard for Bentley Product）。目前，标准委员会还在制定适用于 ArchiACD、Vect—or-works 的类似 BIM 标准，以及已有标准的更新版本。这些标准的制定都是为英国的 AEC 企业从 CAD 过渡到 BIM 提供切实可行的方案和程序，例如，该如何命名模型、如何命名对象、单个组件的建模、与其他应用程序或专业的数据交换等。特定产品的标准是为了在特定 BIM 产品应用中解释和扩展通用标准中一些概念。标准委员会成员编写了这些标准，这些成员来自于日常使用 BIM 工作的建筑行业专业人员，所以这些服务不只停留在理论上，更能应用于 BIM 的实际实施。

在日本，有"2009 年是日本的 BIM 元年"之说。大量的日本设计公司、施工企业开始应用 BIM，而日本国土交通省也在 2010 年 3 月表示，已选择一项政府建设项目作为试点，探索 BIM 在设计可视化、信息整合方面的价值及实施流程。

2010 年秋天，日经 BP 社 2010 年调研了 517 位设计院、施工企业及相关建筑行业从业人士，了解他们对于 BIM 的认知度与应用情况。结果显示，BIM 的知晓度从

---

⑤　Government Construction Strategy，Cabinet Office［EB/OL］. http：//www. cabinetoffice. gov. uk/.

2007 年的 30.2％提升至 2010 年的 76.4％。2008 年的调研显示，采用 BIM 的最主要原因是 BIM 绝佳的展示效果，而 2010 年人们采用 BIM 主要用于提升工作效率。仅有 7％的业主要求施工企业应用 BIM，这也表明日本企业应用 BIM 更多是企业的自身选择与需求。日本 33％的施工企业已经应用 BIM 了，在这些企业当中近 90％是在 2009 年之前开始实施的。

日本软件业较为发达，在建筑信息技术方面也拥有较多的国产软件，日本 BIM 相关软件厂商认识到 BIM 是需要多个软件来互相配合，是数据集成的基本前提，因此多家日本 BIM 软件商在 IAI 日本分会的支持下，以福井计算机株式会社为主导，成立了日本国产解决方案软件联盟。

此外，日本建筑学会于 2012 年 7 月发布了日本 BIM 指南⑥，从 BIM 团队建设、BIM 数据处理、BIM 设计流程、应用 BIM 进行预算、模拟等方面为日本的设计院和施工企业应用 BIM 提供了指导。

1.2　BIM 在国内的发展

2001 年中华人民共和国建设部（现更名为中华人民共和国住房和城乡建设部）制定了《建设事业信息化"十五"计划》，并于 2003 年根据建设事业信息化发展的需要对该计划进行了修改。计划中明确阐述了建筑业信息化的发展趋势，提出的行业信息化的总体目标第一条即为"完善建设领域信息化标准体系"，提出的重点任务包括"将建设事业单项应用趋于成熟的管理信息系统技术（MIS）、计算机辅助设计技术（CAD）、关系数据库技术（RDBS）、自动控制技术（AC）等进行面向应用主体的有机集成，使多项信息化技术在集成中提高企业管理一体化、可视化和网络化水平"，为中国 BIM 研究奠定了政策的基础。

在政府政策的引导和支持下，学术界、软件企业和设计施工企业分别展开了 BIM 技术的研究、开发和应用。BIM 成为中国建筑业中最热门的话题之一。虽然在近几年的 BIM 研究和示范应用项目上取得了一些研究成果和实践经验，但是对于整个中国建筑业来说 BIM 仍然是陌生的技术。

Wu 等在美国建筑科学研究院（National Institute of Building Sciences，NIBS）发行的 BIM 学术杂志上发表了一篇对于中国建筑业 BIM 应用情况的调查。结果显示，被调查公司中 31.6％还开始了解 BIM 技术，23.7％是 2006 年以后才开始注意 BIM 技术的⑦。

张建新以全国各省市级的建筑设计领域的专业人士为对象进行了问卷调查。

⑥　BIM ガイドライン，JIA［EB/OL］. http：//www. jia. or. jp/resources/news/000/225/0000225/p7NmnPji. pdf.

⑦　Wu Wei，Raja R. A. Issa and Jiayi Pan. The Status of BIM Application in China's AEC Industry J. JBIM，2010（fall）：35-37.

调查结果表明，在 50 家建筑设计研究院专业人士中，应用过 BIM 技术的被调查人员只占 4%，而 68% 被调查者只听说过 BIM，其他 28% 名被调查者从未听说过 BIM [⑧]。

吴吉明认为与发达国家相比，中国 BIM 系统的研究与实践相对落后，虽然很多设计人员意识到 BIM 的重要意义，但是依然保持被动的态度。目前中国 BIM 发展情况表现为"变革中的真空期" [⑨]。

基于以上调查判断，现在中国建筑业 BIM 技术的发展及应用仍然处于技术的宣传和了解阶段。业内人员对于 BIM 技术的知识倾向于自身的专业，或者局限于理论方面的知识，而缺乏实践经验。BIM 技术的发展在技术、组织、经济、管理、法律以及政治等方面都面临着众多问题。

1.3 BIM 应用软件

基于目前具有国际和行业影响力并应用于中国市场的 32 款 BIM 软件的分析，可见在项目运营阶段 BIM 技术并未得到充分应用，使得运营阶段在建设项目的全寿命周期内处于"孤立"状态。然而，在建设项目全寿命周期管理中理应以运营为导向实现建设项目价值最大化。其中，在我国相对影响力最大的两款软件应当是 Revit、Archibus，这两款软件在实现建筑工程的交互有着其便捷并独到的能力。

1.3.1 BIM 核心建模软件

这类软件应为通常叫"BIM Authoring Software"，是 BIM 之所以成为 BIM 的基础。

1.3.2 BIM 方案设计软件

BIM 方案设计软件用在设计初期，其主要功能是把业主设计任务书里面基于数字的项目要求转化成基于几何形体的建筑方案，此方案用于业主和设计师之间的沟通和方案研究论证。BIM 方案设计软件可以帮助设计师验证设计方案和业主设计任务书中的项目要求匹配。BIM 方案设计软件的成果可以转换到 BIM 核心建模软件里面进行设计深化，并继续验证满足业主要求的情况。

设计初期阶段的形体、体量研究或者遇到复杂建筑造型的情况，使用几何造型软件会比直接使用 BIM 核心建模软件更方便、更高效，甚至可以实现 BIM 核心建模软件无法实现的功能。几何造型软件的成果可以作为 BIM 核心建模软件的输入。

1.3.3 BIM 可持续（绿色）分析软件

可持续或者绿色分析软件可以使用 BIM 模型的信息对项目进行日照、风环境、

---

⑧ 张建新. 建筑信息模型在中国工程设计行业中应用障碍研究 [J]. 工程管理学报，2010，24（4）：387-392.

⑨ 吴吉明. 建筑信息模型（BIM）的本土化策略研究 [D]. 北京：清华大学建筑学院，2011.

热工、景观可视度、噪声等方面进行分析。IES 是总部在英国的 Integrated Environmental Solutions 公司的缩写，IES<VE> 是旗下建筑性能模拟和分析软件。它整合了一系列模块化的组件用以进行计算分析。Ecotect Analysis（艺名：生态建筑大师）这是一个神奇的软件，从它的诞生开始就挺传奇。它是由一位名叫 Andrew Marsh 的建筑师，同时也是西澳大学的博士一个人"发明"的软件。Green Building Studio（GBS）是 Autodesk 公司的一款基于 Web 的建筑整体能耗、水资源和碳排放分析工具。在登入其网站并创建基本项目信息后，用户可以用插件将 Revit 等 BIM 软件中的模型导出 gbXML 并上传到 GBS 的服务器上，计算结果将即时显示并可以进行导出和比较。EnergyPlus 模拟建筑的供暖供冷、采光、通风以及能耗和水资源状况。它基于 BLAST 和 DOE-2 提供的一些最常用的分析计算功能，同时，也包括了很多独创模拟能力，例如模拟时间步长低于 1 小时，模组系统，多区域气流，热舒适度，水资源使用，自然通风以及光伏系统等。DeST 是 Designer's Simulation Toolkit 的缩写，意为设计师的模拟工具箱。DeST 是建筑环境及 HVAC 系统模拟的软件平台，该平台以清华大学建筑技术科学系环境与设备研究所十余年的科研成果为理论基础，将现代模拟技术和独特的模拟思想运用到建筑环境的模拟和 HVAC 系统的模拟中去，为建筑环境的相关研究和建筑环境的模拟预测、性能评估提供了方便实用可靠的软件工具，为建筑设计及 HVAC 系统的相关研究和系统的模拟预测、性能优化提供了一流的软件工具。

1.3.4　BIM 结构分析软件

结构分析软件是目前和 BIM 核心建模软件集成度比较高的产品，基本上两者之间可以实现双向信息交换，即结构分析软件可以使用 BIM 核心建模软件的信息进行结构分析，分析结果对结构的调整又可以反馈到 BIM 核心建模软件中去，自动更新 BIM 模型。

由 Autodesk 公司生产的 Revit，其特点是利用一个中心数据库和一个独立的信息模型进行工程信息的存储和编辑良好。尤其在设计方面能够准确的反映出设计师的意图，并能够以计算机形式表达出来。该软件能够良好的支持 IFC 标准。以 Revit 为例的 BIM 平台具有资源消耗巨大，硬件要求高的瓶颈。一个 10 万 m² 的建筑，在 4 核 16G 内存的高配商务机运行已力不从心。欣喜的是有人成功利用云计算整合 CPU 能力实现 BIM＋Cloud 以解决硬件困境。开发资源开放程度有限，底层技术及代码开放程度不足，给开发者以极大限制和疑虑，且软件开发和使用难度较高。

由 ARCHIBUS 公司生产的 Archibus 软件，其特点是全和工业标准 AutoCAD 相结合，正确的对图形做出选择，同时分别反映在 ARCHIBUS/FM 数据库上。但是其对于 IFC 标准就相对支持度没有那么高。

两款软件之间具有一定的交互性，但是在实 BIM 的运用中两者并未产生沟通。

Randy Deutsch 指出，BIM 是 10％的技术问题加上 90％的社会文化问题。而目前已有研究中 90％是技术问题[⑩]，这一现象说明，BIM 技术的实现问题并非技术问题，而更多的是统筹管理问题。

1.4　BIM 技术的推广

BIM 的理念和技术已经在国内外得到实践应用，但仍面临诸多困难和挑战。目前 BIM 在建筑业的应用带有很大的局限性，从整体趋势而言，BIM 必将经历一个不断进步持续发展的过程。BIM 应用过程中凸显出的行业体制、标准不完善、缺乏协同管理、全寿命期集成等诸多问题。为推动 BIM 在我国建筑业中更广泛更深入的应用。

层　　面	应　　用
BIM 应用标准层面	政府和行业应整体推进推广 BIM 应用工作。BIM 会推进全球一体化和信息的交流，实现信息交互与共享，政府应积极参与 BIM 标准的制定，完善建筑业行业体制、规范
BIM 应用技术层面	BIM 应用软件之间缺乏交互性，软件开发企业往往仅考虑自身所在领域软件间的兼容性，与欧美相比我国企业对 BIM 研究及应用尚有差距。企业应提高创新力与国际接轨，面向国际，创新技术工具，提高软件兼容性与互操作性、实现 BIM 同平台对话
BIM 应用管理层面	推动 BIM 在项目的全寿命周期综合应用。BIM 的应用已不再是简单的理念和方法问题，更重要的应该是管理和实践问题。BIM 应用实践过程中，应进行统筹管理，推行 BIM 辅助设计、指导施工、支持后期运营管理，实现项目全寿命期综合应用

国外的设计企业基本上都是自身积极采用 BIM 技术，这是因为国外的设计市场环境无论是竞争度还是开放度都要比国内强很多，开放的竞争市场要求企业更多的采用新技术、新的设计理念，成熟的发展过程也使得国外的政府与业主更多的考虑节能环保、能耗管理等问题，并有相应的强制规范与标准，国内目前还没有达到这个成熟的发展阶段，所以国内无法照搬照抄西方成熟的发展理念，在目前国内设计企业还处在从属被动观望的阶段，国内的软件企业实际上还是有很多可为可发挥作用的地方。

国内的软件企业在目前阶段应积极摸索创新的服务模式来为设计企业服务，过去20 年来的发展进程中软件公司提供本地化的设计工具，现今已不能满足设计企业的需求，在现阶段应更多的去研究如何让设计企业在使用 BIM 技术的过程中大大降低他们的使用成本，同时应该改变国内软件公司的传统盈利模式，应该努力创新新的服务模式，通过提供创新的服务，让设计企业为满意的服务买单。

BIM 的发展经历由 BIM 标准、BIM 工具到 BIM 应用的过程。当前 BIM 应用不仅

---

⑩　Ryan E. Smith，Alan Mossman Stephen Emmitt，Lean Construction Journal，2011：1-16.

是一种技术实现问题，更是一种上升到行业发展战略层面的管理问题。因此，结合工程管理学和计算机科学，从管理范畴对 BIM 进行深度分析，系统研究 BIM 国内外应用现状及软件交互性，探讨其发展动态及存在的障碍，对提高综合集成管理质量和水平具有重要理论和现实意义；同时也将进一步促进 BIM 的深入推广并使其价值最大化，为 BIM 在我国的广泛应用起到重要基础研究作用和价值。

2 绿色低碳项目管理标准对比分析

2.1 我国绿色建筑研究现状

20 世纪 90 年代后期，绿色建筑开始进入我国同时在 1994 年我国发表了"中国 21 世纪议程"同时启动"国家重大科技产业工程——2000 年小康型城乡住宅产业工程"对进一步改善和提高居住环境提出了更高要求和保证措施。

2001 年 5 月建设部住宅产业化促进中心研究和编著《绿色生态住宅小区建设要点与技术导则》；2002 年 7 月建设部颁布了《关于推进住宅产业现代化提高住宅质量若干意见》、《中国生态住宅技术评估手册》；2002 年 10 月底又出台了《中华人民共和国环境影响评价法》；2003 年 3 月上海市人民政府制定了《上海市生态型住宅小区建设管理办法》；2004 年 2 月，作为科技奥运十大项目之一的"绿色建筑标准及评估体系研究"，它作为我国第一套建筑行业绿色标准，并首先应用于奥运建设项目；在 2006 年颁布了《绿色建筑评价标准》这项标准是我国现在比较全面以及最新的标准，《标准》从我国基本国情出发，从人与自然和谐发展，节约资源，有效利用自然资源和保护环境的角度进行了各方面的标准总结主要内容是节能、节地、节水、节材与环境保护，注重环境保护，注重以人为本强调可持续发展。

2.2 美国《LEED》研究现状

由 USCBC 制定并推出的能源与环境建筑认证系统（Leadership in Energy & Environmental Design Building Rating System），国际上简称《LEED》，是一个自愿的以一致同意为基础的，目的在于发展高功能、可持续建筑物的标准该系统提供了一系列的测评数据，是现有的国际上最完善、最具影响的绿色建筑评估体系《LEED》已成为世界各国建立绿色建筑及可持续性评估标准的范本近年来，《LEED》更是发展极其迅速，由于其突出的实践性特征和较高的市场接受度，为美国、加拿大、澳大利亚等 10 个国家接受并推行，并已经成立了世界绿色建筑委员会该认证涉及水资源保护、节能、再生能源、材料选用以及室内环境质量的潜在功能。

从美国开使推行绿色建筑并实行绿色建筑评价标准开始，经过多年发展，现在美国《LEED》应经更新了多个版本，在 1994 年 USGBC 起草了《LEED》的草稿，在 1998 年正式提出了《LEED》1.0 版本，1999 年 USGBC 在上一个版本基础之上推出了《LEED》2.0 版本并在 2000 年正式发布并在 2009 年制定并推出《LEED》2.2 版本，现在最新版本是 2013 年美国绿色建筑委员会正式发布的《LEED》V4 版本，来取代 2009 年发布的《LEED》V3 在最新的版本中将评价标准分为了：位置与交通、可持续性厂址选择、节水增效、能源与大气、室内空气质量标准、创新与因地制宜。

对于美国 LEED 目前国内研究来看很少有关于美国 LEED 与我国绿色建筑评价标准关于项目管理方面的研究，但在其他方面都做了很多不同的研究，其中有 LEED 与《绿色建筑评价标准》结构体系的对比研究分别从两标准的组织类型、评估对象、指标大类、门槛设置、评分点构成、评价方式、评价结果、经济效益、权重设置等方面进行了比较并对《绿色建筑评价标准》结构体系的修订从增强评价结果的可度量性、降低评价体系的准入门槛、设置奖励类指标、增强每项评分点的逻辑性和可操作性等提出了修改意见并对《绿色建筑评价标准》的结构框架优化进行了探讨。得出了仅仅对《标准》结构体系的优化是不够的，绿色建筑评价工作涉及制度、市场和技术等方面，需要不同社会力量的密切合作和有效结合，而在这中间应当充分发挥市场的积极作用。实践证明，只有不同利益团体均从中受益时，才能真正有效地推进建筑市场向绿色转型。另有两标准关于节水方面的对比研究在简述中美绿色建筑评价标准基础上，分析我国绿色建筑评价标准中覆盖节约水资源方面采取的措施和评价方法，比较两个标准的相似及差异之处，提出适宜于我国绿色建筑的节水评价标准，为我国推广和发展绿色建筑提供支持。

在国内同时也有专业人士对美国《LEED》最新版本也出了解读 LEED 包括专门针对新建筑（LEED-NC）、既有建筑（LEED-EB）、商业建筑室内环境（LEED-CI）、建筑核心与外壳（LEED-CS）、住宅（LEED-Homes）、学校（LEED-School）、零售店（LEED-Retail）以及社区开发（LEED-ND）等评价体系。同时主要是对美国《LEED》上一版本的对比解读分别从 LEEDV4 与 V3 的分值差异、LEEDV4 得分点的解读等进行的对比分析最终得出了结论，最新版本的《LEED》评价体系有了非常大的变化，主要体现在：要求项目团队更早的将绿色建筑的概念考虑到设计和规划中，增加了较多的强制得分点，更加注重提高能效，减少碳排放，关注环境和健康问题；同时也将具体策略的实施提升到了另一个高度。总的来说，LEEDV4 比 V3 在质量和深度上都有较大的提高，认证难度有所增加，特别是节能方面（由于 AHSRAE90.1－2010 对能耗的要求较高）；还针对不同国家的实际情况作了调整，使得每个得分点能更好地确实地服务项目，且能更好地应对各种不同环境和社会问题的迫切需要，满足绿色建筑市场的需求。同时也有关于美国绿色建筑评估体系 LEEDV4 修订及变化的研究介绍了 LEEDV4 的修订过程，并通过与 LEEDV3 版进行对比的方法，从产品体系、评价标准、具体评价指标 3 个层面对 LEEDV4 新版的各项变化进行归纳总结：针对 LEEDV4 的修订过程和内容，提出了自己的看法和见解，指出 LEEDV4 仍然存在的不足之处以及相应解决办法，分析了 LEEDV4 的修订思路，以便能更好的理解 LEED 绿色建筑评估体系的变化趋势，从而为我国绿色建筑评价体系的完善提供借鉴。

2.3 我国与美国绿色建筑项目管理评价标准差异对比

绿色建筑的评价应以单栋建筑或建筑群为评价对象。评价单栋建筑时，凡涉及系统性、整体性的指标，应基于该栋建筑所属工程项目的总体进行评价。绿色建筑的评价分为设计评价和运行评价设计评价应在建筑工程施工图设计文件审查通过后进行，运行评价应在建筑通过竣工验收并投入使用一年后进行绿色建筑评价指标体系有节地与室外环境、节能与能源利用、节水与水资源利用、节材与材料资源利用、室内环境质量、施工管理、运营管理 7 类指标组成每类指标均包括控制项和评分项绿色建筑评价应按总得分确定等级绿色建筑分为一星级、二星级、三星级三个等级 3 个等级的绿色建筑均应满足本标准所有控制项的要求，且每类指标的评分项得分不应小于 40 分。

LEED 包括专门针对新建筑（LEED-NC）、既有建筑（LEED-EB）、商业建筑室内环境（LEED-CI）、建筑核心与外壳（LEED-CS）、住宅（LEED-Homes）、学校（LEED-School）、零售店（LEED-Retail）以及社区开发（LEED-ND）等。在美国《LEED》V4 中根据评定建筑物类别的不同，LEED 评定标准条款的要求和所占比重略有不同，但大体分为以下 8 个方面：LT 位置与交通、SS 可持续场地设计、WE 有效利用水资源、EA 能源和大气、材料和资源、EQ 室内环境质量、IN 创新设计和 RP 因地制宜每个方面又细分为多个具体条款，每个条款均有先决条件和加分点组成，只有满足所有先决条件以及一定数量的加分点才能够获得 LEED 的认证评价结果分为认证级、银级、金级、铂金级。

两标准之间总体相似项与不同项比较，见表 2.1。

相似项与不同项总体比较 表 2.1

总体比较	《中国绿色建筑评价标准》	美国《LEED》
相似项	节地与室外环境	LT 位置交通
		SS 可持续性厂址
	节能与能源利用	EA 能源与大气
	节水与水资源利用	WE 节水增效
	节材与材料资源利用	MR 材料和资源
	室内环境质量	EQ 室内环境质量
	提高与创新	IN 创新
不同项	施工管理	RP 因地制宜
	运营管理	

A. 节地与室外环境

《中国绿色建筑评价标准》节地与室外环境与美国《LEED》LT位置与交通和SS可持续性厂址比对研究。其中在中国绿色建筑评价标准中主要是节地与室外环境。其中包括：土地利用、室外环境、交通设施与公共服务、场地设计与场地生态在《LEED》中主要是LT位置与交通、SS可持续性场址其中LT位置交通包括LEED认证厂址、敏感土地保护、高优先场地、周边开发密度和多样化使用功能、接入高质量公共交通设施、自行车设施、减少停车基地、绿色汽车；SS可持续性场址包括：施工活动污染防治、场地评估、场地开发保护和修复生态栖息地、开放空间、雨水管理、热岛效应、光污染减少、休息场所、设施联合使用下面进行详细对比研究见表2.2。

节地与室外环境　　　　　　　　　　　　　　　　表2.2

相似项	中国绿色建筑评价标准	美国 LEED
节地与室外环境（在中国绿色建筑评价标准中主要是节地与室外环境其中包括：土地利用、室外环境、交通设施与公共服务、场地设计与场地生态在《LEED》中主要是LT位置与交通、SS可持续性场址其中LT位置交通包括LEED认证厂址、敏感土地保护、高优先场地、周边开发密度和多样化使用功能、接入高质量公共交通设施、自行车设施、减少停车基地、绿色汽车；SS可持续性场址包括：施工活动污染防治、场地评估、场地开发保护和修复生态栖息地、开放空间、雨水管理、热岛效应、光污染减少、休息场所、设施联合使用）	控制项：1）项目选址应符合所在地城乡规划，且应符合各类保护区文物古迹保护的建设控制要求；2）场地应无洪涝、滑坡、泥石流等自然灾害的威胁，无危险化学品、易爆危险源的威胁无电磁辐射、含氧土壤等危害；3）场地内不应由排放超标的污染源；4）建筑规划布局应满足日照标准，且不得降低周边建筑的日照标准　　评分项：1）节约集约利用土地，评分总分值为19分；2）采取措施减少热岛效应评分总值4分；3）场地内人形通道采用无障碍设计，平分总值3分；4）合理设置停车场所平分总值6分并按下列规则分别评分累计：4.1）自行车停车设施位置合理、方便出入，且具有遮阳措施得3分；4.2）合理设置机动车设施得3分以下至少两项采用机械式停车库、地下停车库或停车楼等	先决条件：建筑活动的污染防治要求对建设以及相关建筑活动制定并实施一个沉积和侵蚀防控方案，该计划必须满足2012美国环境保护署关于沉积和侵蚀的最低要求或者局部等效；现场环境评估：进行一期环境现场评估按照ASTME1527－05描述来确定是否现场环境存在污染情况如果一个场址被污染修复厂址满足当地，州，或国家环境保护局地区住宅（无限制）的最严格的标准得分项要求：一、位置与交通1）LEED认证厂址项目定位在开发认证的社区发展LEED在边界内（根据试点2阶段或3阶段或2009的评分系统，在认证计划的LEED V4评价体系下或认证的项目）；2）敏感土地保护：定位先前开发的建筑遗迹或者保护濒危物种栖息地、农田、水体以及湿地；3）最优先厂址：分为历史区、优先级指定和整治红土其中要求这三个选项其中一个即可，历史区包括该项目定位在一个密度高的历史区或者通过优先级指定其中有由全国环保局优先列表出来的厂址；联邦区授权厂址；联邦社区企业厂址；联邦社区重建厂址；财政社区金融机构发展低收入的一处；美国能源区厂址难以发展的或者在红土整治中定位在哪里土壤或地下水污染已经确

相似项	中国绿色建筑评价标准	美国 LEED
节地与室外环境	方式节约集约用地或者采用错时停车方式向社会开放，提高提车场使用效率或者合理设计地面停车位，不挤占步行空间及活动场所；5）对于公共建筑满足以下要求中 2 项得 3 分满足 3 项得 6 分要求包拓：2 种以上的公共建筑集中设置，或公共建筑兼容 2 种及以上的公共服务；配套辅助设施设备共同使用、资源共享；建筑向社会公众提供开放的公共空间；室外场地措施向周边居民开放；6）结合现状地形地貌进行场地设计与建筑布局，保护场地原有的自然水域、湿地水域和植被，采取表层土利等生态措施，评分值 3 分；7）种植适应当地气候和土壤条件的植物，采用乔、灌、草结合的复层绿化，种植区域覆土深度和排水能力满足植物生长需求 3 分	定了改扩建，并在地方，州或国家机构（无论有管辖权）要求其修复；4）到达高质量公共交通设施要求建筑应位于某个高质量公共交通设施，要求建筑应位于某个既定、计划的通勤铁路、轻轨或地铁车站半里以内学校操场可能与栅栏封闭在学时用于安全目的，提供了栅栏是升放前后班小时旅行的学生，老师和行政人员；5）接入高质量公共交通 400m 范围内现存或计划中的市内交通站点；800m 范围内现存或计划中的长途交通站点。二、可持续厂址：1）栖息地保护和恢复对于已开发或升级厂址，采用地方和适合种植恢复和保护至少 50％的厂址面积（建筑楼基面积除外）地方或适合植物是地方性的或驯化的，适合于地方气候，不被认为是有害的、入侵性物种或者选项 2 提供资金帮助提供财政支持，至少相当于每平方英尺 0.40 美元的总用地面积金融支持必须提供国家或当地公认的土地信托或保护组织在同一生态区环保局三级项目土地信托必须由土地信托联盟认可；2）开放空间：选项 1 减少开发基地（定义为所有建筑基地、硬化路面和停车）

B. 节水增效

《中国绿色建筑评价标准》中节水与美国《LEED》WE 节水增效。中国绿色建筑评价标准》中节水与能源利用包括：节水系统、节水器具与设备、非传统水源利用。《LEED》中节水增效包括：先决条件减少室外用水、先决条件减少室内用水、先决条件建筑整体用水计量、得分项减少室外用水、得分项减少室内用水、冷却塔用水、水的计量详细对比见表 2.3 节水增效对比。

C. 节材对比

《中国绿色建筑评价标准》节材与美国《LEED》材料与资源差异对比。《中国绿色建筑评价标准》包括：节材设计、材料选用美国《LEED》中包括：可回收物的储存和收集、施工和拆除废弃物管理计划、减少建筑全生命周期环境影响、建筑产品信息公开和优化——环保产品声明、建筑产品信息公开和优化-原材料采购、建筑产品信息公开和优化——材料成分、施工和拆除废弃物管理详细对比见表 2.4。

节水增效对比　　　　　　　　　　　　　　　　　表2.3

相似项	中国绿色建筑评价标准	LEED
节水 （《中国绿色建筑评价标准》中节水与能源利用包括：节水系统、节水器具与设备、非传统水源利用《LEED》中节水增效包括：先决条件减少室外用水、先决条件减少室内用水、先决条件建筑整体用水计量、得分项减少室外用水、得分项减少室内用水、冷却塔用水、水的计量）	控制项：1）应制定水资源利用方案，统筹利用各种水资源；2）给排水系统设置应合理、完善、安全；3）应采用节水器具。 评分项：一、节水系统：1）采取有效措施避免管网漏损其中选用密闭性能好的阀门、设备，使用耐腐蚀、耐久性能好的管材、管件，得1分；室外埋地管道采取有效措施避免管网漏损，得1分；设计阶段根据水平衡测试的要求安装分级计量水表；运行阶段提供用水计量情况和管网漏损检测、整改的报告，得5分；2）设置用水计量装置，其中按使用用途，对厨房、卫生间、空调系统、游泳池、绿化、景观等用水分别设置用水计量装置，统计用水量得2分；按付费或管理单元，分别设置用水计量装置，统计用水量得4分；3）公用浴室采取节水措施。 其中采用带恒温控制和温度显示功能的冷热水混合淋浴器，得2分；设置用者付费的设施，得2分。二、节水器具与设备1）使用较高用水效率等级的卫生器具，评价总分值为10分；2）绿化灌溉采用节水灌溉方式其中采用节水灌溉系统，得7分；在此基础上设置土壤湿度感应器、雨天关闭装置等节水控制措施，再得3分；终止无须永久灌溉植物，得10分；3）循环冷却水系统设置水处理措施；采取加大集水盘、设置平衡管或平衡水箱的方式，避免冷却水泵停泵时冷却水溢出，得6分；采用无恒发耗水量的冷却技术，得10分；4）除卫生器具、绿化灌溉和冷却塔外的其他用水采用节水技术或措施得5分。三、非传统水资源利用：对景观水体的雨水采取控制面源污染的措施，得4分；利用水生物、植物进行水体净化，得3分	先决条件：1）减少户外用水量选项1、非灌溉用水表明该景观在最大两年期间不需要永久灌溉系统选项；2、减少灌溉用水减少必须通过植物品种选择和灌溉系统的效率来实现；2）减少室内用水减少建筑用水所有新安装的厕所，小便池，厕所私人水龙头，淋浴喷头和有资格的标签必须带有水感标签；3）建筑整体用水计量：安装测量总饮用水用于建设和相关的地面永久水表仪表数据必须被编译成月度和年度总结；表读数可以是手动的或自动的 得分项要求：1）减少室外用水其中选项1、非灌溉用水表明该景观在最大两年期间不需要永久灌溉系统选项；2、减少灌溉用水减少必须通过植物品种选择和灌溉系统的效率来实现；2）减少室内用水：进一步降低固定装置及配件用水量并以节水先决条件为基准减少灌溉用水需求：本土的，适应性的，耐旱的植被景观；水流量控制系统；回收水再利用系统；3）水的计量：楼宇层面用水计量统计建筑用水月用量并至少五年的数据与USGBC分享；永久性安装的系统层面用水计量涵盖：至少80%的灌溉系统；至少80%的水泵设备；80%的室内热水系统；100%的回收水系统

节材对比 表 2.4

相似项	《中国绿色建筑评价标准》	美国《LEED》
节材 （《中国绿色建筑评价标准》包括：节材设计、材料选用美国《LEED》中包括：可回收物的储存和收集、施工和拆除废弃物管理计划、减少建筑全生命周期环境影响、建筑产品信息公开和优化-环保产品声明、建筑产品信息公开和优化-原材料采购、建筑产品信息公开和优化—材料成分、施工和拆除废弃物管理）	控制项：1）不得采用国家和地方禁止和限制使用的建筑材料及制品；2）建筑造型要素应简约，且无大量装饰性构件。 评分项：一、节材设计 1）择优选用建筑形体，评价总分得 9 分；2）对地基基础、结构体系、结构构件进行优化设计，达到节材效果评价分值得 5 分；3）公共建筑公共部分土建与装修一体化设计，6 分；所有部位均土建与装修一体化设计，得 10 分；4）公共建筑中可变换功能的室内空间采用可重复使用的隔墙，评价分 5 分；5）采用整体化定型设计的厨房、卫浴间其中采用整体化定型设计的厨房，得 3 分；采用整体化定型设计的卫浴间，得 3 分。二、材料选用 1）合理采用耐久性好、以维护的装饰装修建筑材料，评价得分 5 分其中合理采用清水混凝土，得 2 分；采用耐久性好、易维护的外立面材料，得 2 分；以维护的室内装饰装修材料，得 1 分	先决条件：1）可回收物的储存和收集提供专门的区域用于给垃圾运输车和建设占用的可回收材料的收集和储存收集和储存去可以是不同的位置可回收材料必须包括混合纸、玻璃、塑料和金属采取适当的措施安全的收集和储存；2）施工和拆除废弃物管理计划制定和实施拆建废物管理计划。 得分项：1）减少建筑全生命周期环境影响通过重用现有的建筑资源或通过生命周期评估证明使用初始项目决策降低材料对环境的影响需要达到下列要求：历史建筑的再利用维持现有建筑结构经络以及历史建筑的内部非结构构件或建设做出贡献的历史街区或放弃建筑的改造维持现有的建筑结构、外壳和内部结构元件为符合本地废弃标准或被认为是废弃建筑至少一半的表面积该建筑必须进行翻修；2）建筑产品信息公开和优化-环保产品申明使用至少 20 个不同的永久安装的产品从至少五个符合标准的不同厂家采购；3）建筑产品信息公开化和优化-原材料采购从已经公开的原料供应商原料来源和提取报告从原材料供应商提取至少五个不同的制造商至少 20 个不同的永久性安装的产品，致力于长期的生态负责的土地使用承诺减少对环境的危害；4）施工和拆除废弃物管理回收或打捞无害拆建物料计算可以是体积或重量，但必须一致

D. 节能

《中国绿色建筑评价标准》中节能与能源利用与美国《LEED》比较《中国绿色建筑评价标准》包括：建筑与围护结构、供暖通风与空调、照明与电气；能源综合利用美国《LEED》能源与大气包括：基础调试和验证、最小能源表现、建筑整体用能计量、基本制冷剂管理、增强调试、最大化能源表现、分项用能计量、需求响应、可再生能源生产、增强制冷剂管理、绿电和碳排放额抵消，详细对比见表 2.5 节能对比。

节能对比   表2.5

相似项	《中国绿色建筑评价标准》	《LEED》
节能与能源利用（《中国绿色建筑评价标准》包括：建筑与围护结构、供暖通风与空调、照明与电气；能源综合利用美国《LEED》能源与大气包括：基础调试和验证、最小能源表现、建筑整体用能计量、基本制冷剂管理、增强调试、最大化能源表现、分享用能计量、需求响应、可再生能源生产、增强制冷剂管理、绿电和碳排放额抵消）	控制项：1）建筑设计应符合国家现行相关建筑节能设计标准中强制性条文规定；2）不应采用电直接加热设备作为供暖空调系统的供暖热源和空气加湿热源；3）冷热源、输配系统和照明等各部分能耗应进行独立分项计量；4）搞房间或场所的照明功率密度值不应高于现行国家标准《建筑照明设计标准》GB50034中规定的现行值。 评分项：一、建筑与围护结构结合场地自然条件，对建筑的体形、朝向、楼距、窗墙比等进行优化设计，评价分值6分。二、供暖、空调与通风；1）采取措施降低过渡季节供暖、通风与空调系统能耗，评价分值6分；2）采取措施降低部分负荷、部分空间使用下的供暖、通风与空调系统能耗，其中区分房间的朝向，细分供暖、空调区域，对系统进行分区控制，得3分；合理选配空调冷、热源机组数与容量，制定实施根据负荷变化调节制冷量的控制策略，且空调冷源的部分负荷性能符合现行国家标准得3分；水系统、风系统采用变频技术，且采取额相应的水力平衡措施得3分。三、照明与电气；1）走廊、楼梯间、门厅、大堂、大空间、地下停车场等场所的照明系统采取分区、定时、感应等节能控制措施，评价分值为5分；2）照明功率密度值达到现行国家《建筑照明设计标准》GB 50034中规定的目标值，评价总分值8分；3）合理选用电梯和自动扶梯并采取电梯群控、扶梯自动启停等节能控制措施，评价分值3分；4）合理选用节能型电气设备，评价总分值5分。四、能量综合利用；1）排风能量回收系统设计合理并运行可靠，评价分值为3分；2）合理采用蓄冷蓄热系统，评价分值为3分；3）合理利用余热废热解决建筑的蒸汽、供暖或生活热水需求，评价分值为4分	先决条件：1）基础调试和验证涉及能源，水，室内环境质量和耐久性根据ASHRAE准则0-2005和ASHRAE指南1.1-2007用于HVAC&R系统完成机械，电器，管道，以及可再生能源系统和组件的流程活动调试；2）最小能源表现：整体建筑能耗模拟达到最低能效标准要求，并较基础建筑表现评级有2%至5%的提升；3）建筑整体用能计量：安装新的或利用现有建筑级电能表，或亚米级可依据和提供占总建筑能耗（电，天然气，冷却水，蒸汽，燃料油，丙烷，生物质能等）建设层面的数据承诺与USGBC所产生的能耗数据和电力数据未开始的日期该项目五年内共享接受LEED认证至少，能量消耗，必须在1个月的间隔进行追踪；4）基本制冷剂管理对于新的建筑基本暖通空调与制冷系统中，要求零使用含CFC基的冷媒当重新利用既有建筑的HVAC设备时，工程完成时应有一个综合的CFC替代时间计划，对于替代时间超越工程完成时间的替代计划可被接受 得分项：1）增强调试增强系统调试或加强监测开发监测为基础程序，并确定分值进行测量和评估来评估能源和水消耗系统的性能；2）最大化能源表现在原理图设计阶段之前建立一个能源目标，目标必须建立能源利用每平方米千瓦可以选择整体建筑能耗模拟或者根据ASHRAE高级能源设计指南；3）需求响应设计建筑和设备通过负载脱落或移位参与需求响应计划现场发电不符合；4）可再生能源生产：使用可再生能源系统，以抵消建筑的能源成本可再生能源包括生物能、风能、太阳能潮汐能、地热能等；5）增强制冷剂管理：不使用制冷剂或仅使用制冷剂是具有零臭氧损耗以及GWP值小于50的；6）绿电和碳排放额抵消购买可再生能源标识声明表示的拥有者对电网系统可再生能源供电部分的使用

E. 室内空气质量对比

《中国绿色建筑评价标准》室内空气环境质量与美国《LEED》中室内环境品质比较。《中国绿色建筑评价标准》中包括：室内声环境、室内环境与视野、室内热湿环境、室内空气质量。美国《LEED》包括：最小室内空气质量表现、环境烟尘烟雾控制、增强室内空气质量策略、低挥发性材料、施工室内空气质量管理计划、室内空气质量评估、热舒适度、室内照明、自然采光、有质量的视野、声学性能表现见表2.6。

室内空气质量对比 表 2.6

相似项	《中国绿色建筑评价标准》	《LEED》
室内环境质量（《中国绿色建筑评价标准》中包括：室内声环境、室内环境与视野、室内热湿环境、室内空气质量美国《LEED》包括：最小室内空气质量表现、环境烟尘烟雾控制、增强室内空气质量策略、低挥发性材料、施工室内空气质量管理计划、室内空气质量评估、热舒适度、室内照明、自然采光、有质量的视野、声学性能表现）	控制项：1）主要功能房间的室内噪声级应满足现行国家标准《民用建筑隔声设计规范》GB50118的底线要求；2）主要功能房间的外墙、隔墙、楼板和门窗隔声性能应满足现行国家标准《民用建筑隔声设计规范》GB50118中的底线要求；3）建筑照明数量和质量应符合现行国家标准《建筑照明设计标准》GB50034的规定；4）在室内设计温、湿度条件下，建筑围护结构内表面不得结露；5）屋顶和东、西外墙隔热性能应满足现行国家标准《民用建筑热工设计规范》GB501766）室内空气中的氨、甲醛、苯、总挥发性有机物、氡等污染物浓度应符合现行国家标准《室内空气质量标准》GB/T18883有关规定。 评分项：一、室内声环境 1）主要功能房间室内噪声级，评价总分值为6分噪声级达到现行国家标准《民用建筑隔声设计规范》GB50118中的底线标准限制和高要求标准限值的平均值，得3分；2）采取减少噪声干扰的措施，评价总分值为4分，其中建筑平面、空间布局合理，没有明显的噪声干扰得2分；3）公共建筑中的多功能厅、接待大厅、大型会议室和其他有声学要求的重要房间进行专项声学设计，满足相应功能要求评价分值为3分。二、室内光环境与视野 1）建筑主要功能房间具有良好的户外视野评价分值3分；2）改善建筑室内天然光效果主要功能房间有合理的控制眩光措施得6分。三、室内热湿环境 1）采取可调节遮阳措施，降低夏季太阳辐射得热，评价总分值12分。四、室内空气质量 1）优化建筑空间、平面布局和构造设计，改善自然通风效果其中设有明卫，得3分；2）气流组织合理其中重要功能区域供暖、通风与空调工况下的气流组织满足热环境设计参数要求，得4分；避免卫生间、餐厅、地下车库等区域的空气和污染物串通到其他空间或室外活动场所，得3分；3）主要功能房间中人员密度较高且随时间变化大的区域设置空气质量监控系统，其中对室内的二氧化碳浓度进行数据采集、分析，并与通风系统联动，得5分；实现室内污染物浓度超标实时报警，并于通风系统联动，得3分；4）地下车库设置与排风设备联动的一氧化碳浓度检测装置，评价分值为5分	先决条件：1）最小室内空气质量表现其中通风符合 ASHRAE 标准 62.1-2010 或者 CENEN15251-2007EN13779-20072）环境烟尘烟雾控制除居住项目外，禁止设有室内吸烟区域室内禁烟；室外吸烟区域必须设在建筑入口，进风口，窗户7.5m之外；建筑所有进出口3m内设有禁烟标志。 得分项：1）增强室内空气质量策略增强 IAQ 策略或者增强其他 IAQ 策略；2）低挥发性材料建筑表面至外表面每一层材料均需要满足低挥发标准或无挥发性；3）施工室内空气质量管理计划制定并实施建筑物的建设和入住前一个阶段的室内空气质量管理计划，该计划必须满足所有的施工文件；4）热舒适影响因素环境空气温度、辐射温度、空气流速、湿度、人体服装隔热、新陈代谢产热，必须提供个人数，是控制或统一热舒适控制机制；5）自然采光平衡自然光照明热产生和热照明影响，以及眩光控制

F. 创新项对比

《中国绿色建筑评价标准》创新与提高与美国《LEED》中创新比较：中国绿色建筑评价标准中包括性能提高、创新；美国《LEED》中包括创新、LEED专业人员见表2.7。

创新项对比　　　　　　　　　　　　　　　　　表2.7

相似项	《中国绿色建筑评价标准》	美国 LEED
创新 （中国绿色建筑评价标准中包括性能提高、创新美国《LEED》中包括创新、LEED专业人员）	控制项：1）绿色建筑评价时，应按本章规定对加分项进行评价。 加分项：一、性能提高 1）采用资源消耗少和环境影响小的建筑结构，评价分值1分；2）对主要功能房间采取有效的空气处理措施1分。 二、创新 1）建筑方案充分考虑建筑所在地域的气候、环境、资源，结合场地特征和建筑功能，进行技术经济分析，显著提高能源资源利用效率和建筑性能2分；2）合理选用废弃场地进行建设，或充分利用尚可的旧建筑1分；3）采取节约能源资源、保护生态环境、保护安全健康的其他创新，并有明显效益评价分值2分	得分项：1）项目团队可以使用创新、先行先试、示范性能的任意组合；2）项目小组至少有一个主要参与者必须是LEED认证专家或与专业适合该项目

《中国绿色建筑评价标准》中的运营管理与施工管理施工管理施工管理包括：环境保护、资源节约、过程管理；运营管理包括管理制度、技术管理、环境管理；但在美国《LEED》中虽没有明显大章规定施工管理与运营管理，但在《LEED》中的其他章节中都有体现施工管理和运营管理中的项目管理评价标准的内容见表2.8。

不同项对比　　　　　　　　　　　　　　　　　表2.8

不同项	《中国绿色建筑评价标准》	美国《LEED》
施工管理	控制项：1）应建立绿色建筑项目施工管理体系和组织机构，并落实各级责任人；2）施工项目部应制定施工全过程的环境保护计划，并组织实施；3）施工项目部应制定施工人员职业健康安全管理计划，并组织实施；4）施工前应进行设计文件中绿色建筑重点内容的专项。 评价项：一、环境保护 1）采取洒水、覆盖、遮挡等降尘措施，评分值6分；2）采取有效的降噪措施在施工现场测量并记录噪声，满足现行国家标准《建筑施工厂界环境噪声排放标准》GB12523的规定，评价分值为6分；3）制定施工废弃物减量化、资源化计划，得3分。二、资源节约 1）制定并实施施工节能和弄提方案，监测并记录施工能耗，其中制定并实施施工节能和用能方案，得1分；监测并记录施工区、生活区的能耗，得3分；监测并记录主要建筑材料、设备从供货商提供的货源地到施工现场运输的能耗，得3分；监测并记录建筑施工废弃无从施工现场到废弃物处理或回收中心运输的能耗，得1分；2）制定并实施施工节水和用水方案，监测并记录施工水耗其中制定并实施施工节水和用水方案，得2分；监测并记录施工区、生活区的水耗数据，得4分；监测并记录基坑降水的抽水量、排放量和利用量数据，得2分；3）使用工具式定型模板，增加模版周转次数评价分值10分。三、过程管理 1）实施设计文件中绿色建筑重点内容，评价总分值为4分其中进行绿色建筑重点内容的专项交底，得2分；施工过程中以施工日志记录绿色建筑重点内容的实施情况，得2分；2）严格控制设计文件变更，避免出现降低建筑绿色性能的重大变更，评价分值4分；	先决条件：1）可回收物的储存和收集提供专门的区域用于给垃圾运输车和建设占用的可回收材料的收集和储存收集和储存去可以是不同的位置可回收材料必须包括混合纸、玻璃、塑料和金属采取适当的措施安全的收集和储存；2）施工和拆除废弃物管理计划制定和实施拆建废物管理计划）；3）建筑活动的污染防治要求对建设以及相关建筑活动制定并实施一个沉积和侵蚀防控方案，该计划必须满足2012美国环境保护署关于沉积和侵蚀的最低要求或者局部等效。 得分项： 1）施工和拆除废弃物管理回收或打捞无害拆建物料计算可以是体积或重量，但必须一致（排除挖出的泥土、土地清理废墟、和替代日常盖）；2）水的计量；

续表

不同项	《中国绿色建筑评价标准》	美国《LEED》
施工管理	3）施工过程中采取相关措施保证建筑的耐久性，评价总分8分其中对保证建筑结构耐久性的技术措施进行相性检测并记录，得3分；对有节能、环保要求的设备进行相性检验记录，得3分；对有节能、环保要求的装修装饰材料进行相应检验并记录得2分；4）实现土建装修一体化施工其中工程竣工是主要功能空间的使用功能完备，装修到位，得3分；提供装修材料检测报告、机电设备检测报告、性能复试报告，得4分；提供建筑竣工验收证明、建筑质量保修书、使用说明书得4分；提供业主反馈意见书，得3分；5）工程竣工验收阶段前，由建设单位组织相关责任单位，进行机电系统的综合调试和联合试运转、结果符合设计要求，评价分值8分	楼宇层面用水计量统计建筑用水月用量并至少五年的数据与USGBC分享；永久性安装的系统层面用水计量涵盖：至少80％的灌溉系统；至少80％的水泵设备；80％的室内热水系统；100％的回收水系统
运营管理	控制项：1）应制定并实施节能、节水、节材、绿化管理制度；2）应制定并实施垃圾管理制度合理规范垃圾物流，对生活废弃物进行分类收集，垃圾容器设置规范；3）运行过程中产生的废气、污水等污染物应达标排放；4）节能节水设施应工作正常，且符合设计要求；5）供暖、通风、空调、照明等设备的自动监控系统应工作正常，且运行记录完整评分项：一、管理制度1）相关设施的操作规程在现场明示，操作人员严格遵守规定得6分；节能、节水设施运行具有完善的应急预案得2分；2）物业管理机构的工作考核体系中包含能源资源管理激励机制得3分；与租借者的合同中包含节能条款得1分；采用合同能源管理模式得2分；3）有绿色教育宣传工作记录得2分；想使用者提供绿色设施手册得2分；相关绿色行为与成效获得公共媒体报道；二、技术管理1）具有设施设备的检查、调试、运行、标定记录，且记录完整得7分；制定并实施设备能效改进方案得3分；2）制定空调通风系统和风管的检查和清洗计划得2分；实施上述的检查和清洗计划且记录保存完整得4分；3）定期进行水质监测，记录完整、准确，得2分；4）智能化系统工作正常，符合设计要求，得6分；5）应用信息化手段进行物业化管理，建筑工程、设施、设备、部品、能耗等档案及记录齐全，评价总分10分；三、环境管理1）采用无公害病虫害防治技术，规范杀虫剂、除草剂、化肥、农药等化学品的使用，有效避免对土壤和地下水环境的损害，评价分值6分；2）垃圾收集站及垃圾间不污染环境，6分	先决条件：1）制定并实施可回收物的储存和收集计划提供专门的区域用于给垃圾运输车和建设占用的可回收材料的收集和储存收集和储存去可以是不同的位置可回收材料必须包括混合纸、玻璃、塑料和金属采取适当的措施安全的收集和储存；2）基础调试和验证涉及能源，水，室内环境质量和耐久性根据ASHRAE准侧0－2005和ASHRAE指南1.1－2007用于HVAC&R系统完成机械，电器，管道，以及可再生能源系统和组件的流程活动调试。得分项：1）增强调试增强系统调试或加强监测开发监测为基础程序，并确定分值进行测量和评估用来评估能源和水消耗系统的性能；2）最大化能源表现在原理图设计阶段之前建立一个能源目标，目标必须建立能源利用每平方米千瓦整体建筑能耗模拟设计指南

2.4　对比讨论

美国《LEED》标准和中国绿色建筑评价标准关于项目管理方面有无项总结对比见表 2.9。

对比总结　　　　　　　　　　　　　　　表 2.9

	具体标准要求	中国《绿色建筑评价标准》	美国《LEED》
节地与室外环境	节约土地	√	√
	减少光污染	√	√
	合理设置停车场	√	√
	提供便利公众服务	√	√
	保护原有生态环境	√	√
	合理绿化方式	√	√
	合理雨水管理	√	√
	保护农田、森林	√	√
	开发密度和多样化功能	×	√
	雨水管理	√	√
	历史遗迹保护	×	√
节水增效	减少室外用水	√	√
	减少室内用水	√	√
	回收水系统	×	√
	水的计量装置设置	√	×
	避免管网漏水	√	×
能源与大气	增强调试	×	√
	最大化能源利用	×	√
	分项分区节能	√	√
	降低过渡季节能耗	√	×
	可再生能源使用	√	√
	增强制冷剂管理	√	√
	合理选用节能设备	×	√
	合理选用电梯	√	×
	优化建筑设计	√	×
	合理选用节能设备	√	×
材料与资源	减少建筑全生命周期环境影响	×	√
	建筑产品信息公开化环保产品声明	×	√
	建筑产品信息公开化和优化原材料采购	×	√
	建筑产品信息公开和优化材料成分	×	√
	施工和拆除废弃物管理	×	√
	采用整体化定型厨房、卫浴间	√	×
	合理选用装修材料	√	√

	具体标准要求	中国《绿色建筑评价标准》	美国《LEED》
室内空气质量	增强室内空气质量	×	√
	减少噪声干扰	√	√
	施工室内空气质量管理计划	×	√
	室内空气质量评估	×	√
	遮阳措施	√	√
	室内照明	√	√
	改善自然采光	√	√
	良好视野	√	√
	气流组织合理	√	×
创新	创新	√	√
运营管理	管理制度	√	√
	技术管理	√	√
	环境管理	√	√
施工管理	采取降尘措施	√	√
	采取降噪措施	√	√
	指定废弃物管理计划	√	√
	制定节能用能方案	√	√
	制定节水用水方案	√	√
	减少混凝土损耗	√	×
	控制设计文件变更	√	×
	实现土建装修一体化	√	√

2.5 差异讨论

在《中国绿色建筑评价标准》中在节地与室外环境与美国《LEED》中位置与交通和可持续性厂址相对应，在美国《LEED》中位置与交通和可持续性厂址侧重于敏感土地保护和土地周边开发密度和多样化功能以及提出绿色汽车汽车概念在美国《LEED》中提出的是比较整体的概念措施比如：接入高质量的公共交通在美国《LEED》中更加提倡智慧发展提出的是关注紧凑可步行的城市发展，反对外扩发展的城市规划和交通理论；鼓励紧凑的，交通便利的，鼓励建筑类型多样性及建筑的混合使用，注重长期的，地域性的可持续发展；注重受污染被遗弃土地的再利用在我国绿色建筑评价标准中着重保护基本农田、森林和人均居住用地控制，而把废弃场地建筑设等作为优选项目。

《中国绿色建筑评价标准》中的节能与能源利用与美国《LEED》中的能源与大气相对应，在美国《LEED》中着重于整体建筑能耗模拟；优化建筑能耗表现，以及增强建筑运行调试，大力提倡使用可替代能源，发展场地内外可再生能源，强调绿色电力和减少碳排放问题在我国绿色建筑评价标准中主要分为建筑与维护结构、供暖通风与空调、照明与电气、以及能量综合利用侧重结合自然条件对建筑进行优化，各项供暖通风空调设备必须符合我国建筑节能标准。

《中国绿色建筑评价标准》中的节水与水资源利用与美国《LEED》中的节水增效对应，在美国《LEED》中着重于节水规划、污水回收和节约用水，分为室内和室外用水的节约《LEED》以结果为导向，控制建筑和景观的目标；将景观和建筑的节水区分开进行分块控制；通过节水卫生洁具来达到节水的基本要求在我国绿色建筑评价标准中更加着重于节水系统的构建与形成，节水器具与设备的达标，以及将水分为传统用水与非传统用水我国绿色建筑评价标准更多关注统筹管理，形成节水系统；关注与非传统水源利用方式以及非传统水源的利用率。

《中国绿色建筑评价标准》中的节材与材料资源利用与美国《LEED》中的材料和资源相对应，美国《LEED》着重于减少建筑全生命周期的影响，强调材料对环境的影响、以及建筑产品的信息公开我国绿色建筑评价标准着重于室内装修与土建施工的一体化防止我国新建住宅二次装修造成大量材料浪费和经济损失。

《中国绿色建筑评价标准》中的室内环境质量与美国《LEED》中的室内环境质量相对应，美国《LEED》中着重于对吸烟环境控制、采用低挥发性材料、增强热舒适度、做好通风采光的要求侧重于对室内环境的整体评估在我国绿色建筑评价标准中侧重于室内光环境与视野以及室内的热湿环境在本项对比中两个标准并无较大侧重的差别，都是比较着重与二氧化碳的排放减少，增强室内环境以及提高舒适度在创新标准的对比方面美国《LEED》则多出了对专业人员的要求。

在《中国绿色建筑评价标准》中增加了运营管理与过程管理两个方面在施工管理中侧重于环境保护与资源节约以及过程管理；在运营管理中侧重于管理制度的制定、技术管理以及环境管理虽在美国《LEED》中没有明显大章来表述施工管理与运营管理，但其他分类中的细则与我国绿色建筑评价标准的施工管理与运营管理相对应，如：制定废弃物管理计划、制定并实施降噪措施、实施防尘措施实施土建一体化等而《中国绿色建筑评价标准》在运营管理方面在对规范杀虫剂，除草剂化肥农药等化学品使用以及栽种和移植树木的要求，在美国《LEED》中没有具体表述。

从两标准评分项对比来看《LEED》明确地给出每个评分点的目的、要求、建议采用的技术措施、以及所需提交的文档证明要求。每一评分点包含了若干子项，每一子项严格围绕上级评分点内容展开，逻辑关系清晰明了。同时《LEED》还参考了美国采暖、制冷与空调工程师协会等大量的部门标准，并对一些评估概念做出了明确的界定，使人易于理解和操作。《标准》在评分点构成方面则不尽如人意。条目之间相互分散，评价内容定性居多，缺少必要的技术参数和实践经验，令操作者感觉无从下手，这正是目前《标准》在实施过程中最大障碍之一。

美国《绿色建筑评估体系》主要部分分六个方面：选址与交通、可持续场址、节水、能源和大气环境、材料和资源及室内环境质量。每个方面，首先列有必须满足的先决条件，满足了先决条件，才能进入项目评分。其次，列出了评分的项目（得分点）。每一个评分项目按统一的格式列出目的、要求、技术/对策。有的项目是定性分析给分，有的项目是要做定量计算后给分。

在我国绿色建筑评价标准第 3.2.1 条说明了绿色建筑的评价指标体系及分类。一方面，在节地与室外环境、节能与能源利用、节水与水资源利用、节材与材料资源利用、室内环境质量、运营管理等 6 类指标的基础上，增加"施工管理"类评价指标，实现标准对建筑全寿命期各主要环节和阶段的覆盖。另一方面，对应评价方法的调整，将 2006 年版标准中的"一般项"和"优选项"合并改为"评分项"，还增设了"加分项"并单独成章。

介绍到这里大致可得出《LEED》是怎样一个工作过程了。中国目前也有自己的《绿色建筑评价标准》，它是建立在我国当前国情上制定的，它的基础就是"节能、节水、节材、节地"的"四节"，我们从《LEED》的五大项得分标准中可以看到中国的"四节"的影子，但如果就《LEED》每一项的实质得分内容与中国《绿色建筑评价标准》进行比较就发现完全不是一回事。

2.6 评价的地域性问题

绿色建筑评价在我国已得到广泛的应用，但绿色建筑的建设具有浓郁的地域性，绿色建筑的评价工作也是带有强烈地域色彩的系统工作。我国地域广阔，各地区之间在气候、环境、资源、人文地理方面都有着巨大的差异。因此，我们很难用一种评价体系来评估不同地区的建筑。《LEED》作为美国的评价标准虽然在市场接受度上具有优势，并且在评估指标及权重设置上也很科学，但当用于不同地区的绿色建筑评估时还是很难避免其局限，从而导致评估结果不够客观准确。

在众多的地域性条件中，以下 5 大条件对绿色建筑的评价工作有较大的影响：

（1）地区气候条件：如年平均气温，年最高、最低气温；空调度日数、采暖期长短、空气湿度；年日照时数；风力、风向、频率；降雨量（时空分布）、蒸发量等；

（2）地区环境：包括地形地貌；城市森林覆盖率，人均绿地率；土质环境、地下水位高度、地下水质情况等；

（3）地区经济情况：包括当地水、电、气价、地价、房价；高层建筑发展情况；汽车拥有量；公共交通发展情况等；

（4）文化：如城市定位（历史文化名城、旅游城市、资源型城市、生态城市、花园城市等）；建筑发展特色（包括窑洞、蒙古包、竹楼、吊脚楼、干打垒等）；文脉资源、古迹、遗址现存量及保护规划情况等；

（5）地区资源情况：包括土地资源量，水力资源分布；能源结构；绿色建材发展情况、工业废渣利用情况；当地植物种类丰富程度；现有建筑概况等。

以下就以 LEED—NC 与中国《绿色建筑评价标准》的公共建筑非地域性指标部分进行比较，看一下它们的异同处。

2.6.1　场地项非地域性指标对比

场地项非地域性指标对比

表 2.10

中国《绿色建筑评价标准》	美国能源与环境设计先锋奖 LEED
4. 节地与室外环境 **4.1　控制项** 4.1.1　项目选址应符合所在地城乡规划，且应符合各类保护区、文物古迹保护的建设控制要求。 4.1.2　场地应无洪涝、滑坡、泥石流等自然灾害的威胁，无危险化学品、易燃易爆危险源的威胁，无电磁辐射、含氡土壤等危害。 4.1.3　场地内不应有排放超标的污染源。 4.1.4　建筑规划布局应满足日照标准，且不得降低周边建筑的日照标准。 **4.2　评分项** **Ⅰ　土地利用** 4.2.1　节约集约利用土地，评价总分值为 19 分。对公共建筑，根据其容积率按表的规则评分。 4.2.2　场地内合理设置绿化用地，评价总分值为 9分，并按下列规则评分：公共建筑按下列规则分别评分并累计： 　1）绿地率：按规则评分，最高得 7 分； 　2）绿地向社会公众开放，得 2 分。 4.2.3　合理开发利用地下空间，评价总分值为 6分。 4.2.4　建筑及照明设计避免产生光污染，评价总分值为 4 分，并按下列规则分别评分并累计： 　1　玻璃幕墙可见光反射比不大于 0.2，得 2 分； 　2　室外夜景照明光污染的限制符合现行行业标准《城市夜景照明设计规范》JGJ/T 163 的规定，得 2 分。 4.2.5　场地内环境噪声符合现行国家标准《声环境质量标准》GB 3096 的有关规定，评价分值为 4 分。 4.2.6　场地内风环境有利于室外行走、活动舒适和建筑的自然通风，评价总分值为 6 分，并按下列规则分别评分并累计： 　1　在冬季典型风速和风向条件下，按下列规则分别评分并累计： 　1）建筑物周围人行区风速小于 5m/s，且室外风速放大系数小于 2，得 2 分；	**1. 选址与交通（Location And Transportation）** 　**得分 1：LEED ND 认证（LEED for Neighborhood Development　Location）** 　　目的：为了避免不适当的场地开发。为了减少车辆行驶里程。为了提高存活率，改善人类健康，鼓励日常体力活动。 　　要求：场址定位在 LEED 开发认证的社区发展的边界内 　**得分 2：敏感性地区保护（Sensitive Land Protection）** 　　目的：从场址的建筑物的位置上要避免在环境敏感的土地发展和减少对环境的影响。 　　要求：找到先前已开发的土地上发展足迹或者，不符合下列类型的敏感的土地： 　　主要的农田，美国相关规定中的洪泛区，美国濒危物种法规定的栖息地，在 100 英尺（30 米）之内的水体地区，在 50 英尺（15 米）之内的湿地地区。 　**得分 3：场地优先级（High-Priority Site）** 　　目的：鼓励项目定位在有发展制约的地区和促进周边地区的健康。 　　要求：选择 1 在历史街区中找到关于填充位置的项目 　　选择 2 在某些相关组织指定的优先事项 　　选择 3 补救污染地区 　　定位在土壤或地下水的污染已被确定的棕色污染地区，并在地方，州或国家当局需要其补救。执行到该当局认为满意的补救措施。 　**得分 4：区域密度和配套功能（Surrounding Density and Diverse Uses）** 　　目的：为了节约土地、保护农田和野生动物的栖息地鼓励在现有的基础设施的地区的发展。促进步行和运输效率，降低车辆行驶的距离。通过鼓励日常身体活动改善公众健康。 　　要求： 　　选择1：区域密度

非地域性指标对比分析

中国《绿色建筑评价标准》	美国能源与环境设计先锋奖 LEED
2）除迎风第一排建筑外，建筑迎风面与背风面表面风压差不大于 5Pa，得 1 分； 2 过渡季、夏季典型风速和风向条件下，按下列规则分别评分并累计： 1）场地内人活动区不出现涡旋或无风区，得 2 分； 2）50% 以上可开启外窗室内外表面的风压差大于 0.5Pa，得 1 分。 4.2.7 采取措施降低热岛强度，评价总分值为 4 分，并按下列规则分别评分并累计： 1 红线范围内户外活动场地有乔木、构筑物遮荫措施的面积达到 10%，得 1 分；达到 20%，得 2 分； 2 超过 70% 的道路路面、建筑屋面的太阳辐射反射系数不小于 0.4，得 2 分。 Ⅲ 交通设施与公共服务 4.2.8 场地与公共交通设施具有便捷的联系，评价总分值为 9 分，并按下列规则分别评分并累计： 1 场地出入口到达公共汽车站的步行距离不大于 500m，或到达轨道交通站的步行距离不大于 800m，得 3 分； 2 场地出入口步行距离 800m 范围内设有 2 条及以上线路的公共交通站点（含公共汽车站和轨道交通站），得 3 分； 3 有便捷的人行通道联系公共交通站点，得 3 分。 4.2.9 场地内人行通道采用无障碍设计，评价分值为 3 分。 4.2.10 合理设置停车场所，评价总分值为 6 分，并按下列规则分别评分并累计： 1 自行车停车设施位置合理、方便出入，且有遮阳防雨措施，得 3 分； 2 合理设置机动车停车设施，并采取下列措施中至少 2 项，得 3 分： 1）采用机械式停车库、地下停车库或停车楼等方式节约集约用地； 2）采用错时停车方式向社会开放，提高停车场（库）使用效率； 3）合理设计地面停车位，不挤占步行空间及活动场所。 4.2.11 提供便利的公共服务，评价总分值为 6 分，并按下列规则评分：	将场址定位在项目边界 1/4 英里（400 米）半径范围内的周边现有密度满足表中的值，在表中每英亩的建造用地、住宅密度、非住宅密度越大，得分越高。 选择 2：配套功能 建造或翻新的建筑或空间的建筑，建筑的主要入口在 1/2 英里内（800 米）的主要入口的步行距离有八个以上现有的和公开的不同用途得 2 分，4 到 7 个得 1 分。 **得分 5：交通便利（Access to Quality Transit）** 目的：鼓励发展显示有多种模式的交通选择的场址或以其他方式减少机动车的使用，从而减少与机动车辆使用相关联的温室气体排放、空气污染和其他环境和公众健康的危害。 要求：可以找到该项目任何功能项现有的或计划的公共汽车、有轨电车，或者公共自行车站点，1/4 英里（400 米）步行距离之内或 1/2 英里（800 米）现有的或计划的巴士捷运站、光或重轨站、通勤铁路车站或通勤渡轮码头的步行距离之内。这些车站和站台骨料中的过境服务必须满足在表中列出的最小值。 表中显示在有多个运输类型项目的最低日常运输服务和具有多个过境类型项目的最低每日过境服务中，运输量越大得分越高。 **得分 6：自行车设施（Bicycle Facilities）** 目的：促进自行车和运输效率，减少车辆行驶距离。通过鼓励功利性和娱乐性的体力活动提高公众的健康。 要求： 自行车网络：设计或定位的项目，这样功能的条目或自行车的存储是 180 米步行或骑自行车的距离，从连接到至少下列情况之一的自行车网络内至少 10 多种用途；一个学校或就业的中心，如果项目总楼面面积是 50% 或以上的住宅；巴士捷运站、光重轨站、通勤铁路车站或码头。 所有目的地必须都是 3 英里骑自行车距离项目边界内。如果他们充分供资的入住率的证书的日期，预计该日期的一年内将全部完成，可能计数计划的自行车道或车道。 自行车存放处和淋浴房： 情况 1 商业机构或项目 为至少 2.5% 的所有高峰游客，每个建筑不得少于四个存储空间提供短期自行车存放处。

中国《绿色建筑评价标准》	美国能源与环境设计先锋奖 LEED
公共建筑：满足下列要求中 2 项，得 3 分；满足 3 项及以上，得 6 分： 1）2 种及以上的公共建筑集中设置，或公共建筑兼容 2 种及以上的公共服务功能； 2）配套辅助设施设备共同使用、资源共享； 3）建筑向社会公众提供开放的公共空间； 4）室外活动场地错时向周边居民免费开放。 **Ⅳ 场地设计与场地生态** 4.2.12 结合现状地形地貌进行场地设计与建筑布局，保护场地内原有的自然水域、湿地和植被，采取表层土利用等生态补偿措施，评价分值为 3 分。 4.2.13 充分利用场地空间合理设置绿色雨水基础设施，对大于 $10hm^2$ 的场地进行雨水专项规划设计，评价总分值为 9 分，并按下列规则分别评分并累计： 1 下凹式绿地、雨水花园等有调蓄雨水功能的绿地和水体的面积之和占绿地面积的比例达到 30%，得 3 分； 2 合理衔接和引导屋面雨水、道路雨水进入地面生态设施，并采取相应的径流污染控制措施，得 3 分； 3 硬质铺装地面中透水铺装面积的比例达到 50%，得 3 分。 4.2.14 合理规划地表与屋面雨水径流，对场地雨水实施外排总量控制，评价总分值为 6 分。其场地年径流总量控制率达到 55%，得 3 分；达到 70%，得 6 分。 4.2.15 合理选择绿化方式，科学配置绿化植物，评价总分值为 6 分，并按下列规则分别评分并累计： 1 种植适应当地气候和土壤条件的植物，采用乔、灌、草结合的复层绿化，种植区域覆土深度和排水能力满足植物生长需求，得 3 分； 2 公共建筑采用垂直绿化、屋顶绿化等方式，得 3 分	提供长期的自行车存放至少 5% 的所有定期楼宇住户，不得少于四单位此外建筑到短期的自行车存储空间的存储空间。 提供至少一个现场淋浴之后为每个 150 的定期楼宇住户改变设施为第一次 100 的定期楼宇住户和一个额外的淋浴。 针对所有项目 自行车的短期存储必在 100 英尺（30 米）的任何主入口步行距离内。长期的自行车存储必须在 100 英尺（30 米）功能的任何条目的步行距离内。 **得分 7：停车设施（Reduced Parking Footprint）** 目的：减少停车设施相关的环境危害，包括汽车的依赖，土地消耗，和雨水径流。 要求：不会超过本地最低限度的要求停车能力。提供停车容量是以下由停车顾问理事会推荐的基础比例的百分比减少，见交通工程师学会运输规划手册。 **得分 8：环保交通（Green Vehicles）** 目的：通过促进传统燃料汽车的替代品的发展，减少污染。 要求：指定 5% 所使用的项目作为首选的绿色汽车停车场车位。清楚地识别和执行的绿色汽车独家使用。分配优先车位比例在不同的停车区域。 绿色车辆必须达到最低绿色评分为 45 的美国能源效率经济协会（ACEEE）年度汽车评级指南。 除了为绿色车辆优先停车位，满足下列之一的替代燃料加油站两个选项： 选项 1 电动汽车充电 安装电动汽车供电设备 2% 项目使用的所有停车位。清楚地识别并通过插电式电动汽车使用的唯一保留这些空间。 选项 2 液体，气体，或电池设备 安装液体或气体燃料的加油设施或电池交换站能够加油车辆每天等于至少 2% 的所有泊车位的数目。 **2. 可持续场址（Sustainable Sites）** 先决条件 1：施工污染控制（Construction Activity Pollution Prevention） 目的：通过控制土壤侵蚀、航道泥沙淤积和空气中粉尘减少建设活动造成的污染。 要求：创建和执行一个与项目关联的针对所有建筑活动侵蚀和沉积控制计划。该计划必须符合 2012 年美

左侧竖排：非地域性指标对比分析

107

中国《绿色建筑评价标准》	美国能源与环境设计先锋奖 LEED
非地域性指标对比分析	国环境保护署建设一般许可证或当地等值的侵蚀和沉积的要求，甚至是更严格。项目必须适用无论 CGP 大小。该计划必须描述实施的措施。 **得分 1：场地评估（Site Assessment）** 目的：在设计前评估场地条件去评价可持续的解决办法，并关于网站设计的立地条件通知相关的决定。 要求：成并记录现场勘察或 评估，其中包含以下信息： 地形。轮廓绘图、独特的地貌特征、边坡稳定性的风险大小。水文学。洪水灾害的地区，划定的湿地、湖泊、小溪、海岸线、雨水收集和重用的机会，初始水存储量大的站点。 气候。日光曝晒、热岛效应、季节性的太阳高度角、盛行风、月降水和温度范围。 植被。主要植被类型、绿地面积、数量可观的树木映射、受威胁或濒危物种、独特生境、外来植物物种。 土壤。自然资源保护服务土壤划分，美国农业部农田，健康的土壤，以前发展扰动土壤表层（当地同等标准可能被用于在美国以外的项目）。 **得分 2：场地开发—保护栖息地（Site Development-Protect or Restore Habitat）** 目的：保护现有的自然地区和恢复受损的领域从而提供栖息地，并促进生物多样性。 要求：保存和保护在场地上 40% 的绿地面积免受所有发展和建设活动的伤害。 选项 1 现场修复 使用本地或改良的植被，恢复经识别为以前开发的场地的所有部分 30%（包括建筑足迹）。实现密度的建筑面积比为 1.5 的项目可能包括植被的屋顶表面这一计算中，如果植物本机或改装、提供栖息地，和促进生物多样性。 选项 2 金融支持 提供总场地面积相当于至少 0.4 美元每平方英尺的财政支持。（包括建筑足迹） **得分 3：开放空间（Open Space）** 目的：创建外部开放空间，鼓励互动与环境、社会交往、被动的娱乐和体育活动。 要求：提供的户外空间大于或等于总场地面积的 30%（包括建筑占地面积）。植被必须占至少 25% 的户外活动空间（草坪草不能算作植被）或开销有植被冠层。 **得分 4：雨洪控制（Rainwater Management）** 目的：减少径流量，提高水的质量，通过复制站点，基于历史条件和经济欠发达的生态系统，实现在该区域的自然水文和水资源平衡。 **得分 5：减少光污染（Light Pollution Reduction）** 目的：为了增加夜间天空可看度，提高夜间能见度和减少野生动物和人的发展的结果。 要求：满足光照和光线侵入要求，使用背光照明-眩光方法

场地项非地域性指标对比小结　　　　　　　　　　　　表 2.11

	中国《绿色建筑评价标准》	美国能源与环境设计先锋奖 LEED
节约集约利用土地	√	×
场地内合理设置绿化用地	√	×
合理开发利用地下空间	√	×
减少光污染	√	√
环境噪声	√	×
风环境	√	×
公共交通设施要求/交通便利	√	√
人行通道采用无障碍设计	√	×
停车场所/停车设施	√	√
公共服务/配套功能	√	√
绿色雨水基础设施/雨洪控制	√	√
雨水外排总量控制/雨洪控制	√	√
合理选择绿化方式	√	×
敏感性地区保护	×	√
场地优先级	×	√
区域密度	×	√
环保交通	×	√
自行车设施	×	√
施工污染控制	×	√
场地评估	×	√
场地开发—保护栖息地	×	√
创建外部开放空间	×	√

　　比较分析：在美国 LEED 的选址与交通（Location And Transportation）、可持续场址（Sustainable Sites）与中国绿色建筑评价标准的节地与室外环境的比较中，在建筑选址这方面，LEED 认为建设活动的选址应当合理，以避免选址不当时建筑对周边环境产生不利影响。而绿标在建筑选址时，仅考虑到选址不当时环境对建筑的不利影响，而未考虑到选址不当时建筑对环境的不利影响。在绿色交通这方面，LEED 认为新建的建筑一定要有利于控制私人汽车，鼓励非机动车和公共交通，以减少能耗。而绿标仅考虑到建筑周围一定距离内应当配套公共交通站点。在减少光污染方面，LEED 认为在满足照明要求的基础上，最小化灯光污染。而绿标仅要求公共建筑不对周围道路和居民造成光污染。在土地利用方面，绿标做出了不少的相关规定，而美国 LEED 对此并无涉及，这与中国人多地少的国情有关。美国 LEED 对自行车设施还做出了相关规定，而绿标未涉及此内容。在雨洪控制，停车设施方面，美国 LEED 与绿标都做出了相关规定。美国 LEED 比较重视建筑对周围环境的影响，因此会有保护栖

息地、施工污染、敏感地区保护这些规定，而绿标未涉及此内容。在绿标中有人行通道采用无障碍设计这一规定，这是充分尊重残疾人需要的表现，考虑到中国的人口众多，这是符合国情的人性化的规定。在环境噪音方面，绿标做出了相关规定，而LEED未涉及此内容。

2.6.2 能源项非地域性指标对比

能源项非地域性指标对比　　　　　　　　　　　　表 2.12

中国《绿色建筑评价标准》	美国能源与环境设计先锋奖 LEED
5. 节能与能源利用 **5.1 控制项** 5.1.1 建筑设计应符合国家现行有关建筑节能设计标准中强制性条文的规定。 5.1.2 不应采用电直接加热设备作为供暖空调系统的供暖热源和空气加湿热源。 5.1.3 冷热源、输配系统和照明等各部分能耗应进行独立分项计量。 5.1.4 各房间或场所的照明功率密度值不得高于现行国家标准《建筑照明设计标准》GB 50034 中的现行值规定。 **5.2 评分项** **Ⅰ　建筑与围护结构** 5.2.1 结合场地自然条件，对建筑的体形、朝向、楼距、窗墙比等进行优化设计，评价分值为 6 分。 5.2.2 外窗、玻璃幕墙的可开启部分能使建筑获得良好的通风，评价总分值为 6 分，并按下列规则评分： 　1 设玻璃幕墙且不设外窗的建筑，其玻璃幕墙透明部分可开启面积比例达到 5%，得 4 分；达到 10%，得 6 分。 　2 设外窗且不设玻璃幕墙的建筑，外窗可开启面积比例达到 30%，得 4 分；达到 35%，得 6 分。 　3 设玻璃幕墙和外窗的建筑，对其玻璃幕墙透明部分和外窗分别按本条第 1 款和第 2 款进行评价，得分取两项得分的平均值。 5.2.3 围护结构热工性能指标优于国家现行有关建筑节能设计标准的规定，评分总分值为 10 分，并按下列规则评分： 　1 围护结构热工性能比国家现行有关建筑节能设计标准规定的提高幅度达到 5%，得 5 分；达到 10%，得 10 分。	**3. 能源和大气环境（Energy and Atmosphere）** **先决条件 1：基本调试与验证（Fundamental Commissioning And Verification）** 　目的：协助设计、施工和最终操作的项目，以满足业主的项目要求对能源、水、室内环境质量和耐久性。 　要求：因为涉及能源、水、室内环境质量和耐久性，按照 ASHRAE 指南 0-2005 年和 ASHRAE 准则 1.1-2007 年，请为暖通空调系统完成调试过程活动的机械、电气、水暖和可再生能源系统和组件。 **先决条件 2：最低能耗性能（Minimum Energy Performance）** 　目的：通过最低的建筑及其系统的能源效率水平来减少过度的能源使用造成的环境和经济危害。 **先决条件 3：建筑整体能耗计量（Building-Level Energy Metering Required）** 　目的：为了支持能源管理和确定额外的能量储蓄机会通过跟踪建筑等级能源使用。 　要求：安装新的或使用现有的建筑层面能源米，或分表，可以聚合提供建筑层面的数据代表总建筑能耗（电、天然气、冷冻水、蒸汽、燃油、丙烷、生物量等）。能够聚合建筑层面资源使用是可以接受的。承诺与 USGBC 分享由此产生的能源消耗数据和电力需求的数据（如果计量）在五年时间内开始这个项目接受 LEED 认证。至少，能源消耗必须跟踪每隔一个月。这一承诺必须弘扬了五年或直到建筑改变所有权或承租人。 **先决条件 4：制冷机基本管理** 　在新建建筑的空调设备及系统中不使用 CFC 制冷剂。更新旧建筑时在项目竣工前应淘汰空调设备及系统中 CFC 制冷剂。对于小的制冷设备（制冷剂含量小于 0.0645kg/kW）如冰箱、冷柜等不属于建筑的空调设备及系统，不受上述要求限制。制冷剂的环保性还与冷水机组的能效相关冷水机组耗电产生 CO_2 排放，造成全球气

左侧竖排：非地域性指标对比分析

中国《绿色建筑评价标准》	美国能源与环境设计先锋奖 LEED
2　供暖空调全年计算负荷降低幅度达到 5%，得 5 分；达到 10%，得 10 分。 Ⅱ　供暖、通风与空调 5.2.4　供暖空调系统的冷、热源机组能效均优于现行国家标准《公共建筑节能设计标准》GB 50189 的规定以及现行有关国家标准能效限定值的要求 5.2.5　集中供暖系统热水循环泵的耗电输热比和通风空调系统风机的单位风量耗功率符合现行国家标准《公共建筑节能设计标准》GB 50189 的规定，且空调冷热水系统循环水泵的耗电输冷（热）比比现行国家标准《民用建筑供暖通风与空气调节设计规范》GB 50736 规定值低 20% 5.2.6　合理选择和优化供暖、通风与空调系统，评价总分值为 10 分，根据系统能耗的降低幅度按表 5.2.6 的规则评分。降低幅度越大，得分越高。 5.2.7　采取措施降低过渡季节供暖、通风与空调系统能耗，评价分值为 6 分。 5.2.8　采取措施降低部分负荷、部分空间使用下的供暖、通风与空调系统能耗，评价总分值为 9 分，并按下列规则分别评分并累计： 　1　区分房间的朝向，细分供暖、空调区域，对系统进行分区控制，得 3 分； 　2　合理选配空调冷、热源机组台数与容量，制定实施根据负荷变化调节制冷（热）量的控制策略，且空调冷源的部分负荷性能符合现行国家标准《公共建筑节能设计标准》GB 50189 的规定，得 3 分； 　3　水系统、风系统采用变频技术，且采取相应的水力平衡措施，得 3 分。 Ⅲ　照明与电气 5.2.9　走廊、楼梯间、门厅、大堂、大空间、地下停车场等场所的照明系统采取分区、定时、感应等节能控制措施 5.2.10　照明功率密度值达到现行国家标准《建筑照明设计标准》GB 50034 中规定的目标值 5.2.11　合理选用电梯和自动扶梯，并采取电梯群控、扶梯自动启停等节能控制措施 5.2.12　合理选用节能型电气设备 Ⅳ　能量综合利用 5.2.13　排风能量回收系统设计合理并运行可靠 5.2.14　合理采用蓄冷蓄热系统 5.2.15　合理利用余热废热解决建筑的蒸汽、供暖或生活热水需求	候变暖的间接影响。95% 的全球变暖潜在影响是由于设备能耗产生的 CO_2 排放。 **得分 1：加强调试（Enhanced Commissioning）** 　目的：进一步支持设计、施工，最终项目的操作满足业主的项目需求的能源、水、室内环境质量和耐久性。 **得分 2：优化能源利用（Optimize Energy Performance）** 　目的：为了达到增加超出标准的前提能源性能水平，以减少过度的能源使用带来的环境和经济的危害。 　要求：在最迟原理图设计阶段建立一个能效目标。目标必须建立源于能源利用每平方英尺年 KBTU（每平方米年千瓦） **得分 3：高级能耗计量（Advanced Energy Metering）** 　目的：为了支持能源管理和跟踪建筑级和系统级的能源使用识别更多的节能机会。 　要求：安装先进的能源计量以下各项： 　所有建筑物整体能源使用的建设；和任何占 10% 或更多的建筑物的每年消费总量的个别能源最终用途。 　先进的能源计量必须具有以下特点： 　必须永久安装记录每隔一小时或更少，并将数据传输到远程位置。电表必须记录消费和需求。整个大厦电表应记录功率因数，如果合适的话。数据采集系统必须使用本地区域网络、楼宇自动化系统、无线网络或类似的通信基础设施。该系统必须能够存储所有电表数据的至少 36 个月。数据必须是可远程访问的。在系统中的所有表必须都有能力报告每小时、每天、每月和每年的能源使用。 **得分 4：需求侧响应（Demand Response）** 　目的：增加参与需求响应技术和使能源发电和配电系统更有效率的程序，提高电网的可靠性，并减少温室气体排放。 **得分 5：可再生能源的生产（Renewable Energy Production）** 　目的：为了减少通过增加自给的可再生能源与化石燃料能源相关的环境和经济的危害。使用可再生能源系统来抵消大楼的能源费用。通过一个方程式计算可再生能源的百分比，可再生能源的百分比越高，得分越高。 **得分 6：加强制冷剂管理（Enhanced Refrigerant Management）** 　目的：为了减少臭氧消耗，支持早期遵守蒙特利尔议定书，同时尽量减少直接的气候变化。 **得分 7：绿色电力与碳平衡（Green Power and Carbon Offsets）** 　目的：鼓励通过使用网格源、可再生能源技术和碳减排项目的温室气体排放的减少

左侧竖排：非地域性指标对比分析

能源项非地域性指标对比小结 表 2.13

	中国《绿色建筑评价标准》	美国能源与环境设计先锋奖 LEED
建筑围护结构通风要求	√	×
建筑围护结构热工性能要求	√	×
供暖、通风与空调系统要求	√	×
采取措施降低能耗	√	×
照明节能控制	√	×
电梯扶梯要求	√	×
节能型电气设备	√	×
排风能量回收系统	√	×
蓄冷蓄热系统	√	×
可再生能源合理利用/可再生能源的生产	√	√
余热废热合理利用	√	×
基本调试和验证/加强调试	×	√
建筑整体能耗计量/高级能耗计量	×	√
制冷机基本管理/加强制冷剂管理	×	√
最低能耗性能	√	√
优化能源利用	√	√
需求侧响应	×	√
绿色电力与碳平衡	×	√

比较分析：在美国 LEED 的能源和大气环境（Energy and Atmosphere）与中国绿色建筑评价标准的节能与能源利用的比较中，在节能方案这方面，LEED 要求有专业人员对建筑的能源系统进行综合调试，并且通过计算机模拟的方式给每个建筑制定最低能耗方案。而绿标未涉及能源系统调试的内容，但制定了节能标准。在减少制冷剂方面，LEED 要求减少制冷剂的使用，以降低对臭氧层的破坏。而绿标未涉及此内容。在照明与电气方面，绿标对节能做出了相关规定，而 LEED 并未涉及此内容。美国 LEED 对能耗计量有较高的重视程度，而绿标未涉及此内容。美国 LEED 还增加了需求侧响应这一新内容，充分尊重人类需求，而绿标未涉及此内容。同时，美国 LEED 相当重视碳排放这一指标，在碳平衡方面做出了相关规定，而绿标未涉及此内容。在可再生能源合理生产与利用方面，绿标和 LEED 都有涉及。

2.6.3　节水项非地域性指标对比

节水项非地域性指标对比 表 2.14

非地域性指标对比分析

中国《绿色建筑评价标准》	美国能源与环境设计先锋奖 LEED
6　节水与水资源利用	**4. 节水（Water Efficiency）**
6.1　控制项	**先决条件 1：减少室外用水**
6.1.1　应制定水资源利用方案，统筹利用各种水资源。	目的：降低室外用水量
6.1.2　给排水系统设置应合理、完善、安全。	要求：通过下列选项之一减少户外用水。例如可渗透的或不可渗透的路面时，应排除在景观区的计算。田径场和游乐场（如果植被），食品花园可以包含或排除在项目团队的决定。
6.1.3　应采用节水器具	
Ⅰ　节水系统	**先决条件 2：减少室内用水**
6.2.1　建筑平均日用水量满足现行国家标准《民用建筑节水设计标准》GB 50555 中的节水用水定额的要求评价总分值为 10 分，达到节水用水定额的上限值的要求，得 4 分；达到上限值与下限值的平均值要求，得 7 分；达到下限值的要求，得 10 分。	目的：降低室内用水量
	要求：建筑用水
	对于表中列出，适用于该项目范围的固定装置和设备，从基线减少 20% 总用水量。所有新安装的厕所，小便池，厕所私人水龙头，淋浴喷头和有资格的标签必须标注节水意识。
6.2.2　采取有效措施避免管网漏损，评价总分值为 7 分，并按下列规则分别评分并累计：	**先决条件 3：用水计量建筑等级**
1　选用密闭性能好的阀门、设备，使用耐腐蚀、耐久性能好的管材、管件，得 1 分；	目的：通过跟踪耗水量。支持水管理和查明更多的水储蓄机会
2　室外埋地管道采取有效措施避免管网漏损，得 1 分；	要求：安装永久性水测量总的饮用水的米用于建筑和相关的理由。仪表数据必须编译到月度和年度的摘要；仪表读数可以手动或自动。致力于与美国绿色建筑委员会分享项目接受 LEED 认证或典型占有之日起的五年期间的生成整个项目水使用情况数据，先到为准。这一承诺必须发扬五年或直至建筑物改变所有权人或承租。
3　设计阶段根据水平衡测试的要求安装分级计量水表；运行阶段提供用水量计量情况和管网漏损检测、整改的报告，得 5 分。	
6.2.3　给水系统无超压出流现象，评价总分值为 8 分。用水点供水压力不大于 0.30MPa，得 3 分；不大于 0.20MPa，且不小于用水器具要求的最低工作压力，得 8 分。	**得分 1：减少室外用水**
	减少室外水使用通过以下选项之一。例如透水或不透水路面，应排除景观面积计算。运动场和游乐场（如果植被）和食品花园可能包括或排除在项目团队的自由裁量权。
6.2.4　设置用水计量装置，评价总分值为 6 分，并按下列规则分别评分并累计：	选项 1 没有灌溉系统
1　按使用用途，对厨房、卫生间、绿化、空调系统、游泳池、景观等用水分别设置用水计量装置，统计用水量，得 2 分；	所需展示景观不需要超出最高两年的建立期一个永久的灌溉系统。
2　按付费或管理单元，分别设置用水计量装置，统计用水量，得 4 分。	选项 2 减少灌溉
6.2.5　公用浴室采取节水措施，评价总分值为 4 分，并按下列规则分别评分并累计：	该项目的景观水要求至少 50% 来自减少计算基准站点的峰值浇水月。首先必须通过植物物种选择和灌溉系统效率计算环境保护署（EPA）的水预算工具中实现削减。超过 30% 的额外削减可能使用任意组合效率、替代水源，实现和智能调度技术。
1　采用带恒温控制和温度显示功能的冷热水混合淋浴器，得 2 分；	

中国《绿色建筑评价标准》	美国能源与环境设计先锋奖 LEED
2 设置用者付费的设施，得 2 分。	**得分 2：减少室内用水**
Ⅱ 节水器具与设备	进一步减少夹具和拟合用水从我们前提室内使用减水的计算基准。额外的饮用水储蓄可以使用其他替代水源的前提水平之上。包括固定装置和设备必须满足居住者的需求。一些这些配件及固定装置的可能租客间（用于商业室内设计）或（对于新建设）项目边界之外。
6.2.6 使用较高用水效率等级的卫生器具，评价总分值为 10 分。用水效率等级达到三级，得 5 分；达到二级，得 10 分。	
6.2.7 绿化灌溉采用节水灌溉方式，评价总分值为 10 分，并按下列规则评分：	**得分 3：冷却塔用水** 目的：为了节约用水用于冷却塔利用同时控制微生物、腐蚀和冷却循环水系统的规模。
1 采用节水灌溉系统，得 7 分；在此基础上设置土壤湿度感应器、雨天关闭装置等节水控制措施，再得 3 分。	**得分 4：用水计量** 目的：支持水管理和查明更多的水储蓄机会通过跟踪耗水量
2 种植无需永久灌溉植物，得 10 分。	
6.2.8 空调设备或系统采用节水冷却技术，评价总分值为 10 分，并按下列规则评分：	
1 循环冷却水系统设置水处理措施；采取加大集水盘、设置平衡管或平衡水箱的方式，避免冷却水泵停泵时冷却水溢出，得 6 分。	
2 运行时，冷却塔的蒸发耗水量占冷却水补水量的比例不低于 80%，得 10 分；	
3 采用无蒸发耗水量的冷却技术，得 10 分	
6.2.9 除卫生器具、绿化灌溉和冷却塔外的其他用水采用节水技术或措施，评价总分值为 5 分。其他用水中采用了节水技术或措施的比例达到 50%，得 3 分；达到 80%，得 5 分。	
Ⅲ 非传统水源利用	
6.2.10 合理使用非传统水源，评价总分值为 15 分	
6.2.11 冷却水补水使用非传统水源，评价总分值为 8 分，	
6.2.12 结合雨水利用设施进行景观水体设计，景观水体利用雨水的补水量大于其水体蒸发量的 60%，且采用生态水处理技术保障水体水质，评价总分值为 7 分，并按下列规则分别评分并累计：	
1 对进入景观水体的雨水采取控制面源污染的措施，得 4 分；	
2 用水生动、植物进行水体净化，得 3 分。	

非地域性指标对比分析

节水项非地域性指标对比小结　　　　　　　表 2.15

	中国《绿色建筑评价标准》	美国能源与环境设计先锋奖 LEED
建筑平均日用水量要求	√	×
采取有效措施避免管网漏损	√	×
给水系统无超压出流现象	√	×
设置用水计量装置/用水计量	√	√
公用浴室采取节水措施	√	×
使用较高用水效率等级的卫生器具	√	×
绿化灌溉采用节水灌溉方式	√	√
空调设备或系统采用节水冷却技术	√	√
其他节水技术或措施	√	×
合理使用非传统水源	√	×
冷却水补水使用非传统水源	√	×
结合雨水利用设施进行景观水体设计	√	×
减少室外用水	√	√
减少室内用水	√	√
用水计量建筑等级	×	√
冷却塔用水	√	

比较分析：在美国 LEED 的节水（Water Efficiency）与中国绿色建筑评价标准的节水与水资源利用的比较中，绿标对各种节水系统、节水器具与设备得分情况做了详细的描述，并且对非传统水源利用十分重视，这与中国国情有密切的联系，因为中国属于缺水国家，人多水少，所以必须在节水与水资源利用上多下功夫，采取各种措施去节约用水。而 LEED 仅把节水分成室内和室外节水，对节水要求并不是很高。

2.6.4　材料资源项非地域性指标对比

材料资源项非地域性指标对比　　　　　　　表 2.16

	中国《绿色建筑评价标准》	美国能源与环境设计先锋奖 LEED
非地域性指标对比分析	**7　节材与材料资源利用** **7.1　控制项** 7.1.1　不得采用国家和地方禁止和限制使用的建筑材料及制品。 7.1.2　混凝土结构中梁、柱纵向受力普通钢筋应采用不低于 400MPa 级的热轧带肋钢筋。 7.1.3　建筑造型要素应简约，且无大量装饰性构件 **Ⅰ　节材设计** 7.2.1　择优选用建筑形体，评价总分值为 9 分。根据国家标准《建筑抗震设计规范》GB 50011—2010 规定的建筑形体规则性评分，建筑形体不规则，得	**5. 材料和资源（Material and Resources）** **先决条件 1：可回收物资的收集和贮存（Storage and Collection of Recyclables）** 　　目的：为了减少那些由居住建筑生成的和拖到或弃置在堆填区的废物。 　　要求：提供便于废物运输商及大楼内人员收集和存储的可回收材料的整栋大楼的专用区域。收集和存储领域可能是单独的位置。可回收材料必须包括混合的纸、瓦楞纸的板、玻璃、塑料和金属。采取适当的措施，为安全收集、存储和处理的有以下两种：电池、含汞灯具和电子废物。

中国《绿色建筑评价标准》	美国能源与环境设计先锋奖 LEED
3 分；建筑形体规则，得 9 分。 7.2.2 对地基基础、结构体系、结构构件进行优化设计，达到节材效果，评价分值为 5 分。 7.2.3 土建工程与装修工程一体化设计评价总分值为 10 分，并按下列规则评分： 1 住宅建筑土建与装修一体化设计的户数比例达到 30%，得 6 分；达到 100%，得 10 分。 2 公共建筑公共部位土建与装修一体化设计，得 6 分；所有部位均土建与装修一体化设计，得 10 分。 7.2.4 公共建筑中可变换功能的室内空间采用可重复使用的隔断（墙） 7.2.5 采用工业化生产的预制构件 7.2.6 采用整体化定型设计的厨房、卫浴间，评价总分值为 6 分，并按下列规则分别评分并累计： 1 采用整体化定型设计的厨房，得 3 分； 2 采用整体化定型设计的卫浴间，得 3 分。 **Ⅱ 材料选用** 7.2.7 选用本地生产的建筑材料，评价总分值为 10 分，根据施工现场 500km 以内生产的建筑材料重量占建筑材料总重量的比例按表 7.2.7 的规则评分。建筑材料重量占建筑材料总重量的比例越大，得分越高。 7.2.8 现浇混凝土采用预拌混凝土料，评价分值为 10 分。 7.2.9 建筑砂浆采用预拌砂浆，评价分值为 5 分。建筑砂浆采用预拌砂浆的比例达到 50%，得 3 分；达到 100%，得 5 分。 7.2.10 合理采用高强建筑结构材料，评价总分值为 10 分，并按下列规则评分： 1 混凝土结构：按下列规则评分： 1) 根据 400MPa 级及以上受力普通钢筋的比例，按表 7.2.10 的规则评分，比例越大，得分越高。 2) 混凝土竖向承重结构采用强度等级不小于 C50 混凝土用量占竖向承重结构中混凝土总量的比例达到 50%，得 10 分。 2 钢结构：Q345 及以上高强钢材用量占钢材总量的比例达到 50%，得 8 分；达到 70%，得 10 分。	**先决条件 2：施工装修废弃物管理（Construction and Demolition Waste Management Planning）** 目的：为了减少因回收、再利用、再循环再造材料而由垃圾填埋场和焚烧设施处置的建设及拆卸废物 要求：制定和实施拆建废物管理计划：通过识别针对引水至少五个材料（包括结构性和非结构性）建立废物转移目标的项目。近似整个项目废物，这些材料代表的百分比。指定材料是否将被分离，或的混合和描述计划项目的分流策略。描述在材料将采取怎样的回收设施将处理的材料。 **得分 1：减少全寿命期影响（Building Life-Cycle Impact Reduction）** 目的：为了鼓励可适应的再利用和优化产品和材料的环保性能。 要求：通过重用现有的建筑资源或展现着降低材料利用，通过生命周期评估证明使用初始项目决策过程中减少对环境的影响。达到下列选项之一。 选项 1 历史建筑再利用 保持现有的建筑结构和内部构件的一座历史建筑或促进历史街区的建筑。 选项 2 放弃或改造的建筑 保持至少 50% 的面积，现有的建筑结构，外壳，内部建筑结构元素，满足当地标准被遗弃或被认为是枯萎。建筑必须翻新生产用房。高达 25% 的建筑面积可能会被排除在信用计算因为变质或损坏。 选项 3 建筑和材料重用 重用或救助建筑材料从网站或现场面积的百分比，如表 1 中列出。已完成的项目重用的表面区域的百分比越大，得分越高。包括结构元素（如地板，屋顶甲板），外壳材料（如皮肤、框架）和永久安装（如内部元素天花板、墙壁、门、地板覆盖物、系统）。从计算窗口排除程序集和矫正的任何有害物质作为项目的一部分。 选项 4 整栋建筑生命周期评估 新建筑进行生命周期的评估项目的结构和外壳，演示了至少减少 10%，与参考建筑相比，在至少三个下面列出的六个影响措施，其中一个必须是全球变暖的潜力。相比参考建筑没有影响类别评估作为生命周期评估的一部分可能会增加 5% 以上。

左侧栏外标注：非地域性指标对比分析

中国《绿色建筑评价标准》	美国能源与环境设计先锋奖 LEED
3 混合结构：对其混凝土结构部分和钢结构部分，分别按本条第 1 款和第 2 款进行评价，得分取两项得分的平均值。 7.2.11 合理采用高耐久性建筑结构材料，评价分值为 5 分。对混凝土结构，其中高耐久性混凝土用量占混凝土总量的比例达到 50%；对钢结构，采用耐候结构钢或耐候型防腐涂料。 7.2.12 采用可再利用材料和可再循环材料，评价总分值为 10 分，并按下列规则评分： 1 住宅建筑中的可再利用材料和可再循环材料用量比例达到 6%，得 8 分；达到 10%，得 10 分。 2 公共建筑中的可再利用材料和可再循环材料用量比例达到 10%，得 8 分；达到 15%，得 10 分。 7.2.13 使用以废弃物为原料生产的建筑材料，评价总分值为 5 分，并按下列规则评分： 1 采用一种以废弃物为原料生产的建筑材料，其占同类建材的用量比例达到 30%，得 3 分；达到 50%，得 5 分。 2 采用两种及以上以废弃物为原料生产的建筑材料，每一种用量比例均达到 30%，得 5 分。 7.2.14 合理采用耐久性好、易维护的装饰装修建筑材料，评价总分值为 5 分，并按下列规则分别评分并累计： 1 合理采用清水混凝土，得 2 分； 2 采用耐久性好、易维护的外立面材料，得 2 分； 3 采用耐久性好、易维护的室内装饰装修材料，得 1 分	**得分 2：建设产品披露和优化 —环保产品声明（Building Product Disclosure and Optimization—Environmental Product Declarations）** 目的：鼓励使用的产品和材料的生命周期信息是可用的并且有无害环境、经济上、社会上可取的生命周期影响。为奖励项目团队从已验证改进环境生命周期影响的厂家选择产品 **得分 3：建设产品披露和优化 — 原材料的采购（Building Product Disclosure and Optimization – Sourcing of Raw Materials）** 目的：鼓励使用的产品和材料的生命周期信息是可用和有无害环境、经济上、社会上可取的生命周期影响。为奖励项目团队选择验证被提取或负责任的态度在采购的产品 **得分 4：建筑产品披露与优化 — 物质的成分（Building Product Disclosure and Optimization – Material Ingredients）** 目的：鼓励使用的产品和材料的生命周期信息是可用和有无害环境、经济上、社会上可取的生命周期影响。为奖励项目团队选择使用公认的方法清点产品中的化学成分和选择产品验证，以尽量减少使用和产生的有害物质的产品。为了奖励原始材料的厂家生产的产品验证有改进生命周期的影响。 **得分 5：施工装修废弃物管理（Construction and Demolition Waste Management）** 目的：为了减少因回收、再利用、再循环再造材料而由垃圾填埋场和焚烧设施处置的建设及拆卸废物

（左侧栏标注：非地域性指标对比分析）

材料资源项非地域性指标对比小结　　　　　　表 2.17

	中国《绿色建筑评价标准》	美国能源与环境设计先锋奖 LEED
择优选用建筑形体	√	×
结构优化设计	√	×
土建装修一体化设计	√	×
隔断（墙）的使用	√	×
预制构件的使用	√	×
整体化定型设计的厨房、卫浴间的使用	√	×
选用本地生产的建筑材料	√	×
现浇混凝土采用预拌混凝土	√	×

	中国《绿色建筑评价标准》	美国能源与环境设计先锋奖 LEED
建筑砂浆采用预拌砂浆	√	×
合理采用高强建筑结构材料	√	×
合理采用高耐久性建筑结构材料	√	×
采用可再利用材料和可再循环材料	√	√
使用以废弃物为原料生产的建筑材料	√	√
合理采用耐久性好、易维护的装饰装修建筑材料	√	√
可回收物资的收集和贮存	√	√
施工装修废弃物管理	√	√
减少全寿命期影响	×	√
建设产品披露和优化—环保产品声明	×	√
建设产品披露和优化—原材料的采购	√	√
建筑产品披露与优化—物质的成分	√	√

比较分析：在美国 LEED 的能源和大气环境（Energy and Atmosphere）与中国绿色建筑评价标准的节材与材料资源利用的比较中，在保护森林资源上，美国LEED 鼓励使用认证木材，减少对森林资源的破坏。而绿标未涉及此内容。在吸烟环境方面，美国 LEED 对吸烟环境进行控制。而绿标未涉计此内容。在建筑结构材料使用上，绿标有较多的要求，而美国 LEED 在此内容上称之为建设产品披露和优化。美国 LEED 提出了要减少全寿命期影响的要求，而绿标未涉及此内容。在废物利用、废弃物管理，可回收物资的收集与贮存方面，绿标与美国 LEED 均有相关的详细要求。

2.6.5　室内环境质量项非地域性指标对比

室内环境质量项非地域性指标对比　　　　　　　　　　表 2.18

<table>
<tr><th></th><th>中国《绿色建筑评价标准》</th><th>美国能源与环境设计先锋奖 LEED</th></tr>
<tr><td rowspan="2">非地域性指标对比分析</td><td>

8　室内环境质量

8.1　控制项

8.1.1　主要功能房间的室内噪声级应满足现行国家标准《民用建筑隔声设计规范》GB 50118 中的低限要求。

8.1.2　主要功能房间的外墙、隔墙、楼板和门窗的隔声性能应满足现行国家标准《民用建筑隔声设计规范》GB 50118 中的低限要求。

8.1.3　建筑照明数量和质量应符合现行国家标准《建筑照明设计标准》GB 50034 的规定。

8.1.4　采用集中供暖空调系统的建筑，房间内的温度、湿度、新风量等设计参数应符合现行国家标准《民用建筑供暖通风与空气调节设计规范》GB 50736 的规定。

</td><td>

6. 室内环境质量（Indoor Environmental Quality）

前提条件 1：满足室内空气质量最低标准（Minimum Indoor Air Quality Performance）

目的：为住户的舒适和幸福建立室内空气质量最低标准。

要求：同时满足通风要求和监控。

前提条件 2：吸烟控制（Environmental Tobacco Smoke-Control）

目的：防止或者减少暴露的住户，室内表面，和通风空气分布系统环境烟草烟雾。

要求：建筑物内禁止吸烟。

除了在指定的吸烟区域位于至少 25 英尺（7.5 米）从所有条目，室外空气摄入，可操作的窗户的建筑外禁止吸烟。在空间的界址线外用于商业目的也禁止吸烟。

</td></tr>
</table>

中国《绿色建筑评价标准》	美国能源与环境设计先锋奖 LEED
8.1.5 在室内设计温、湿度条件下，建筑围护结构内表面不得结露。 8.1.6 屋顶和东西外墙隔热性能应满足现行国家标准《民用建筑热工设计规范》GB 50176 的要求。 8.1.7 室内空气中的氨、甲醛、苯、总挥发性有机物、氡等污染物浓度应符合现行国家标准《室内空气质量标准》GB/T 18883 的有关规定。 **Ⅰ 室内声环境** 8.2.1 主要功能房间室内噪声级，评价总分值为6分。噪声级达到现行国家标准《民用建筑隔声设计规范》GB 50118 中的低限标准限值和高要求标准限值的平均值，得 3 分；达到高要求标准限值，得6 分。 8.2.2 主要功能房间的隔声性能良好，评价总分值为9分，并按下列规则分别评分并累计： 1 构件及相邻房间之间的空气声隔声性能达到现行国家标准《民用建筑隔声设计规范》GB 50118 中的低限标准限值和高要求标准限值的平均值，得 3分；达到高要求标准限值，得 5分； 2 楼板的撞击声隔声性能达到现行国家标准《民用建筑隔声设计规范》GB 50118 中的低限标准限值和高要求标准限值的平均值，得 3分；达到高要求标准限值，得 4分。 8.2.3 采取减少噪声干扰的措施，评价总分值为 4分，并按下列规则分别评分并累计： 1 建筑平面、空间布局合理，没有明显的噪声干扰，得 2分； 2 采用同层排水或其他降低排水噪声的有效措施，使用率不小于 50%，得 2分。 8.2.4 公共建筑中的多功能厅、接待大厅、大型会议室和其他有声学要求的重要房间进行专项声学设计，满足相应功能要求。 **Ⅱ 室内光环境与视野** 8.2.5 建筑主要功能房间具有良好的户外视野，对公共建筑，其主要功能房间能通过外窗看到室外自然景观，无明显视线干扰。 8.2.6 主要功能房间的采光系数满足现行国家标准《建筑采光设计标准》GB 50033 的要求，评价总分值为8分，并按下列规则评分	**得分 1：提高室内空气质量的战略（Enhanced Indoor Air Quality Strategies）** 目的：促进居住者的舒适、健康和生产力改善室内空气质量。 要求：提高室内空气品质战略符合规定，作为适用。 **得分 2：低挥发材料（Low－Emitting Materials）** 目的：减少能破坏空气质量、人类健康、生产力，和环境化学污染物的浓度。 **得分 3：施工期室内空气质量管理计划（Construction Indoor Air Quality Management Plan）** 目的：通过建设与改造的室内空气素质问题最小化促进建筑工人和大楼内人员的福祉。 要求：制定和实施一个室内空气质量（IAQ）管理建设和先入为主的计划阶段。 **得分 4：室内空气质量评估（Indoor Air Quality Assessment）** 目的：在建筑施工后，在入住期间建立更好的室内空气质量。 要求：实现施工结束后，建筑应完全清洁。所有内部完成，如木工、门、油漆、地毯、声学瓷砖可移动的家具必须安装，和主要 VOC 穿孔列表项必须完成。 **得分 5：热舒适（Thermal Comfort）** 目的：通过提供质量热舒适性促进居住者的生产力、舒适和福祉。 要求：满足人体热舒适设计和热舒适控制的要求。 **得分 6：室内照明（Interior Lighting）** 目的：通过提供高照明质量促进居住者的生产力、舒适和福祉。 **得分 7：采光（Daylight）** 目的：通过将日光引入空间把住户和户外活动，加强昼夜节律，减少电气照明的使用联系起来。 要求：在经常被占用的所有空间提供手动或自动的眩光控制装置。 **得分 8：视野（Quality Views）** 目的：给住户一个连接到室外自然环境通过提供质量的观点。 **得分 9：声学性能（Acoustic Performance）** 目的：提供工作空间和教室，促进居住者的健康、生产力，和通信通过有效的声学设计。

非地域性指标对比分析

中国《绿色建筑评价标准》	美国能源与环境设计先锋奖 LEED
公共建筑：根据主要功能房间采光系数满足现行国家标准《建筑采光设计标准》GB 50033 要求的面积比例，按表 8.2.6 的规则评分，最高得 8 分。比例越大，得分越高。 8.2.7　改善建筑室内天然采光效果，评价总分值为 14 分，并按下列规则分别评分并累计： 　1　主要功能房间有合理的控制眩光措施，得6 分； 　2　内区采光系数满足采光要求的面积比例达到60%，得 4 分； 　3　根据地下空间平均采光系数不小于 0.5% 的面积与首层地下室面积的比例，按表 8.2.7 的规则评分，最高得 4 分。比例越大，得分越高。 **Ⅲ　室内热湿环境** 8.2.8　供暖空调系统末端现场可独立调节，评价总分值为 8 分。供暖、空调末端装置可独立启停的主要功能房间数量比例达到 70%，得 4 分；达到90%，得 8 分。 **Ⅳ　室内空气质量** 8.2.9　气流组织合理，评价总分值为 7 分，并按下列规则分别评分并累计： 　1　重要功能区域供暖、通风与空调工况下的气流组织满足热环境参数设计要求，得 4 分； 　2　避免卫生间、餐厅、地下车库等区域的空气和污染物串通到其他空间或室外活动场所，得 3 分。 8.2.10　主要功能房间中人员密度较高且随时间变化大的区域设置室内空气质量监控系统，评价总分值为 8 分，并按下列规则分别评分并累计： 　1　对室内的二氧化碳浓度进行数据采集、分析，并与通风系统联动，得 5 分； 　2　实现室内污染物浓度超标实时报警，并与通风系统联动，得 3 分。 8.2.11　地下车库设置与排风设备联动的一氧化碳浓度监测装置	要求：对于所有被占领的空间，满足以下要求，作为适用，为暖通空调背景噪声、隔声、混响时间和扩声和掩蔽效应

（左侧栏标题：非地域性指标对比分析）

室内环境质量项非地域性指标对比小结　　　　表 2.19

	中国《绿色建筑评价标准》	美国能源与环境设计先锋奖 LEED
室内噪声要求	√	√
隔声性能要求	√	√
采取减少噪声干扰的措施	√	×

续表

	中国《绿色建筑评价标准》	美国能源与环境设计先锋奖 LEED
良好户外视野/视野	√	√
采光系数要求	√	√
改善建筑室内天然采光效果	√	×
采取可调节遮阳措施	√	×
供暖空调系统末端现场可独立调节	√	×
优化设计改善自然通风效果	√	√
气流组织合理	√	√
设置室内空气质量监控系统	√	√
地下车库设置一氧化碳浓度监测装置	√	×
满足室内空气质量最低标准	√	√
吸烟控制	×	√
提高室内空气质量的战略	√	√
低挥发材料	×	√
施工期室内空气质量管理计划	×	√
室内空气质量评估	×	√
室内照明	√	√
采光	√	√
声学性能	√	√
热舒适	√	√

比较分析：在中国室内环境质量与美国室内环境质量（Indoor Environmental Quality）的比较中，在空气质量方面，美国 LEED 对施工到入驻的全过程都提出了空气质量的管理标准并且设定了详细的室内空气质量评估。而绿标仅为建筑使用时的环境空气质量制定标准，没有对施工期间的空气质量提出要求。在室内热舒适度方面，美国 LEED 保证室内空间的热舒适度（辐射温度、空气温度、空气湿度、空气速度）。而中国绿标仅对通风的要求较为详细，但提出了改善室内热湿环境的措施，LEED 无此项。在建筑布局方面，中国绿标要求建筑合理布局，以满足室外日照、通风的要求。而美国 LEED 未涉及此内容。在降低环境噪声方面，中国绿标要求控制噪声，以提高环境舒适度。而美国 LEED 未涉及此内容。因中国设有地下车库，所以绿标中有一氧化碳浓度监测装置这一项，而美国 LEED 未涉及此内容，这是由于中国人多地少的原因。美国 LEED 中有针对吸烟控制、低挥发材料的明确规定，而绿标中未涉及此内容，美国对空气质量要求更为严格，在这方面中国要借鉴其优点。

此外，在中国绿标中多了两项内容：施工管理和运营管理。而在美国 LEED 中虽然并没有分出这两项指标，但其实都在其他指标中体现出来。

3 本 部 分 小 结

BIM 是目前全世界建筑业最为关注的信息化技术，欧美发达国家正在强力推动 BIM 的研究和应用。BIM 被认为是能够突破生产效率低和资源浪费等诸多建筑业普遍存在的问题的一项技术。纵观世界，BIM 已经成为了全世界建筑业发展的主流方向，相比现在中国建筑业 BIM 发展相对比较缓慢。为了促进中国建筑业 BIM 引进和应用需要政府、企业以及个人三方的共同努力。在促进过程中，政府、企业以及个人需要有阶段性地、有针对性地应对所面临的问题，逐步克服一系列关键阻碍因素，才能奠定中国建筑业 BIM 引进和应用的基础。美国《LEED》V4 版本的更新，这一版本是 2014 年 11 月份发布的《LEED》V4 比以前三个版本更加强大、更加新颖带来了新的内容和一些新的评价指标，都是结合美国近年绿色建筑发展所存在的问题以及突出的成效对美国《LEED》V3 的进一步补充，同时作为世界上绿色建筑以及绿色建筑评价标准发展最早以及发展最快的国家之一，对世界各国发展绿色建筑起到了一定的借鉴意义。

可持续发展无疑已成为当今世界人类社会发展的共同战略，作为对现实问题的回应，生态、绿色、节能建筑的研究应积极付诸于实践这不但是一种经济与技术的转变，同样也是项目管理的转变需要确立一个新的观念和文化然而目前人们尤其是在我国来看对于绿色建筑有着模糊的界定和典型的误区如：将绿色建筑炒作为卖点刺激楼市；简单的将绿色建筑等同于高绿化率的建筑；绿色建筑是宅等通过对美国《LEED》与我国绿色建筑项目管理评价标准的对比研究我们可以看到我们的不足，有利于我国绿色建筑产业的发展。

基于上述比对研究《LEED》是一个"自愿的、基于市场的、多数决议"的绿色建筑评估体系对于美国《LEED》来说在项目管理标准方面更多的是给与了总体的把我思路以及方法，在建筑活动的项目管理方面多以市场为基准，在美国《LEED》中以及美国成功绿色建筑经验中可以看出，评价标准不应当仅仅起到评价作用，他更应该在政策导向、提高公众参与、商业运作以及与相关法律结合方面做出贡献《LEED》的发展是由市场所推动，这正是 LEED 绿色建筑评价标准多年来保持着旺盛生命力的原因之一对于美国《LEED》来说在项目管理标准方面更多的是给予了总体的把我思路以及方法，这几点在我国绿色建筑评价标准中值得深思。

而在我国绿色建筑评价标准中并没有准确把握现有技术的更新与管理使得很多评价标准制定的出发点是很完美的，但往往不会实行下去或者由于出其建造成本及后续运营成本较高，造成绿色建筑相当于高成本的假象无论是《LEED》还是我国的《绿色建筑评价标准》，都只是片面重视各个环节低耗能低污染技术的使用上，很容易造成技术的简单叠加，进而是的总成本过高，这便对项目管理的要求更高，怎样使得低耗能低污染的技术使用更多而又不脱离实际减少不必要的浪费，这是我国在今后绿色建筑评价标准更新过程中应当深思的一点对于美国《LEED》来说在其多年发展历史中，会随着时间的发展以及本国的绿色建筑发展问题进行不断的版本更新，我国虽然绿色建筑起步较晚但应当借鉴美国《LEED》不断更新的成功经验。

　　对于世界来说尤其对于大力发展绿色建筑的国家 LEED 评价标准使用起来比较简单，更易操作，这样的结果使它对节能技术的整合以及能耗环节都缺乏数据的监测以及对于我国来说美国在绿色建筑发展方面早已领先我们，很多标准措施是对于美国这样的发达国家来适用的，我们尊重 LEED 标准不断完善和绿色建筑发展过程中的贡献，启示我发展我国绿色建筑，不仅只是在评价标准中只包括对建筑的要求，还应涵盖绿色环境，绿色生活等促进经济和社会可持续发展的绿色理念综上所述，我国应以实现社会的可持续发展为目标，借鉴美《LEED》的优势部分结合本国国情推动发展我国绿色建筑制定相应的绿色建筑项目管理评价标准发展和培养属于自己中国特色的项目管理人员以此来发展我国绿色建筑产业促进我国可持续经济的发展我国绿色建筑项目管理评价标准的不断完善。

五 大型公共建筑绿色低碳的 BIM 实现

1 前 言

随着我国持续高速的发展，能源问题日益紧迫，对能源的开发及利用的关注程度与日俱增。美国总统奥巴马提出，谁掌握了新能源技术，谁就掌握了 21 世纪。因此，能源问题的重要性可见一斑，必将成为 21 世纪的热门话题。我们必须从可持续发展的战略出发，减少能源损耗。本文主要从建筑节能技术，阐述了如何使建筑尽可能少地消耗不可再生资源，减轻对外界环境的污染，并为使用者提供健康、舒适与和谐的工作及生活空间。作为与人类活动关系最为密切的住宅，如果在规划及建筑设计过程中体现"节约"、"和谐"的思想，创造出节能的生态社区和建筑，是一个十分有意义的课题。

1.1 问题的提出

建筑能耗约占社会总能耗的 1/3，我国建筑能耗的总量逐年上升，在能源总消费量中所占的比例已从二十世纪七十年代末的 10%，上升到 27.45%。而国际上发达国家的建筑能耗一般占全国总能耗的 33% 左右。以此推断，国家建设部科技司研究表明，随着城市化进程的加快和人民生活质量的改善，我国建筑耗能比例最终还将上升至 35% 左右。如此庞大的比重，建筑耗能已经成为我国经济发展的软肋。

高耗能建筑比例大，加剧能源危机。直到 2002 年末，我国节能建筑面积只有 2.3 亿平方米。我国已建房屋有 400 亿平方米以上属于高耗能建筑，总量庞大，潜伏巨大能源危机。正如建设部有关负责人指出，仅到 2000 年末，我国建筑年消耗商品能源共计 3.76 亿吨标准煤，占全社会终端能耗总量的 27.6%，而建筑用能的增加对全国的温室气体排放"贡献率"已经达到了 25%。因高耗能建筑比例大，单北方采暖地区每年就多耗标准煤 1800 万吨，直接经济损失达 70 亿元，多排二氧化碳 52 万吨。如果任由这种状况继续发展，到 2020 年，我国建筑耗能将达到 1089 亿吨标准；到 2020 年，空调夏季高峰负荷将相当于 10 个三峡电站满负荷能力，这将会是一个十分惊人的数量[2]。据分析，我国处于建设鼎旺期，每年建成的房屋面积高达 16 亿至 20 亿平方米，超过所有发达国家年建成建筑面积的总和，而 97% 以上是高能耗建筑。以如此建设增速，预计到 2020 年，全国高耗能建筑面积将达到 700 亿平方米。因此，如果不开始注重建筑节能设计，将直接加剧能源危机。

我国建筑节能状况落后，亟待改善在 70 年代能源危机后，发达国家开始致力于研究与推行建筑节能技术，而我国却忽视了这一方面的问题。时至今日，我国建筑节能水平远远落后于发达国家。举例说明，国内绝大多数采暖地区围护结构的热功能都比气候相近的发达国家差许多。例如与北京气候条件大体上接近的德国，1984 年以前建筑采暖能耗标准和北京目前水平差不多，每平方米每年消耗 24.6 至 30.8 公斤标准煤，但到了 2001 年，德国的这一数字却降低至每平方米 3.7 至 8.6 公斤标准煤，其建筑能耗降低至原有的 1/3 左右，而北京却一直是 22.45。全面的建筑节能，就是建筑全寿命过程中每一个环节节能的总和。指建筑在选址、规划、设计、建造和使用过程中，通过采用节能型的建筑材料、产品和设备，执行建筑节能标准，加强建筑物所使用的节能设备的运行管理，合理设计建筑围护结构的热工性能，提高采暖、制冷、照明、通风、给排水和管道系统的运行效率，以及利用可再生能源，在保证建筑物使用功能和室内热环境质量的前提下，降低建筑能源消耗，合理、有效地利用能源。全面的建筑节能是一项系统工程，必须由国家立法、政府主导，对建筑节能做出全面的、明确的政策规定，并由政府相关部门按照国家的节能政策，制定全面的建筑节能标准；要真正做到全面的建筑节能，还须由设计、施工、各级监督管理部门、开发商、运行管理部门、用户等各个环节，严格按照国家节能政策和节能标准的规定，全面贯彻执行各项节能措施，从而使每一位公民真正树立起全面的建筑节能观，将建筑节能真正落到实处，这是我们所面临的问题。

1.2　研究背景

建筑节能主要包括节能建筑和建筑过程中的节能施工。其中节能建筑就是在使用的过程中产生低能耗的建筑，主要是在使用的过程中建筑的采暖、通风、空调、照明、家用电器、电梯等方面都比较节能的建筑。节能建筑的另一种称呼就是绿色环保建筑。还有的节能建筑采用的是可再生资源来进行驱动或者清洁能源进行驱动，进而使得在使用的过程中从总体上产生节能效果。但是比较容易混淆的是有些建筑在使用的过程中趋势比较节能，但是在之后的环境维护上将耗费更多的能源，这些建筑不属于节能建筑。技能施工就是在建筑的建造过程中的能效降低，包括建筑材料、建筑构配件、建筑设备的生产和运输以及建筑施工和安装中的低能耗。主要是通过建筑的规划、建造工艺、建造设备的改进、技能材料的应用、执行节能标准等方法来实现的建筑过程。建筑节能的含义要包括以上的两个范畴的才算是建筑节能。在很多国家建筑节能的含义会更加广泛，也可能包括原有建筑的节能改造和升级。

1.3　研究目的与意义

现在人类的发展已经进入了一个崭新的纪元，信息时代的发展和技术进步给人类的生产力带来了巨大的推进。一方面人类实现了生产全自动化，生产效率在现有技术的可能上得到了最大的提升，这样就造成了能源消耗速度的过快。另一方面，人类正在追求着越来越高的生活水平，这样就带来了生产的最大化，在巨大的利益驱使之下人们开始越来越多的生产。现在全球温室效应越来越严重，已经严重的威胁了人类的安全。尤其是近些年我国的发展速度很快，现在我国出现了雾霾和城市热岛等现象，正在严重的影响人们的生活。同时现在我国石油、煤炭等能源的价格正在不断的上升，进而带来了节能的需要。现在我国的建筑面积越来越大，在建筑的过程中的能源消耗和在建筑的使用过程中造成的能源消耗越来越大，给城市的居住环境和环境带来了巨大的压力。建筑节能是关系到我国建设低碳经济、完成节能减排目标、保持经济可持续发展的重要环节之一。要想做好建筑节能工作、完成各项指标，我们需要认真规划、强力推进，踏踏实实地从细节抓起。

建筑节能工作复杂而艰巨，它涉及政府、企业和普通市民，涉及许多行业和企业，涉及新建筑和老建筑，实施起来难度非常大。在建筑节能的初期推进过程中，我们定要付出精力、成本和代价。从这几年的实践效果看，仅靠出台一些简单的要求、措施和办法，完成建筑节能任务和指标很有难度，这就需要我们再思考，进行比较充分、细致、深层次的研究，找出其症结所在。

对于新建建筑要严格管理，必须达到建筑节能标准，这一点不能含糊；对于既有建筑的节能改造要力度大、办法多，多推广试点经验，采取先易后难、先公后私的原则。在房屋建造过程中，建筑节能要重点解决好外墙保温、窗门隔温等问题，很多建筑漏气都出现在这方面。另外，能利用太阳能的建筑应最大限度地使用这一资源，并在设计过程中实现太阳能与建筑一体化，增加建筑的和谐度和美观度；全面推行中水利用和雨水收集系统，大力推进废旧建筑材料和建筑垃圾的回收利用，使资源能够得到充分利用[3]。

对于新建建筑，只要法制健全、标准配套、支持政策对路，基本上能够达到50%的节能标准。但是，要推广65%或75%的节能标准，许多城市还存在难度，需要统筹考虑、分步实施，并且由财税政策支持，给予一定补贴，使既有建筑的节能改造推进速度加快。要实现新建建筑全面达到节能标准，不能留有缝隙；既有建筑实现逐步改造，要按照先公共建筑、商业建筑，后住宅的顺序进行，也就是首先改造相对容易的建筑，然后逐步解决比较复杂的住宅节能问题。

建筑节能是一项系统工程，在全面推进的过程中，要制定出相关配套政策法规，该强制执行的要加大执行力度；要有相配套的标准，包括技术标准、产品标准和管理标准等，便于在实施过程中进行监督检查；对新技术、新工艺、新设备、新材料、新产品等，要在政策方面给予支持，加大市场推广力度。总而言之，做好建筑节能工作，只要相关部门、各级政府通力合作、密切配合，我国的节能目标就能达到。

由于中国是一个发展中国家，人口众多，人均能源资源相对匮乏。人均耕地只有世界人均耕地的 1/3，水资源只有世界人均占有量的 1/4，已探明的煤炭储量只占世界储量的 11％，原油占 2.4％。国民经济要实现可持续发展，推行建筑节能势在必行、迫在眉睫。中国建筑用能浪费极其严重，而且建筑能耗增长的速度远远超过中国能源生产可能增长的速度，如果听任这种高耗能建筑持续发展下去，国家的能源生产势必难以长期支撑此种浪费型需求，从而不得不被迫组织大规模的旧房节能改造，这将要耗费更多的人力物力。在建筑中积极提高能源使用效率，就能够大大缓解国家能源紧缺状况，促进中国国民经济建设的发展。因此，建筑节能是贯彻可持续发展战略、实现国家节能规划目标、减排温室气体的重要措施，符合全球发展趋势。

2　大型公共建筑建筑节能与节能措施研究综述

2.1　建筑节能与节能措施概述

我国是一个发展中大国，又是一个建筑大国，每年新建房屋面积高达 17 亿～18 亿 m^2，超过所有发达国家每年建成建筑面积的总和。随着全面建设小康社会的逐步推进，建设事业迅猛发展，建筑能耗迅速增长。所谓建筑能耗指建筑使用能耗，包括采暖、空调、热水供应、照明、炊事、家用电器、电梯等方面的能耗。其中采暖、空调能耗约占 60％～70％。我国既有的近 400 亿 m^2 建筑，仅有 1％为节能建筑，其余无论从建筑围护结构还是采暖空调系统来衡量，均属于高耗能建筑。单位面积采暖所耗能源相当于纬度相近的发达国家的 2～3 倍。这是由于我国的建筑围护结构保温隔热性能差，采暖用能的 2/3 白白跑掉。而每年的新建建筑中真正称得上"节能建筑"的还不足 1 亿 m^2，建筑耗能总量在我国能源消费总量中的份额已超过 27％，逐渐接近三成。开展建筑节能是国家实施节能战略的重要方面。必须在住宅外墙保温、门窗设计、屋顶保温这三方面下大功夫，努力达到节能住宅的设计标准[4]。

2.2　建筑节能的重要性

世界范围内石油、煤炭、天然气三种传统能源日趋枯竭，人类将不得不转向成本较高的生物能、水利、地热、风力、太阳能和核能，而我国的能源问题更加严重。我国能源发展主要存在四大问题：

（1）人均能源拥有量、储备量低；

（2）能源结构依然以煤为主，约占 75％，全国年耗煤量已超过 13 亿吨；

（3）能源资源分布不均，主要表现在经济发达地区能源短缺和农村商业能源供应不足，造成北煤南运、西气东送、西电东送；

（4）能源利用效率低，能源终端利用效率仅为 33％，比发达国家低 10％。随着城市建设的高速发展，我国的建筑能耗逐年大幅度上升，已达全社会能源消耗量的

32%，加上每年房屋建筑材料生产能耗约 13%，建筑总能耗已达全国能源总消耗量的 45%。

我国现有建筑面积为 400 亿 m^2，绝大部分为高能耗建筑，且每年新建建筑近 20 亿 m^2，其中 95% 以上仍是高能耗建筑。如果我国继续执行节能水平较低的设计标准，将留下很重的能耗负担和治理困难。庞大的建筑能耗，已经成为国民经济的巨大负担[5]。因此，建筑行业全面节能势在必行。全面的建筑节能有利于从根本上促进能源资源节约和合理利用，缓解我国能源资源供应与经济社会发展的矛盾；有利于加快发展循环经济，实现经济社会的可持续发展；有利于长远地保障国家能源安全、保护环境、提高人民群众生活质量、贯彻落实科学发展观。

2.3 我国建筑节能的现状

我国是世界上最大的发展中国家，同时建筑业正在逐渐的成为我国的支柱性产业之一，是一个建筑大国。现在我国每年新建房屋面积高达十七到十八亿平方米，超过所有发达国家每年建成建筑面积的总和。不管是从建筑的运作和建筑的施工方面考虑，建筑的单位平均耗能都要远高于想同纬度的发达国家的建筑能耗的两倍到三倍。此外我国建筑对环境造成的压力也非常大，我国每年新建建筑使用的实心黏土砖，毁掉十二万亩农田。物资消耗水平相较发达国家，平均单位建筑钢材消耗高于同纬度发达国家单位建筑钢材消耗的百分之十五，每立方米混凝土多用水泥八十公斤，但是我国建筑的污水回收率仅仅是发达国家的百分之二十[6]。目前，我国建筑用能浪费极其严重，而且建筑能耗增长的速度远远超过我国能源生产可能增长的速度，如果听任这种高耗能建筑持续发展下去，国家的能源生产势必难以长期支撑此种浪费型需求，从而不得不被迫组织大规模的旧房节能改造，这将要耗费更多的人力物力。我国的建筑能耗量约占全国总用能量的 1/4，居耗能首位。近年来我国建筑业得到了快速的发展，需要大量的建造和运行使用能源，尤其是建筑的采暖和空调耗能。据统计，1994 年全国仅住宅建筑能耗在基本上不供热水的情况下为 $1.54 \times 10^8 t$ 标准煤，占当年全能源消耗总量 $12.27 \times 10^9 t$ 标准煤的 12.6%。目前每年城镇建筑仅采暖一项需要耗能 $1.3 \times 10^8 t$ 标准煤，占全国能源消费总量的 11.5% 左右，占采暖区全社会能源消费的 20% 以上，在一些严寒地区，城镇建筑能耗高达当地社会能源消费的 50% 左右。与此同时，由于建筑供暖燃用大量煤炭等矿物能源，使周围的自然与生态环境不断恶化。在能源的利用过程中，化石类燃料燃烧时排放到大气的污染物中，99% 的氮氧化物、99% 的 CO、91% 的 SO_2、78% 的 CO_2、60% 的粉尘和 43% 的碳化氢是化石类燃料燃烧时产生的，其中煤燃烧产生的占大多数。燃煤产生的大气污染物中 SO_2 占 87%、氮氧化物占 67%，CO_2 占 71%，烟尘占 60%。由于我国是主要以煤而不是以油、气等优质能源作为主要能源消耗的国家，每年由于燃烧矿物燃料向地球大气排放的二氧化碳仅次于美国居世界第二，预计到 2020 年，中国将取代美国成为世界二氧化碳排放第一大国。因此，中国对于全球气候变暖承担着重大的责任，而作为耗能大户的建筑，其节能也就成为关系国计民生的重大问题。

我国节能工作与发达国家相比起步较晚，能源浪费又十分严重。如我国的建筑采暖耗热量外墙大体上为气候条件接近的发达国家的 4～5 倍，屋顶为 2.5～5.5 倍，外窗为 1.5～2.2 倍，门窗透气性为 3～6 倍，总耗能是 3～4 倍。如果听任高耗能建筑大行其道，建筑能耗增长的速度将远远超过我国能源生产可能增长的速度，国家的能源生产势必难以长期支撑这种浪费型需求，从而不得不组织大规模的旧房节能改造，将耗费更多的人力、物力。另外，每年新建和改建的几千万栋建筑要消耗掉几十亿吨林木、砖石和矿物材料，造成森林的过度砍伐，材料资源的大量开采，带来土地的破坏，植被的退化，物种的减少和自然环境的恶化[7]。

3　大型公共建筑建筑节能的设计方法与措施分析

3.1　合理的建筑设计

3.1.1　按规定性指标设计

按规定性指标设计使设计人员摆脱了复杂的计算分析，在保证工程设计的合理性和成功方面有重大作用，但由于确定规定性指标主要考虑普遍情况，而每一个工程都有其不同于普遍情况的特殊性，因此规定性指标对适用范围内的一个具体工程往往不是最佳的，即按规定性指标很难进行优化设计，同时按规定性指标设计容易阻碍新技术的应用和压抑设计人员的创造性。按性能性指标设计使建筑节能设计标准具有充分的灵活性，为新技术的采用和具体工程项目的最优化创造了条件。

3.1.2　按性能性指标设计

按性能性指标设计需要对所设计建筑进行能耗分析，进而评价所设计的建筑是否节能，建筑能耗计算方法和节能评价方法的选择成为这种设计方法的重要内容。国内对建筑节能评价的研究相对缺乏，目前建筑节能评价通常采用比较建筑能耗计算值和相关节能标准指标值的方法，建筑能耗计算值则通过相应的能耗分析软件获得，若评价结果表明所设计的建筑并不节能，则需要设计人员凭借个人的设计经验对设计方案进行反复修改。国外已基本解决建筑节能设计标准灵活性和建筑节能评价方法问题，初步实现了建筑围护结构的节能平衡分析，但设计信息与评价信息之间缺乏沟通，尚未实现建筑设计过程的动态评价和建筑设计的全局优化[8]。

可见，按性能性指标进行建筑节能设计存在如下缺点：

（1）过于依赖能耗分析软件。

（2）过于依赖设计人员的设计经验。

实际上，目前得到权威结构确认的能耗分析软件数量不多且推广程度不大，就能耗分析软件本身而言，仍存在提高运行速度、改进人机界面等问题；而设计人员的经验需要长期积累。鉴于现有建筑节能设计方法的局限性，探索新的设计方法成为必然[9]。

3.2 大型公共建筑建筑节能的措施分析

3.2.1 提高建筑围护结构的保温隔热性能

影响建筑能耗最直接的因素是建筑围护结构保温隔热性能的优劣，我国现有居住建筑围护结构的热工性能普遍较低，直接影响了室内热舒适度。处于夏热冬暖地区的福州，夏天普遍需要空调，冬天甚至需要采暖，建筑整体的耗能量大。因此，我国制定的三个地区的居住建筑节能设计标准，都把提高建筑围护结构的热工性能作为核心内容，这也是建筑节能的最有效手段。

建筑围护结构主要包括屋顶、外墙和外窗三个部分：

屋顶采用高效的保温隔热屋面，其传热系数、热惰性指标应满足标准规定，有条件的可采取屋顶绿化等措施，降低夏季太阳辐射的热。

外墙，研究并推广具有低热转移值的外墙材料，采用新型节能墙体材料，如加气混凝土砌块等，建筑外墙的热工能性应满足标准的规定。南方地区建筑外墙保温隔热措施还包括外墙表面采用浅色设计，以反射太阳辐射热，一般东、西面外墙采用构架或爬藤植物遮阳，还可采用中空墙体结构，形成隔热的空气间层等。

外窗，建筑围护结构热工性能最薄弱的环节是窗户，在建筑能耗方面，铝、钢、塑窗散热量平均约占建筑外围护结构总散热量的50％。因此，控制窗墙比，提高窗户的保温隔热性能，是提高建筑外围护结构节能指标的有效途径。一方面，在保证居室采光通风条件的前提下，控制窗墙比，减少外墙传递的热量；另一方面，推广应用新型节能门窗，满足节能和使用要求。南方地区还应采用合适的外遮阳措施，结合外立面造型，形成整体有效的外遮阳系统，也是建筑个性的表现手段，如马来西亚建筑师杨经文设计的吉隆坡 IBM 大厦所采用的"双层皮"构造外墙就是一座独特的节能建筑[10]。

3.2.2 提高设备的能效比

南方地区夏季酷热，随着经济发展，居民对空调的需求逐年上升，有的地方冬季还需要采暖。能效比是空调（采暖）设备最主要的经济性能指标，能效比高，说明该空调器具有节能、省电的先决条件，所以应优先采用符合国家现行标准规定的节能型空调和采暖产品，贯彻执行国家相关节能政策，提高人民的居住舒适水平。

对于建筑设计来说，良好的朝向、合理的功能分区与流线安排等都是设计中重要的环节。然而，要完成一个优秀的建筑，还需要完善的建筑设备设计。建筑设备产品是建筑产品中技术密集程度高、变化速度快的产品，它需要不断降低建筑设备在使用过程中的能源和资源消耗，为各类建筑提供数量充足、质量上乘的建筑设备。建筑设备与建筑材料联系紧密。在建筑设备产品的开发与应用中，应使各类建筑设备产品在满足建筑功能的前提下，达到技术先进、经济实用、安全可靠、系列成套，符合标准化和环境协调的要求，并保证设备完好率，提高设备有效寿命[11]。

为了降低建筑设备在使用过程中的能源和资源消耗，环保的建筑材料必不可少，生态建筑材料便是其中之一。生态建材具有高性能长寿命的特点，可大幅度降低建筑工程的材料消耗和服务寿命，如高性能的水泥混凝土、保温隔热、装饰装修材料等；可改善居室生态环境，如抗菌、除臭、调温、调湿、屏蔽有害射线的多功能玻璃、陶瓷、涂料等；可替代生产能耗高、对环境污染大对人体有毒有害的建筑材料，如无石板纤维水泥制品，无毒无害的水泥混凝土化学外加剂等，也可扩大可用原料和燃料范围，减少对优质、稀少或正在枯竭的重要原材料的依赖。

一些实际工程项目证实建筑设备方案应从以下几个方面考虑可以达到节能效果：①变电所应选择在负荷中心。低压供电半径控制在 150m 以内，以减少电压损失；②照明设计在满足使用功能的前提下，应选择高效灯具，节能光源并与节电控制相结合的设计方案；③在保证相同室内热环境舒适参数条件下，空调、供暖、通风、水泵均应选用节能产品。采用集中设置的冷热水机组或供热、换热设备，利用直接数字控制系统，通过反馈信号，自动调节系统，使系统始终处于低能耗的最优运行状态；④利用太阳能，太阳能可用于路灯照明、广告照明、热水系统等。

3.3　施工过程中的有效控制

3.3.1　挤塑型聚苯板保温层及屋面

挤塑聚苯板的全称是挤塑聚苯乙烯泡沫板，简称挤塑板，又名 XPS 板，挤塑聚苯板。挤塑板是以聚苯乙烯树脂辅以聚合物在加热混合的同时，注入催化剂，而后挤塑压出连续性闭孔发泡的硬质泡沫塑料板，其内部为独立的密闭式气泡结构，是一种具有高抗压、吸水率低、防潮、不透气、质轻、耐腐蚀、超抗老化（长期使用几乎无老化）、导热系数低等优异性能的环保型保温材料。

挤塑板广泛应用于干墙体保温、平面混凝土屋顶及钢结构屋顶的保温，低温储藏地面、低温地板辐射采暖管下、泊车平台、机场跑道、高速公路等领域的防潮保温，控制地面冻胀，是建筑业物美价廉、品质俱佳的隔热、防潮材料。对于外墙采用挤塑聚苯板为主要保温隔热材料，以粘、钉结合方式与墙身固定，抗裂砂浆复合耐碱玻纤网格布为保护增强层，涂料饰面的外墙保温系统[12]。

（1）材料组成

材　料	规　格
挤塑聚苯乙烯泡沫板	规格为 1200mm×600mm×50mm，平头式，阻燃型，表观密度 25～32kg/m³，尺寸收缩率小于 1.5%，吸水率小于 1.5%

材　料	规　格
专用聚合物粘结、面层砂浆	厂家已配制好，现场施工时加水用手持式电动搅拌机搅拌，重量比为水：聚合物砂浆等于1：5，可操作时间不小于2h
固定件	采用自攻螺栓配合工程塑料膨胀钉固定挤塑聚苯乙烯泡沫板，要求单个固定件的抗拉承载力标准值不小于0.6kN
耐碱玻纤网格布	用于增强保护层抗裂及整体性；孔径4mm×4mm，宽度1000mm，每卷长度100m
聚乙烯泡沫塑料棒	用于填塞膨胀缝，作为密封膏的隔离背衬材料，其直径按照缝宽的1.4倍选用

（2）施工要求及条件

施工要求	①经业主、监理、施工单位、外保温施工单位联合验收的外墙体（可分段进行）垂直、平整度满足规范要求，门窗框安装到位，阳台栏板、挑檐等突出墙面部位尺寸合格，办理交接单后即可进行施工
施工条件	②雨天施工时，须采取有效防雨措施，防止雨水冲刷刚施工完但粘结砂浆或面层聚合物砂浆尚未初凝的墙面 ③施工现场环境温度及找平层表面温度在施工中及施工后24h内均不得低于5℃，风力不大于5级
施工工具	电热丝切割器或壁纸刀（裁挤塑板及网格布用）、电锤（拧胀钉螺钉及打膨胀锚固件孔用）、根部带切割刀片的冲击钻钻头（为放固定件打眼用，切割刀片的大小、切入深度与膨胀钉头一致）、手持式电动搅拌器（搅拌砂浆用）、木锉或粗砂纸（打磨用）、其他抹灰专用工具

（3）工艺流程

基层清理→刷专用界面剂→配专用聚合物粘结砂浆→抹底层聚合物砂浆（如图3.1）

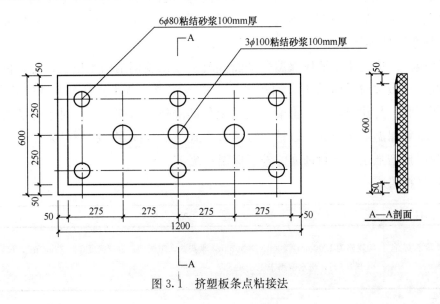

图3.1　挤塑板条点粘接法

→预粘板边翻包网格布→粘贴挤塑板（如图3.2）→钻孔安装固定件→挤塑板打磨、找平、清洁→中间验收→拌制面层聚合物砂浆→刷一遍专用界面剂→抹底层聚合物砂浆→粘贴网格布→抹面层聚合物抗裂砂浆→分格缝内填塞内衬、封密封胶→验收。

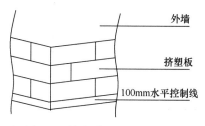

图3.2　外墙挤塑板排列示意图

工艺流程	详　细　处　理
基层清理	a. 清理混凝土墙面上残留的浮灰、脱模剂油污等杂物。 b. 剔除剪力墙接槎处劈裂的混凝土块、夹杂物等，并重新进行修补；窗台挑檐按照2%用水泥砂浆找坡，外墙各种洞口填塞密实。 c. 要求粘贴挤塑板表面平整度偏差不超过4mm，超差时对突出墙面处进行打磨，对凹进部位进行找补（需找补厚度超过6mm时用1:2.5水泥砂浆抹灰，需找补厚度小于6mm时由保温施工单位用聚合物粘结砂浆实施找补），以确保整个墙面的平整度在4mm内，阴阳角方正、上下通顺
配制砂浆	a. 施工使用的砂浆分为专用粘结砂浆及面层聚合物抗裂砂浆。 b. 施工时用手持式电动搅拌机搅拌，拌制的粘结砂浆重量比为水：砂浆＝1:5，边加水边搅拌，搅拌时间不少于5min，搅拌必须充分、均匀，稠度适中，并有一定黏度。 c. 砂浆调制完毕后，须静置5min，使用前再次进行搅拌，拌制好的砂浆应在1h内用完
刷专用界面剂一道	为增强挤塑板与粘结砂浆的结合力，在粘贴挤塑板前，在挤塑板粘贴面薄薄涂刷一道专用界面剂，待界面剂晾干后方可涂抹聚合物粘结砂浆进行墙面粘贴施工
预粘板端翻包网格布	在挑檐、阳台、伸缩缝等位置预先粘贴板边翻包网格布，将不小于220mm宽的网格布中的80mm宽用专用粘结砂浆牢固粘贴在基面上（粘结砂浆厚度不得超过2mm），后期粘贴挤塑板时再将剩余网格布翻包过来

3.3.2　塑钢门窗

材料选用	原材料质量控制：在购料前，工程技术人员首先对材料的材质及性能进行详细的检查、检测，符合要求开始进行订货。材料进场后质量部门对材料的表观质量及尺寸按检验标准进行检验，各种材料生产厂家的产品质量证明书，检查确认合格后方可进行加工
现场安装	塑钢门窗施工工艺流程：准备工作→测量、放线→确认安装基准→安装门窗框→校正→固定门窗框→土建抹灰收口→安装门窗扇→填充发泡剂→塞海绵棒→门窗外周圈打胶→安装门窗五金件→清理、清洗门窗→检查验收

3.3.3　复合硅酸盐外墙内保温施工技术

材料选用	① 双组分复合硅酸盐保温材料，由保温浆料和保温粉料组成。与保温板材相比，其适用范围广泛，施工简便，材质稳定且阻燃、吸声、质轻、防裂，综合造价低，可直接涂抹，工艺简单，易与其他工序配合。 ② 双组分复合硅酸盐保温材料专业配套罩面剂。 ③ 32.5级水泥、砂子、水

工具	木抹子（用于粗平抹面）、平铁锹（拌和上料用）、铁抹子（用于抹灰压光）、长毛刷（清扫灰尘及刷浆用）、阴阳角抹子、砂浆搅拌机、托灰板、灰桶、2.5m大杠、1.5m中杠、2m靠尺板（检查垂直及平整用）
工艺流程	检查处理基层→冲筋→门窗洞口护角处理→第一遍涂抹→晾干→第二遍涂抹→晾干→第三遍涂抹→晾干→剔冲筋灰饼填实→罩面

3.3.4 安全生产与文明施工措施

阶段	文明施工措施
安全生产及文明施工措施	特殊工种（电工、焊工）持证上岗。 进入现场后必须戴好安全帽。 在没有扶手和设有简易扶手的楼梯和阳台上通过时，应先试验其牢固程序，从靠近墙的一侧通过。 2人以上共同操作时应协调一致，互相合作。 施工安装时，不得违章操作，遇有特殊情况，须经有关部门领导同意后方可施工。 在使用工具前，检查其安全性能是否完好，不具备完好标准的工具严禁使用。 工地内架设的电线，必须征得有关部门的同意，并符合用电规章制度。 进入现场施工时，首先查看现场电源、线路、电闸的保险装置。使用带电工具应按使用说明书接好地线，接通电源后，经电工检查后方可使用。 现场施工时，应严格遵守国家有关防火条例。 收工时要切断电源，并检查施工现场，消除隐患
现场文明施工管理制度	在工作现场，全体工作人员必须戴安全帽及设置必要的安全标志。 施工现场物品要摆放有序，不得乱放。 不得任意向下扔掷物品，严防物品伤人。 废弃物品统一收集，统一处理，要保持工地卫生。 工作现场严格执行防火、消防制度，严防火灾发生。 工作现场严格执行安全制度、安全技术操作规程，杜绝人身事故发生。 注意用电安全，防止触电事故发生。 工作后清理工作现场，检查有无火源。 与有关单位配合及协调时应注意团结，有问题及时汇报，不得自行其事。 工作现场严禁戏耍打闹。 对于不听从管理，不服从指挥，违反现场管理制度者，停止其工作，并清退出场
施工安全制度	安全为了生产，生产必须安全，凡参加施工人员，要熟悉本工种安全技术规程，在操作中，应坚守工作岗位，严禁酒后操作。 进入施工现场，必须戴安全帽，禁止穿拖鞋。高空作业必须系好安全带。 在安全措施不落实，存在安全隐患时，工人有权拒绝施工。 不得擅自拆动施工现场脚手架、防护设施、安全标志和警示牌。 施工现场严禁吸烟以防火灾发生。 施工现场严禁戏耍打闹，以防磕撞现象发生。 高空作业人员衣着要灵便，所放材料要摆放平稳，工具要随手放入工具袋内，上下传递物件禁止抛掷。 恶劣气候影响施工安全时，禁止露天高空作业。 玻璃运输及大件整体装卸必须指定专人负责，严格遵守玻璃施工及装卸有关规定。 电焊时应严格遵守有关规定，注意防火，并清除易燃易爆物品。 所有人员应牢固树立安全第一的思想，遵守安全技术操作规程。 对于不听从指挥，盲目操作，违章作业，安全人员有权停止其工作

阶段	文明施工措施
消防制度	全体工作人员必须遵守市政府有关规定，遵守国家法规法律，遵守工地规定，以预防为主，杜绝火灾事故发生。 施工中以预防为主，工作前检查现场，将一切可燃物品移至工作区外。 施工中设专兼职消防员各 1 名。专职消防员负责工作前的消防器材的准备及工作中器材的使用；兼职消防员负责工作前易燃物品的转移与防护，工作中的及时检查，工作后的现场清理。 易燃易爆物品由专人负责，工作后统一收回保管。 焊接施工前，应事先检查周边环境及上下情况，方可施工。 如遇特殊情况，应首先切断火源，及时转移可燃物品，听从指挥，保证国家财产及人身安全。 工作现场禁止吸烟。 电源电线每天进行检查，严防发生漏电起火

4　大型公共建筑低碳集成技术

4.1　大型公共建筑规划阶段低碳技术

现阶段，我国大型公共建筑在向提高资源和能源效率上发展，我国大型公共建筑前期的低端、粗放型发展，主要依靠对的能源的高消耗、底利用，对我国的生态环境造成了难以估计的影响，最为突出的就是温室效应，大型公共建筑对生态环境造成的直接污染破坏和间接的影响需要付出更多、更复杂的资源和方式解决。造成这一情况的主要原因是在大型公共建筑建设初期未以低碳作为导向，对大型公共建筑进行科学规划。所以在大型公共建筑的建设初期就要提前充分考虑项目环境与大型公共建筑本身的关系，使大型公共建筑尽可能与周围环境融为一体，尽量减少对周围环境的影响，从而减少对周围生态环境的破坏。

4.1.1　大型公共建筑低碳选址

大型公共建筑设计过程是一门复杂的活动，它涉及不同自然参数及其量值变化之间的相互关系，以科学方法论为基础的建筑形式与环境之间的关系，是建筑科学设计过程的原动力。低碳生态建筑设计方法必须符合自然生态的要求，尽可能利用建筑与环境的关系解决保温、通风、采光等最基本的建筑问题，这对建筑的节能减排有着重要的意义。该设计过程以定量评估产生定性设计决策为基础，从而提出一种逻辑的设计方法。

大型公共建筑的选址应与建筑本身的功能相结合，根据对青岛地区某低碳导向建设的大型公共建筑的分析，应首先对大型公共建筑所在地的气候、水文、地质环境进行研究，并遵循以下四项原则：

第一，充分分析大型公共建筑功能性质是否与周边需求相匹配，避免建成后闲置；

第二，合理确定建筑体量、基础形式及标高，最大限度减少土方填挖；

第三，对现有的旧建筑能进行分析，尽量利用，如作为施工临时建筑使用，如果不能，那么应考虑对拆除建筑材料重新利用；

第四，对大型公共建筑的日照、地下热源进行充分研究，尽量充分利用太阳能、地热，或其他新的资源等。

4.1.2 大型公共建筑与周边建筑群关系

因为本身具有为公众服务的特点，所以大多部分大型公共建筑都不是独立于其他建筑之外的，而是处于其他建筑群体之中，周围的现有建筑群和将要规划的建筑群的结构布局直接影响大型公共建筑建成后的阳光和风的进入，会对大型公共建筑投入运营后的能源消耗产生巨大影响，增加二氧化碳的排放，不能满足低碳要求。

一般建筑群的平面布局可划分为行列式、错列式、斜列式和周边式等。建筑群的布置和自然通风的关系，可以从平面和空间两个方面考虑。当用行列式布置时，建筑群内部气流场因风向不同而有很大变化，错列式和斜列式可使气流从斜向引入建筑群内部。有时也可结合地形采用自由排列的方式，适用于夏季炎热地区。周边式很难使风导入，所以适用于冬季寒冷地区，可防止或减少建筑围护结构的对流热损失，利于低碳节能。

4.1.3 大型公共建筑建筑朝向选择

选择合理的建筑朝向是大型公共建筑在选址周围建筑群体布置中首先要考虑的问题，影响大型公共建筑朝向的因素很多，如：大型公共建筑所处的地理纬度、气象水位、绿色植被面积等。与大型公共建筑布局结合时理想的日照方向也许恰恰是最不利的通风方向，而如上节提到的日照和通风对大型公共建筑运营阶段的能源消耗，也就是碳排放量的影响非常大，在考虑大型公共建筑朝向的时候需要充分考虑日照的"最佳朝向范围"，也就是日照和通风两个主要影响因素。

大型公共建筑的朝向是否与当地主导风向相符，对通风性能有决定性的影响。流经大型公共建筑的风速越大，对室内自然通风越有利，便也于夏季的房间及围护结构散热和改善室内空气品质，但是对于冬季供暖地区，却增加了围护结构的散热量。因此，在选择建筑物朝向时，应尽量使建筑大立面朝向夏季主导风向，而小立面对着冬季主导风向，并考虑到冬季、夏季对日照的不同要求。

为了最大限度的获得日照，必须仔细选择基地，基地最好开敞，避免周围植被的过度遮挡。建筑周围树木的位置和种类需精心选择。首先考虑位置：东、西、北三个方向的树木不但不会影响日照，而且还可以阻挡冬季冷风渗透，南向的落叶树由于冬季没有树叶，也不会对日照产生遮挡。不同落叶树的落叶期有所不同，有些落叶树留枯叶的时间较长，能把冬天的阳光完全遮挡。一般来说，大型公共建筑的南侧树木应进行一定的修剪，确保采暖季能够获得充足的阳光。建筑南侧的常绿树对日照影响更大，如果距离建筑太近，冬季能完全遮挡低角度的阳光。

南向是冬季太阳辐射量最多而夏季日照较少的方向，加之我国大部分地区夏季主导风向为东南向，故无论从改善夏季自然通风房间热环境，还是从减少冬季夏季的房间采暖空调负荷的角度讲，南向都是建筑物朝向最好的选择。通过对青岛地区某低碳导向建设的大型公共建筑朝向的选择分析，大型公共建筑朝向的选择在被动式公共建筑太阳能设计中约占 80％。通常太阳能采暖的建筑主要朝向应该朝南，多数情况下，这种朝向对冬天的供热、夏天的遮阳都是最有利的。

4.1.4　大型公共建筑建筑室外空间

在大型公共建筑的规划阶段，应将其建筑形式应与室外空间结合起来考虑，确保大型公共建筑周围的空气流动通畅，从而能够获得更为有效的热量储存或降温。如果大型公共建筑周围空气流动不畅，就会很大程度减少热量的得或失，不利于运营阶段大型公共建筑减少能源的消耗。

大型公共建筑规划的如果较密，将会导致室外空间较小或根本没有室外空间，可以把大型公共建筑热量的损失减少到最低，但同时热量的储存也会相应的减少，这种规划对于在寒冷气候区的大型公共建筑较为适用，因为这种地区由于热量迅速扩散，能够储存的热量也较少，提高温度较为困难。而大型公共建筑密集型布局最大限度地减少热量散失，而在热量储存上的损失相比则可忽略，因而在寒冷的北方，密集型布局是最好的选择，室外空间宜小，建筑物表层装修宜硬且有较强吸热能力，北京地区传统的三合院及四合院通常是由这个原理形成的。较为容易理解的是在现代都市里，建筑物本身产热很高，白天的城区气温可能会比郊区气温高 3～5 度，也就是城市热岛效应，在这种情况下，减少得热变得重要起来。因此，如果大型公共建筑选址在城区，从低碳的角度考虑则必须优化其开阔空间的大小和范围。如果空间过大，那么得热就会越多；如太小，那夜间散热又不充分。另外，大型公共建筑表面材质也很重要。地面铺装应松软，最好是绿色。大型公共建筑表层反射能力不宜过强。如果大型公共建筑所处的建筑群体较为复杂，从规划角度可以考虑利用室外空间和烟囱效应以增大空气流动。

4.1.5　小结

大型公共建筑低碳、节能的规划，在前期首先不管其建筑体量大小和地理位置如何，都要对大型公共建筑所处的环境和其地域性加以研究和考虑，只有对建筑的周围环境充分利用，才能更好的发挥大型公共建筑本身的自我调节作用，其次，根据其大型公共建筑周围环境的研究成果，选择建筑的位置、朝向、周围建筑群及空间等，然后，通过对建筑构件的设计使其与周围环境建立良好的沟通渠道，最后，如果条件允许可以使大型公共建筑结合一些绿色、生态元素，既能优化大型公共建筑自我调节能力，又能美化环境，更好的体现建筑的低碳、节能。

4.2　大型公共建筑设计阶段低碳技术

大型公共建筑低碳节能在规划上主要是围绕建筑的位置、朝向、周围建筑群及空间等进行详细的分析、研究。在设计阶段则需要考虑具体的低碳节能技术,例如被动式建筑、自然调节、提高外围护结构的保温系数、新风系统等,在降低二氧化碳排放方面完全可以通过设计来提供简便易行、高效经济的方法,既能保证居住环境的舒适性,又能不破坏建筑周围的生态环境。

4.2.1 大型公共建筑被动式建筑设计

被动式建筑是通过建筑朝向和周围环境的合理布置,内部空间和外部形体的巧妙处理,以及建筑材料和结构、构造的恰当选择,使其在冬季能采集、保持、储存和分配太阳热能,从而解决建筑物的采暖问题。在一些冬季阳光很少的地区,虽然冬季太阳能供热有限但在春季和秋季丰富的太阳能完全能满足家庭采暖需求,可以大大减少能源消耗。被动式建筑即使在较为寒冷的北部地区,通过采取适当的低碳节能技术,仍能够提供相当数量的热量,只是在最冷的一段时间需要辅助采暖。

依据辽宁省大连农村被动式建筑实测结果,即按每年可节省冬季采暖用煤50%,通常平均每户家庭冬季采暖用煤3吨左右进行推算,每年节约折合标准煤27万吨。据德国等欧洲国家的被动式太阳房的节能效果统计,相对于传统建筑,被动式建筑可节约冬季采暖能耗达90%。被动式建筑不仅减少了建筑对矿物燃料的依赖,而且还能够避免因温室气体二氧化碳的排放而导致的全球气候变暖,减少PM2.5、PM10等其他污染物质,降低建筑制冷设备的成本。因此,被动式建筑具有低碳经济性。

4.2.2 大型公共建筑围护结构设计

大型公共建筑围护结构主要包括屋顶、外墙、门窗等,围护结构是建筑物的重要组成部分,其低碳节能技术的应用对于大型公共建筑运营阶段的能源消耗有至关重要的作用。

部位	作　用	设　计
屋顶	屋顶是大型公共建筑围护结构最重要的部分,可以通过屋顶的坡度、方向、方位、表面积、材料和颜色等与外部环境进行协调,最好在寒冷季节能减少屋顶散热,而在炎热的夏季能减少屋顶吸收热量。屋顶的倾斜坡度不同,接收的太阳辐射量也有差别,可以通过屋顶采光(合理设计天窗,减少灯光使用)、屋顶采暖、发电(加装太阳能集热器或太阳能电池板,为大型公共建筑提供能源)、屋顶保温(合理采用保温材料,提高整体保温效果)。另外,可以通过在屋顶里层设计通风换气装置,对室内进行排热(夏季)和防止结露;或设计防潮片材防止湿气进入屋顶里层以及防止室内向外漏气	建筑屋顶形式多样,可以根据各地环境不同设计不同的遮挡阳光、采光或通风设施。屋顶形式和出挑部分也会影响气流的流向,它们能增大和减小自然通风的范围,可以在屋顶靠近南面设计可以直接受热的附属温室,从而达到冬季获取热量的目的。在有空调的建筑物中,合理选择屋顶外表颜色,能够在很大程度上决定着屋顶部分的运作冷负荷。在非空调的建筑中,合理选择屋顶外表颜色,能够对屋顶内表面温度产生较大影响,从而对室内舒适条件有很大的影响。例如白色外表面对于屋顶降温的效果非常显著,而深色外表面则容易引起屋顶大量吸热而使屋顶温度升高。在炎热气候地区,可以设计相应设施,遮挡屋顶光照,防止吸收过多热量。在寒冷地区,则可设计天窗,利用屋顶光照,补充建筑热量,减少能源消耗

部位	作　用	设　计
外墙	大型公共建筑外墙传热面占整个外围护结构总面积的 66% 左右，通过外墙传热所造成的能耗损失约占外围护结构总能耗损失的 48%。因此墙体的集热与蓄热是大型公共建筑围护结构低碳节能技术的研究重点，通过对其他建筑物内的热能流动研究的分析发现，太阳辐射热量一般是由南向流入北向。从被动式建筑的特点，应该设计南面为集热面，将其他面的热损失控制到最低限度，中间为蓄热部位。有外界太阳能辐射通过蓄热体或集热器传入室内的方式一般以下几种：将空气层的空气加热，使之进行自然循环的太阳能集热墙；使太阳辐射热穿过玻璃内侧的蓄热墙，慢慢地向室内散热的太阳能透射墙；使用透明隔热材料的墙体，在混凝土或砖墙的外侧贴上透明隔热材料，使室内的热不向室外散失率。在能够得到充足的太阳辐射量时，蓄热墙的厚度越厚越好。蓄热墙的面积应该越大越好，对于抑制夜间的室内温度下降来说，蓄热体的面积比蓄热体的厚度更加有效。色彩与热能的关系基于太阳光的照射，材料表面颜色反射多少热能或吸收多少热能，将直接影响材料的表面温度。在寒冷气候里，建筑的外表皮应该呈深色，增加其外墙的温度以减少热量的流失；而在热带气候里，建筑外表应该呈浅色，加强反射，阻碍热量的沉积。但是高的反射体在晴朗的日光下容易造成眩光，为了减少这种光污染的危害，建筑应该采用有漫反射表面的材料	墙体材料是研究热量流动时的一个主要因素，从低碳节能和被动式建筑的角度考虑，应选用热容量大的材料，常用的建筑结构材料有混凝土、砖、石、混凝土砌块等。就材料而言，适用于屋面的同样也适用于墙体，两者的区别在于屋面比墙体吸收更多的太阳直接辐射。在较冷气候区，墙体也可用于间接式太阳能采暖。墙体的热性能在干热、温带和寒冷地区都是建筑设计的重要考虑因素，都需要尽量提高墙体的隔绝能力。外墙的设计上可以采用以下的方法来提高其保温隔热性能：增加构造体的厚度或绝缘性，可增加热容量及延长时滞；提高壁体的遮蔽性，减少直接日射；使用日射吸收率较低及浅色的外表材料；采用双层外壳的构造方式，不仅外层可以遮蔽里层，而且中间空气层还具有对流散热的效果；室内散热量大的建筑（如百货商场），避免过渡隔热，以免夜间排热不易；隔热层装置设在室外侧，其隔热效果较佳
窗户	窗户是建筑不可缺少的重要组成部分，窗户的面积、形状、位置及窗户的相对位置，会直接影响室内的气流、日照及眩光等问题。窗户的位置会影响通风效果是因为温差导致空气上升，较高位置的窗户有助于气流流动，这就是所谓的"烟囱效应"。由于窗户的位置影响室内光线的反射，也影响室内光线的分布，所以同样大小的窗户可以使地面、窗户平面和顶棚的采光情况有所不同。合理的窗户设计能够使采光和通风大为改善，又可使住宅有一定的开敞面积，扩大视野，但同时也是建筑能耗的最大因素。在寒冷时段的气候条件下，对窗户而言有利的能量平衡条件是：窗户南向，光线直射，有蓄热储备，不利的光线方向和室内外的障碍物会使获得的太阳能量减少。为尽量减少热桥效应和冷风渗透，设计上应重点考虑接缝处构造和窗框材料	合理确定窗地比，增大窗户面积可以引入更多的太阳能，但窗户的传热系数比其他外围护结构大得多，窗户面积增大势必会引起更多的能量消耗，在满足基本采光和通风的前提下，应尽量缩小窗地比以解决这一矛盾，同时应对南北向窗地比作适当调整。窗户等开口部应设计百叶窗或窗帘，起到遮阳的作用。通过室外百叶窗、雨篷、天窗、房檐等方法进行室外遮阳时，被其吸收的热量在外界散发，能有效防止阳光进入室内。此外还可以通过种植一些爬藤植物、树木来起到遮阳效果，着属于外部遮阳的一个类型。其中外遮阳更为重要，它能直接将 80% 的太阳辐射热量遮挡在室外，有效地降能直接降低空调负荷，节约了能源

4.2.3 大型公共建筑低碳节能环境设计

大型公共建筑低碳节能环境设计就是不依赖外部能源而实现建筑的采暖、降温、采光通风的技术和科学。主要的原则是依靠自然调剂，自然调节是针对特定的气候环境，适应环境变化的设计模式自然调节依靠的则是清洁、可再生的能源，将日光和被动式措施与建筑紧密结合，设计成可自我调节的建筑模式。与传统的采暖、制冷方式不同，自然调节是基于当地气候和地理环境进行合理设计，利用自然元素来提供我们需要的阳光、新鲜空气、舒适度，而非通过大量的能源消耗创造的。主要方式有自然通风、中庭空间设计、绿色植被及周围水体等。

方式	作 用	设 计
自然通风	自然通风是指利用空气温差引起的热压或风力造成的风压来促使空气流动而进行的通风换气。自然通风除了能够有效地实现室内环境的降温，还能够节约常规能源、减少环境污染。同时还能够将新鲜空气引入室内并及时地将污染物排出，极大地改善室内环境品质。自然通风是一种不需要消耗人工能源，完全由自然力驱动的被动式通风方式	在大型公共建筑中经常见到的中庭或采光井方面。建筑物内采光井换气适合于较高层建筑物内。利用采光井上下层的气压差进行办公室的换气。上下贯通空间通风是通过增大房间的实际面积，在上下贯通的建筑空间里面，分别在上下设置换气窗，利用温度差进行自然换气。或在较高层建筑物内制造气流通道，预先设置好风的通道，巧妙地利用产生在建筑物各部位上的风压差，把内走廊和中庭广场等公共空间作为自然风的通道，气流的流动带动了户内的通风，在夏季不仅给室内换气，还可以用作降低体感温度时的冷却通风使用
中庭空间	设置中庭空间在节能、通风、改善室内微气候方面有着积极地作用，外界环境的变化可首先作用于中庭，通过中庭空间的过渡，再作用于建筑内各主要使用空间，可以减缓室内外的热能交换速度，降低建筑物的热损失。中庭的这种调节性能是来源于中庭空间包含的缓冲介质——空气，热对这些的空气作用效果是复杂而缓慢的，因此，能有效地影响室内小气候。在寒冷的气候环境中，中庭可以使内部空间避免直接与外部环境接触，有效地减弱热量主要空间的流出，节约采暖能耗；在炎热的气候环境中，中庭空间则成为一个有自然通风能力的大烟囱，降低制冷能耗	中庭中的空气介质使其在各种气候条件下具有普遍的适应性，但是针对各地具体的气候特征，应该有一些相应的设计策略。例如，寒冷地区，中庭的主要目的是采光、采暖，所以中庭应该有良好的朝向来争取尽可能多的日照，中庭的围护结构应该有良好的热工性能。湿热地区，中庭应该窄而深形成自遮阳，或者设计遮阳装置，以减少阳光直射到中庭内部，防止夏季温度过高，同时容易形成"烟囱效应"获得自然通风。温和地区，中庭对遮阳降温和保温采暖的要求不高，主要是通风换气，获得更好的空气品质。夏热冬冷地区，问题比较复杂，可以设两个中庭，中间的中庭在夏季利用"烟囱效应"通风降温，南面设边中庭在冬季利用"温室效应"采暖，但要注意南面中庭在夏季的遮阳

方式	作 用	设 计
绿色植被	大型公共建筑结合绿化设计，植被，特别是树木，不但能非常有效地遮阳和减少得热，还能产生空气压差，并由此增大或减小风速，改变气流方向，从而导引气流进入或者绕开建筑物。植物、灌木和树木在光合作用的过程中能吸收太阳辐射，从而使周围环境变得凉爽。 　　在干热气候区应尽可能减少得热，可用树木遮挡来自东西方向的阳光，同样可以有效地阻挡热风侵袭。在干热地区栽植落叶乔木很有用处，这些乔木在夏天可提供舒适的遮阳，冬天叶子脱落，太阳可照射进室内。在寒冷气候区可栽植常绿树木来阻挡寒风，但常绿树木也会吸收太阳辐射，从而降低周围环境的温度。在湿热地区可利用植被来加大气流流动。但如果不细心布置的话，植被不会起到降低气流速度的作用	植被可以吸收辐射，因此将建筑结合植物设计可以有效降温。建筑结合绿化设计，引入"土地空间化"的概念，包括墙面绿化、屋顶绿化和阳台绿化。墙面绿化主要是在强烈阳光直射面爬满绿色藤状植物，避免阳光直射墙面，降低外墙表面温度，保证室内温度的稳定性。设计垂直墙间的绿化，在建筑物室外侧设置一条狭窄通道，通道与种植箱组合在一起，让藤蔓植物爬行在平板格子上。因为有通道，对植物进行维护管理非常容易同时形成了良好的通风竖井，增强了墙面的散热性能，而且绿墙还能避免阳光对墙面的直射。屋顶的绿化设计是在建筑屋顶上采用蓄水覆土种植，屋面上种植花草和一些低矮灌木，形成一个"空中花园"。阳台绿化是在居民家的阳台上种植一些花草植物
周围水体	大型公共建筑周围的水体能吸收大量的辐射，并通过蒸发降温，因此，白天水体附近区域一般较为凉爽；然而在夜间水体会向周围环境释放较多的热量，这些热量可以用来采暖。水不仅比热大，而且蒸发潜热也相对较高，在蒸发过程中会吸收大量的热量，而温度每升高或降低 1℃，也会吸收或释放大量的热量。因此，当水因空气流动而蒸发时，会使空气温度降低，此即蒸发降温。同时湿度会在蒸发降温过程中增加。如果空气的相对湿度很高，蒸发就会变慢。水的比热高，是水泥比热的两倍多。这意味着升高相同的温度，等量的水吸收的热量是水泥的 2 倍多，利用水体既可以减少得热，又可在需要时利用水体吸收的太阳辐射作为非直接热源	水体辐射得热和气流的作用可以和建筑及建筑群有机结合起来，取得更好的低碳节能效果。水体通过蒸发和吸收热量使一个地方降温，水体和温室同样有助于空间采暖。水体是有效的蒸发降温方式，水的高比热使其吸收较多的辐射，这同样有助于降温。另一方面，在寒冷气候区，特别在有玻璃环绕的地方，水体可用作贮热材料。在干热气候区，既可以利用水或水体来减少得热，又可利用它蒸发降温。如果利用风和植被，则可以引导凉风进入室内。蓄水屋顶可以减少屋顶的热负荷。在寒冷气候区，只有能够控制其热量得失时，水体才会有益，这也只有当建筑物环绕水体布置时，才会有效果。然而，在寒冷地区我们也许会面对一大片水域，那么最好的选择就是远离它。在湿热地区，最好也要避开水域，因为空气湿度的增加抵消了蒸发降温带来的那点好处

4.2.4　大型公共建筑其他低碳节能设计

随着大型公共建筑低碳节能技术的发展，很多低碳节能技术已经或者正在大量的采用，最典型的就是低温辐射地板采暖技术，在提高公共建筑冬季舒适度的同事，能够大量的减少对能源的消耗；采用 LED 照明光源，LED 照明的使用在大幅度提高照明效果的同时，大大降低了对能源的消耗。此外还有全空气双风机空调风系统，能够在室外条件允许的情况下充分利用室外天然冷源进行空调，利用自然调节减少大型公共建筑本身对能源的使用；在气温较低的季节，厨房油烟排风系统能够将厨房废弃的带有热量的油烟加热从室外进入的寒冷空气，从而降低室内热量损失，达到低碳节能的目的。

4.3 大型公共建筑施工及拆除阶段低碳技术

建造和拆除过程中对能源的消耗也带来了较大的温室气体排放量，在我国其平均能耗比例达到了 1.281%，至目前，多数学者认为建筑能耗及碳排放应更多地关注日常使用阶段和材料物化阶段，鉴于建筑施工阶段的碳排放量小，甚至在一定的条件下可以忽略。因此在大型公共建筑施工及后期的拆除阶段，最主要的低碳技术就是绿色施工技术，应该严格按照绿色施工的要求，对旧建筑和将要拆除的建筑废弃物进行合理的利用，使用低碳节能的机械设备、生活设施和能源，合理安排施工顺序，采用先进的低碳节能的施工工艺和方法，最大限度的节约能源，降低二氧化碳的排放。

4.4 大型公共建筑运营阶段低碳技术

在大型公共建筑的整个生命周期中，建造过程及建筑材料的使用所消耗的能源一般占 20%左右，而大部分能量的消耗在建筑的运行当中，尤其是空调和采暖所消耗的能源。目前，我国每年城镇建筑仅采暖一项需要耗能 $1.3×10^8$ 吨标准煤，占全国能源消费总量的 11.5%左右，占采暖区全社会能源消费的 20%以上，在一些严寒地区，城镇建筑能耗高达当地社会能源消费的 50%左右。与此同时，由于建筑供暖燃用大量煤炭等矿物能源，产生了大量的二氧化碳等温室气体和有害气体，使周围的自然与生态环境不断恶化。

大型公共建筑虽然运营阶段的碳排方量是最高的，但运营阶段的低碳技术主要是在其规划阶段和设计阶段确定的，因此在运营阶段的低碳技术主要是大型公共建筑的智能化设计，因为建筑智能化能够实时对大型公共建筑的低碳节能效果进行监控，对低碳节能设施的运转情况进行调整，保证在运营阶段能够按照规划阶段和设计阶段的低碳节能设计要求，达到既定的节约能源、降低碳排放量目标。

5 某大型公共建筑低碳节能技术研究

主要通过山东青岛地区某大型公共建筑低碳节能技术的应用，从暖通空调、给排水、电气、建筑、结构及建筑智能化等六个专业针对暖通空调节能技术、给水排水节能技术、电气设备节能技术、建筑设计技术、新型建材、低碳节能建筑智能化等六个方面进行分析、研究。通过采用合理节能建筑设计，增强建筑围护结构保温、隔热性能，提高空调、采暖设备能效比，降低建筑给水、排水、消防供水、生活热水、循环用水、重复用水等需要的能耗，以及合理选择及优化控制电动机、电梯和电动门窗电气设备等节能措施，对低碳技术的具体应用进行研究。

5.1　大型公共建筑暖通空调节能技术

节能设计方面主要是：对本工程按照不同房间，不同的使用功能进行热负荷和冷负荷的计算，作为设备选型及管道设计依据；采用低温辐射地板采暖，在提供人员舒适性的同时，降低供暖能耗；设置板式热回收新风机组，减少冬夏季新风负荷，设置旁通风管，过渡季节减少能耗；大空间采用全空气双风机空调风系统，在室外条件允许的情况下充分利用室外天然冷源进行空调，以达到节能的目的；采用的所有空调设备和系统整体能耗、以及集中空调系统的 ER 值等，均满足或优于《公共建筑节能设计标准》的相关要求；采暖系统、空调系统等，均按照要求设置计量装置（带远传功能），鼓励人员行为节能；配合建筑专业，合理设置外窗、外门及通风竖井，充分实现自然通风。

环保设计方面主要是：采用环保制冷剂；采用符合国家要求的环保、节能设备及材料。所有运转设备均做减振和消声；空调机组、送风机、排风机的进出风管设双层阻抗复合式消声器或消声弯头。空调机组、通风机设置减振隔振处理。机房的隔墙、楼板由建筑专业作隔声处理，机房采用防火隔声门；减少向环境能量排放：热回收等技术应用；厨房油烟排风系统，经过油烟过滤后排至大气，厨房排油烟系统的去除效率和排放浓度应符合《饮食业油烟排放标准》GB 18484—2001 的要求。

最终达到全楼新风比及排风热回收：（1）全空气空调系统总送风量为 101000m³/h，全部采用双风机系统，过渡季节可达到的最大新风量为 101000m³/h，最大总新风比为 100%（大于 50%）；（2）本子项新风系统设计新风量为 65050m³/h，其中 57300m³/h 为板式热回收机组承担新风（88%）。

5.2　大型公共建筑给水排水节能技术

给水排水节能技术。生活热水能耗占建筑给水排水能耗的大部分。通过选择合适的热源、供水方式、合理的参数、加热设备、管材和附件、管网敷设与保温等方法，增加建筑热水节能量。热源除由城市热网提供外（供水温度为 80℃，回水温度为 60℃），还设计由屋面太阳能集热器和辅助热源提供。公共卫生间的洗手盆热水由电热宝提供，设计出水温度 50℃。生活热水循环：设计使用全日供应热水，采用机械循环，循环泵由回水管道上的温度传感器自动控制启停，温度传感器设于循环泵附近吸水管上，启、停 温度为 50℃和 55℃。

太阳能生活热水系统采用集中集热、集中供热。将太阳能集热器设于公寓式酒店楼屋面。采用全玻璃真空管集热器，集热器总面积 600m²，平均日产 60℃（或 55℃）热水量 24m³，太阳能热水保证率为 60%；集热贮水箱罐有效容积 21m³，位于地下一层换热站，材质为不锈钢；集热系统控制：集热水罐的水直接加热，集热器和水罐之间设循环水泵。水泵由温差控制，温差大于 7℃时启泵，小于 3℃时停泵。温差为集热器出口水温和水罐底部吸水口处水温之差。水罐内水温大于 60℃时强制停止循环泵；辅助加热控制，半容积式水加热器内热水温度小于等于 55℃时，辅助热媒供热，温度大于等于 60℃时，辅助热媒关闭。由换热器热媒管上的自动温度控制阀控制，节约能源。

5.3 大型公共建筑电气设备节能技术

电气设备节能技术。一般场所为节能型高效荧光灯，灯型为三基色节能型 T8 灯管，地下车库内设置自动降低照度的 LED 灯系统，可通过探测器和控制器自动判断附近区域人员或车辆的活动以调节灯具功率。

通过对空调系统和给排水系统的优化控制、电动机和电梯的合理选型及控制，电动门窗的节能控制等电气设备的节能措施，使设备低于相应的用电指标，达到节能的目的。材料选择上均采用环保型低烟无卤电线、电缆；避免光污染。要求室外景观照明以及建筑泛光，对景观照明系统应确保无直接光射入空中，并限制溢出建筑物范围以外的光线；照明设计满足《建筑照明设计标准》GB 50034 中的有关要求对室内照度、统一眩光值、一般显色指数等指标。

电气节能设计：合理设置配变电所，使其位于负荷中心；采用新型节能变压器，使其自身空载损耗、负载损耗较小。选用三相配电变压器的空载损耗和负载损耗不高于现行国家标准《三相配电变压器能效限定值及节能评价值》GB 20052 规定的能效限定值；选用交流接触器的吸持功率不高于现行国家标准《交流接触器能效限定值及能效等级》GB 21518 规定的能效限定值；选用光源的能效值及与其配套的镇流器的能效因数（BEF）满足相关要求。合理使用变频器，使电机工作在最佳状态，以达到节能的目的。采用功率因数高的三基色 T5 或 T8 三基色荧光灯（电子镇流器）、气体放电灯末端单灯补偿、配变电所设电容自动补偿装置等措施，降低无功损耗。选用荧光灯和气体放电灯应配电子镇流器，或配节能电感镇流器并加电容补偿，功率因数≥0.9；合理选择电线、电缆截面，降低线路损耗；采用 LED 照明光源：本工程在地上公共走道、楼梯间等部位设置 LED 筒灯；在地下车库内设置自动降低照度的 LED 灯系统，该系统可通过的探测器和控制器，自动判断附近区域人员或车辆的活动情况，在无人员或车辆时自动将灯具功率降低，达到节能的目的。照明功率密度：采用高效、优质的节能型灯具、光源及电器进行室内照明设计。

照明设计选择高效、优质照明光源与灯具可满足 GB 50034 规定的照明功率密度目标值要求的同时，并尽量降低照明能耗。照度计算及功率密度计算（计算表）：场所，如新风机房、餐厅、办公室、消防控制室等不同的场所，标准照度（lx）100、200、500 计算照度（lx），计算功率密度（W/m），灯具效率≥60%；电能分项计量，本工程通过在办公配电箱加多功能数字仪表方式，按办公房间分别计量照明用电、插座用电、风机盘管用电、空调机、电开水器等用电，一项一表。将电能消耗等参数送至变配电所值班室的监控主机，集中记录分析。建成后可为用户提供分层分项收费的条件。

智能照明控制系统，大堂、大型会议室、重要办公室、多功能厅等照明要求较高的场所根据要求采用智能控制系统，智能照明控制方式可以有自动开关控制功能、本地面板控制功能、时钟控制功能、中央实时监控功能。传感器功能包括：照度探测、动静探测及红外遥控接收。在自动控制功能中，开关控制器通过接收传感器信号，判断工作区的人员状态和照度情况从而实现：a. 工作区域照度满足设定值时光源不启动；b. 工作区域人来灯亮，人走灯延时熄灭；在本地控制功能中，每个工作区域根据使用需求设置几种工作模式，由本地智能面板控制。在中央监控功能中，开关控制器自带信息接口可输出控制器的工作状态至楼控中心，楼控中心也可以设置时钟控制命令来远程控制各个控制器。采用具体采用哪几种控制功能根据业主方需求确定。多台电梯集中排列时，设置群控功能。电梯无外部召唤，且轿厢内一段时间无预置指令时，电梯自动转为节能方式。电开水器等电热设备，设置时间控制模式。有源滤波技术，本工程在办公楼层配电箱及变电室处设置有源滤波设备，有源滤波设备可根据谐波源产生的谐波情况自动补偿，起到较好的谐波治理效果。

5.4 大型公共建筑建筑设计节能技术

该大型公共建筑建筑设计节能技术主要是在外围护结构和内部空间设计上。首先，在建筑总平面的布置和设计时，考虑建筑节能。另外，围护结构也采取节能的热工设计：建筑每个朝向的窗墙面积比均不大于 0.7；当窗墙面积比小于 0.40 时，玻璃的可见光透射比不小于 0.4；屋顶透明部分的面积不大于屋顶总面积的 20%。当不能满足此要求时，进行围护结构热工性能的权衡判断。围护结构相关参数：建筑物体形系数：$F/V = 0.16$，外墙：30 厚 STP 超薄真空绝热板 $K = 0.28 W^2/mK$；屋面：85 厚酚醛树脂保温层，$K \leqslant 0.27 W^2/mK$；玻璃幕墙，玻璃窗：$5 + 15A + 5 + 15A + 5$Low-E 中空玻璃，遮阳系数 $= 0.44$，$K = 1.3 W^2/mK$；接触室外空气的架空或外挑楼板：30 厚 STP 超薄真空绝热保温板，$K = 0.26 W^2/mK$；非采暖空调房间与采暖空调房间的隔墙：20 厚玻化微珠保温砂浆 $K = 0.80 W^2/mK$；非采暖空调房间与采暖空调房间的隔板或楼板：30 厚岩棉保温板 $K = 1.44 W^2/mK$；采暖、空调地下室外墙：50 厚挤塑聚苯板，$R = 1.44 mK/W^2$。

土建装修一体化设计施工技术，项目室内装修与土建、结构等进行一体化设计，在装修时不破坏和拆除已有建筑构件，避免了材料装修的浪费。室内灵活隔断的使用技术，项目室内办公区域采用大开间设计，可变换功能的室内空间采用灵活隔断的比例达到 80.9%。玻璃幕墙及外窗除注明外，均采用 Low-E 钢化玻璃，框料为断桥铝合金氟碳喷涂。抗风压性能（kPa）6 级；气密性能（$m^3/(m \cdot h)$）6 级；水密性能（Pa）4 级；保温性能（$W/(m^2 \cdot K)$）8 级；外墙材料：粉煤灰陶粒混凝土砌块；外墙保温材料：30 厚 STP 超薄真空绝热板。

5.5 绿色建筑材料

绿色建筑材料指的是采用先进生产技术、减少不可再生资源以及再生周期很长的资源以及能源的适用、大量使用城市建设过程中的固态废弃物生产的无毒、无污染、无放射性、有利于人类健康发展的环保型建筑材料。它具有消磁消声、防水防火、调温除湿、抗静电的性能，并且具有调节人体机能的新型功能建筑材料。在国外，绿色建筑材料早已经广泛应用于建筑施工以及装饰施工中。然而在中绿色建筑材料才刚刚起步，人们大多数只是了解绿色建筑材料的这个定义，对于它的作用以及影响没有得到很大重视以及发展。在中国，目前已经做出的绿色建筑材料相关的成绩包括：纤维强化石膏板、环保地毯、陶瓷、邮寄玻璃、复合地板、防火涂料等。比如说"环保地毯"既有防腐蚀、防虫蛀的功能，又具有燃点高、防止引燃的作用。"复合型地板"采用天然木材，经特殊工艺进行表面特殊处理而制成，具有防虫蛀、防霉、防腐、不变形特点。总之，绿色建筑材料是一种无污染、无污染、符合人类健康居住条件的建筑施工材料。

绿色建筑材料作为新型优质材料具有很多的特点，具体的如下：

（1）材质轻、强度高

绿色建筑材料主要是用间隙大，容量小的原材料制成，这样大大减轻了材料的重量，对于高层建筑的发展有着推动作用。绿色建筑材料虽然追求质量轻，但是强度是很高的，对于提高建筑物的稳定性以及减少体积方面有很大用处。

（2）多功能

绿色建筑材料因为生产技术的成熟，比一般材料具有更加全面性的功能，具有降音减噪、防水防火、调温防潮等功能。

（3）应用新材料

对于原材料的采用，绿色建筑材料有一个很大的创新，绿色建筑材料生产大多采用化工、纺织、陶瓷等可循环使用的原材料以及工业废弃物。

供应商评价体系的早期研究主要是国外的研究，关于供应商评价体系的建立，本文对早期的一些文献进行了总结分析。美国的 Dickson[1]，1966 年指出供应商评价指标应该包含 23 项，并且对所有的指标进行了重要性分析。把质量作为非常重要的指标，相当重要的指标包含：产品交货期、历史绩效、技术能力、报价程序和资源共享，把业务安排作为不太重要的指标，剩下的指标则统统划为重要指标。Weber[2]等人将从 1967－1990 年所有关于供应商评价体系的文献进行了研究，并对文献进行统计分析后，指明价格是评价时供应商时非常重要的一项指标，往后依次是产品交货、质量、企业生产能力、管理和组织等。Wilson[3]1994 年根据相关研究提出了供应商评价指标体系中应该主要考虑的指标，其中包括技术能力、产品价格、企业的财务状况、企业的声誉以及服务。Johnson[4]1995 年运用最优化选择方法，认为影响供应商评价的因素有五个方面是：时间（T），质量（R）、成本（C）和服务（S）。Robert[5]等人，2002 年在研究供应商评价选择指标时，指出除了考虑最基本的指标：产品价格、交货能力和服务等指标之外，还应该考虑到环保指标和资料指标。国内在供应商评价方面的也做了研究，1997 年，华中理工大学管理学院 CIMS-SCM 供应链控制课题组[6]通过一次大范围的统计调查，这一次调查研究也算是国内比较早期的对供应商评价指标的研究，课题组通过调查问卷、实地调研等方式对当地区的市场进行了研究得出：我国现阶段对供应商的选择评价大部分的企业都是把质量放在第一位的，其次是价格，供货提前期和批量柔性等。复旦大学管理学院科学系主任朱道立[7]教授，在 2000 年运用现代科学管理以及物流管理理论，对集成管理软件的供应商做了相关研究，他在研究中指出供应商的选择指标主要涉及了 4 个方面：费用、技术、供应商特征和服务。2002 年，马丽娟[8]根据自己做的研究指明企业在选择自己需求的供应商时应该从技术水平、产品质量、产品价格、服务、供应能力、交货率以及市场影响度等评价指标对供应商进行评价选择。2007 年，焦雨潇[9]以汽车行业与汽车零件的供应商的关系为基础，根据汽车产业的特点提出了一套符合汽车产业的假设指标体系，通过建立相关的指标，并将这些指标分为一级、二级指标，最终研究发现，汽车产业在选择供应商时将企业的信誉放在第一位，其次的是产品质量，而合作交往、供应能力则作为比较重要的指标。2008 年，刘彬，朱庆华，蓝英[10]等人从绿色采购的角度，根据 PSR 模型以及绿色模型建立了一个供应商评价模型，通过相互关系建立模型：压力 P、现状 S、供应企业 R，采用调查问卷的方式进行了数据收集，分析后得出评价供应商时应该注意的几项：企业的管理环境、企业的供应能力以及企业对绿色采购的反应。

Roodhoofl, F. & Konings, J.[11]在 1995 年利用作业成本法（Activity Based Costing 简称 ABC 成本法）的计算方法，计算供应商在产品生产过程中所产生的各项成本，并对结果进行分析，通过计算的方法来得到数据，然后通过定性定量分析，将所得到的数据具体化，这样做大大提高了供应商选择的客观性。但是这样就导致过多的结果产生，许多指标无法明确衡量。Dae-HoByun[12]2000 年运用层次分析法对供应商的评价问题的研究，通过数据分析得到一套供应商评价选择的方法。而在国内也有许多学者对供应商的选择方法进行了研究。具体的研究这里大致的指出一些：王瑛，孙林岩，赵沂蒙三人在 2002 年，以欧式范数作为理论模型，从供应商相对劣值隶属关系的角度出发，运用加权向量的概念将供应商的方案做了偏差分析，最后运用欧式范数的计算方法，最得到的数据进行了分析研究。朱建军，刘士新，王梦光[13]等人在 2003 年，针对企业在选择供应商时采用层次分析法中的存在的缺陷，提出了一种新的改进方法，在原来的基础上对计算方法进行了改进。通过最初判断的矩阵和最佳的判断矩阵之间的取值，得出各个指标之间的差别，对计算结果做出调整，最后运用改进后的新的层次分析法做出最后的评价。2010 年，王茂林，刘秉镰两人研究了前人做过的关于供应商评价选择的研究，发现大部分的研究都是为了某一个企业做的研究，针对面太过于狭隘，不能合理的反映出整个供应链环境下所有的情况，所做的研究缺乏整体性。在这样的条件下，他提出了一套通过改进欧式范数法的方法进行供应商的评价选择。先通过确定需要考虑的主要因素，对所有参加竞标的供应商进行第一步筛选，最终选出几个符合条件的供应商，然后通过计算公式计算出确定的各个指标的传统权重和改进权重，接下来运用赋权公式法求出各个因素的权重然后与目标结果求和得到最终的加权向量，通过排序选出供应商。在近几年对于供应商的评价方法研究越来越全面，2013 年，曾玉玲[14]，通过熵值法对中小企业的供应商进行了详细的研究。2013 年，刘冬梅[15]，陈军通过战略采购的方式，以汽车制造企业作为研究，利用多色集合理论对供应商进行选择，为企业的战略采购体统了理论基础。2013 年，武心潇[16]通过层次分析法对具体的企业进行了针对性的研究。2013 年，马兰花[17]通过作业成本法研究企业在选择供应商时产生的直接成本以及间接成本，按照作业成本动因对成本进行写分析，最终完成对供应商的评价选择。2014 年，马旖旎[18]通过结合FMEA 分析产生的 RPN 值与灰色关联分析法，通过具体事例建立了一套客观、准确的供应商评价方法。钟映竑，张培新[19]在 2014 年针对多产品供应商以及碳排放等情况提出了一套新的评价方法，对供应商的评价分为两步，第一步是通过 FTOPSIS 方法计算供应对于不同产品的价值，第二步通过模糊多目标规划的方法将第一步的计算结果进行分析。2014 年，徐娟，汪小京，刘志学[20]三人提出了在多个供应商环境下选择最优供应商的方法，通过建立二维模型，设计计算方式，最终确定。

影响建筑施工企业选择供应商的因素很多，而建筑施工企业在选择供应商时一般都是通过公开招标的方法来选择建筑材料供应商，通过简单的评选方式，一般只是从价格，优惠方面考虑，最终确定供应商，形成基于建筑施工项目的"风险共担，利益共享"的运作方式。但是随着国内外绿色建筑产业的快速发展，供应商的正确选择对施工企业的影响越来越广、越来越大。因此，建筑施工企业需要对供应商进行全面的分析选择，确保供应商能满足建筑施工过程中的各方面的需求。供应商的选择涉及多种指标，尤其是绿色建筑材料的供应商需要满足更加苛刻的要求，本小节将从系统的角度出分析供应商选择时的评价原则、评价目的、评价指标，为企业提出一套符合绿色建筑材料供应商的评价体系。

材料供应商是建筑施工过程中的重要组成部分，合适的供应商对于企业发展有着很大的推动作用，对材料供应商的合理评价选择对所有企业都是至关重要的。它决定了在建筑项目是否能按照工期按时完成。如果材料供应商的评价不够合理，那么很有可能选择的供应商不能准确的执行合同，那样对于项目的施工造成很大的影响，进而会对企业的社会形象造成负面影响。

企业在进行物品采购或者是为了满足企业将来发展需求而需要发展新的供应商时，必须要对各个供应商进行详细的系统分析，通过建立合理的供应商评价体系，以确保企业在市场竞争中占据有利局面。

之所以建立供应商评价体系，是因为企业想从体系中得到一些好处或是方便。因此在建立评价体系的时候除了满足特定的需求，有几个要满足的基本目的：

（1）确定供应商能否满足企业的发展需要

（2）确定企业认可的供应商赢符合的要求

（3）给企业提供所有选择的供应商的企业现状以及发展状况

（4）对供应商能力有明确的客观性分析

供应商评价体系指标的确定在企业评价供应商时有着举足轻重的地位。为了选出符合企业需求条件的最佳供应商，企业在建立供应商评价体系之前必须要坚持一些基本的原则。而建立的评价指标的数量应适宜，指标过多或过少对于评价供应商都会造成许多不必要的麻烦。因此，建筑施工企业在建立合适自己企业发展的供应商评价体系时应该按照一些基本的原则来制定：

（1）目的性原则。在做任何事情之前都要首先明确这么做是为了什么，这么做会想要得到什么样的结果。绿色建筑材料供应商评价指标体系建立的目的就是为企业提供基本的供应商评价依据，以此来帮助企业再选择供应商时能做出最佳的选择。

（2）系统全面性原则。我们在建立供应商评价指标体系时，应该注意到建立的指标是不是能够满足企业对供应商提出的要求，其中应该包含供应商的财务状况、交货能力、市场竞争力、质量水平等方面，出了上面所提到的主要指标，还应该考虑到其他方面，比如说企业的发展方向与供应商企业的战略发展方向是否相同，包含企业发展前景及方向、供应商产品开发、研发投资等方面的指标。做到全方面的了解之后，企业在选择供应商的时候才会得到最大的优惠。

（3）定量与定性相结合的原则。企业在建立供应商评价体系时，不可能所有的变量都是定量，有的指标可能需要进行数据转化得到，这样就需要定性定量相互转换来的得到了，通过将不明确的指标进行定性定量分析，然后运用相关的计算方法得到结果，最后做出最正确的判断。

（4）科学性原则。企业在建立供应商评价指标的时候，要注意指标的大小是否合适，不应该太大，也不应该太小，评价时也要遵循基本的科学性原则。如果指标体系过大、指标过多，在评价供应商时领导者在评价供应商过程中可能会过多的注重小的问题的，而对整体性缺乏了把握，从而影响对供应商评价的把控。反之指标体系过小、指标过少，则不能正确的反映供应商的整体水平，可能会遗漏一些小的关键性问题，以致出现损失，而且也无法明确选择的供应商是否能满足企业发展的全部需求。

（5）客观可比性原则。企业在建立评价指标时不能只是单独的建立指标，要跟其他的指标有对比，这样建立的评价指标体系才能够准确的评价出供应商的实际情况。因此在设计评价体系指标时必须先进行数据收集，分析相关的数据，以此来减少评价时的主观性。

（6）可操作性的原则。企业在建立供应商评价指标体系时，应该应该考虑到指标的可操作性，不能过于死板，无法变通，应该做到指标灵活使用，这样做企业在发展过程中就可以根据自身发展的实际需求，对供应商的选择做出相应的调整，更好的满足企业的需求。

在建立绿色建筑材料供应商评价模型之前，必须要先确定一些评价指标作为研究的参照，供应商在评价选择时的指标有很多，主要集中在质量、价格、服务等方面，另外还要考虑到供应商的市场影响率和产品开发过程中的情况。因此在选择评价指标时必须要结合企业的具体情况进行分析选择。本小节构建的指标体系，在传统意义上的供应商评价指标提的基础上，引入绿色建筑材料相关的评价指标，并且对所制定的指标从定性和定量两个方面进行了相互转化分析，把定量的指标可以按照具体的公式进行计算；对于定性的指标，通过评分转换，做了相应的定量化分析。

想要做好供应商评价工作，首要的工作是确保所依据的评价指标要全面、具体、合理、科学。参考已有的研究成果，经过合理的调查，最后本文决定从五个方面建立供应商评价指标，具体的大指标包括：企业能力、供货能力、技术水平、产品成本以及质量水平。将这五个指标作为一指标，在五个一级指标下面建立相应的二级指标，本文建立了14个二级指标，制成如图5.1所示的评价体系表格。

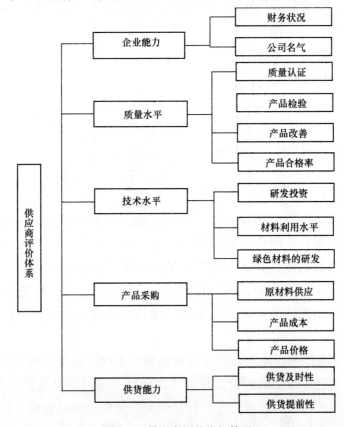

图5.1 供应商评价指标体系

主要评价指标分析

（1）企业能力

一个企业的整体能力如何主要是通过对企业的整理实力调查之后得到的，而主要的检验方式表现在企业在人们心中的认可度和支持程度。在当今的社会，企业的产品想要占据大的市场份额的话，那么企业综合能力就必须要过硬，这样才能使自己的产品有足够的知名度。因此对企业能力的评估也是衡量供应商的一个重要指标。企业的财务状况、公司名气和公司规模都是影响企业综合能力的重要因素。

（2）质量水平

对于供应商提供的产品，质量是非常重要的检查指标，产品质量对于产品的价格起着至关重要的作用。供应商产品质量达到要求，才能够满足企业的发展需求，才能实现成功竞标。那么在这种情况先，就需要材料供应商自身做好产品的质量监控，但是良好的质量监控能力需要非常严格复杂的企业管理文化才能严格执行的。本研究把质量水平这个指标分了四个指标：质量认证、产品检验、产品合格率和产品改善。

（3）技术水平

供应商能否提供合格的产品和有效地售后服务与供应商自身的技术能力息息相关。一个优良的供应商单位，必须要有一只优秀的研发队伍，优秀的研发队伍可以为供应商在产品的升级改良中提供大量的技术支持。企业在选择供应商时，应该首先对供应商的技术能力做一个基本的评估，以此来判断是否能满足企业需求，在确定了基本的技术能力后，还需要研究供应商企业的研发能力以及创新能力。在下文中做的关于供应商的技术水平方面的主要研究指标包括主研发投资、材料利用水平、绿色建筑材研发三个指标。

（4）产品采购

产品采购对供应商有着很大的作用，它对供应商的成本以及利润有着很大的影响。原材料的供应地选择、产品的成本、产品的资源消耗以及产品的价格都会对供应商和企业造成影响。企业的利润有一大部分取决于企业的生产成本，而企业的成本又很大的取决于供应商提供的价格，因此供应商的产品价格影响着企业的销售利润率，是整个生产过程中企业实现低成本，高利润的重要因素。本研究根据灵活可拓展性严责，在选择供应商时将产品采购分成原材料供应、产品成本、产品价格三个指标。

（5）供货水平

供应商的交货能力影响着企业的项目进度。企业在选择供应商的时候通常会涉及到供应商的仓库存货量、运输能力等方面。本研究在这里不涉及过多的指标，只是选择了两个比较重要的两个指标进行供货水平的研究，两个指标指的是供应商的供货及时性和供货提前性两个指标。

本研究对各个供应商评价指标进行了分项研究，运用定性与定量方法对各个指标进行赋值，然后通过计算公式或是评分的方法确定各个指标的权重。在下文的研究中对于给出的定量指标根据相关的理论，给出了明确的计算公式，定性的指标也可以通过相关人员共同确定指标，将定性指标进行量化。各项指标的评价指标说明见表5.1所示。

供应商各评价指标说明 表 5.1

一级指标	二级指标	评价说明	指标类型
企业能力	财务状况	企业在盈利能力、偿还能力以及资金的周转能力等的表现	定性
	公司名气	人们对企业的认可度以及支持的程度	定性
质量水平	质量认证	企业获得过的质量认证证书，以及在绿色建筑材料方面的认证水平	定量
	产品检验	反映企业的产品在绿色建筑材料的方面应用水平	定量
	产品改善	反映企业对于绿色建材的改进以及最终的成效	定性
	产品合格率	反映企业的产品的最终成果	定量
技术水平	研发投资	反映企业在研发上投入的资金情况，研发资金与销售收入的比例	定量
	材料利用水平	反映企业在生产过程中对于材料的回收率、利废率等方面的水平	定性
	绿色材料的研发	反映企业在绿色建材方面的研发，包括研究的水平及业绩	定性
产品采购	原材料供应	反映企业在原材料采购时实际情况，包括原材料的供应地，节省采购成本	定性
	产品成本	反映企业在生产中原材料的适用成本，包含消耗的燃料成本以及资源成本	定量
	产品价格	产品的价格与其他企业产品的价格比较	定量
供货水平	供货及时性	企业交付次数与总次数的比率	定量
	供货提前性	企业期望的供货提前期与供应商供货提前期的比率	定量

1. 企业能力指标量化分析

（1）财务状况。企业的财务状况是反映企业的盈利能力、偿还能力以及资金的周转能力的重要指标，在考虑企业的财务能力的时候，无法直接通过公式的直接计算得到，需要先对供应商进行了相关的调查，然后再根据调查数据进行评分研究。本研究建立的评价供应商企业的财务状况的等级表格如表5.2所示：

供应商的财务状况评价表　　　　　　　　　表 5.2

等 级	评价数值	说　　明
优	0.9	企业盈利水平很高，偿还能力很强，资金周转速度很快
良	0.7	企业盈利水平比较高，偿还能力较强，资金周转速度较快
中	0.5	企业盈利水平一般，偿还能力一般，资金周转速度一般
差	0.3	企业盈利水平很低，不具备偿还能力，资金周转速度缓慢

（2）公司名气。公司的名气需要的是通过社会和人们对企业的认可度来进行的评价的，无法通过公式直接得到，因此对公司名气的评价需要通过侧面的方向进行评价，本研究对公司名气的评价指标等级表格如表 5.3 所示：

供应商公司名气评价表　　　　　　　　　表 5.3

等 级	评价数值	说　　明
优	0.9	具有很高的企业信誉度，人们对供应商有很好的认可度
良	0.7	具有较高的企业信誉度，人们对供应商有较好的认可度
中	0.5	具有一般的企业信誉度，人们对供应商的认可度一般
差	0.3	具有差的的企业信誉度，人们对供应商基本不认可

2. 质量水平指标量化分析

（1）质量认证。质量的认证主要是企业获得过的质量认证证书，这个指标可以根据计算方式直接计算得到，通过计算得到的结果与公认的指标要求对比之后就可以得知供应商是否能够满足企业对绿色建筑材料的要求，如果的得到的结果满足要求，则可以认为供应商对于质量的监控情况很强；反之则可以直接过滤掉，不予以考虑。

对于供应商的质量认证的研究公式，本研究是根据可供选择的供应商它们获得的质量认证的证书的数量 S_i 与市场的整体情况的比值，然后将比值跟相应的市场标准作比较得出结果。具体的计算公式为：

$$R = S_i / S \times 100\%$$

（2）产品检验。产品的检测是企业在选择供应商时主要考虑的指标之一，供应商生产的产品是否满足绿色建筑材料的标准需要通过检测来确定，因此这个指标需要企业进行严格的把关，不能有一丝的马虎。本研究建立的对供应商的产品检测的评价表格如表 5.4 所示：

供应商产品检验评价表　　　　　　　　　表 5.4

等 级	评价数值	说　　明
优	0.9	质量监控严格，绿色建筑材料生产过程中严格把控要求和质量
良	0.7	质量监控较严格，绿色建筑材料生产合理，质量达标
中	0.5	质量监控力度一般，绿色建筑材料基本达到标准
差	0.3	质量监控力度较差，无法满足绿色建筑材生产标准

（3）产品改善

企业通过对供应商的产品改善力度以及方向的研究，可以看出供应商在以后的一段发展期间是否能够企业的发展的需求，并且也能够看出能否契合企业的发展方向，做到共同进步，共同盈利。在供应商的产品改善方面，本研究建立的具体评价表格如表5.5所示：

供应商产品改善评价等级表　　　　　　表 5.5

等级	评价数值	说　明
优	0.9	具有 ISO 质量认证证书、完善的质量管理的规则，责任明确，在未来五年具有详细的产品改善计划和跟进方案
良	0.7	具有完善的质量管理细则，大部分员工能够认真执行，责任明确，未来三年具有明确的产品改进计划
中	0.5	具有明确的质量管理细则，但是没有相关的产品改进计划
差	0.3	质量管理不明确，缺乏相关管理意识，没有相关的责任文件，没有改进计划

（4）产品合格率

产品的合格率是一个比较好得到的数据，企业可以对某一批产品进行检测得出相应数据或者是通过供应商之前的或企业得到数据，其计算公式如下：

$$R = n/N \times 100\%$$

合格产品数量为 n，提供产品的总量为 N，产品合格率为 R。

技术水平指标量化分析

（1）研发投资

供应商的研发能力可以表现出供应商的创新能力，供应商在研发方面投资越多的资金表明供应商对于新材料的开发具有更大的决心，供应商在研发方面提供的资源越多，对于供应商的市场竞争力会有着很大的提升。而供应商的研发也不能无限制的投资，应该根据自身的企业发展水平，来确定最终的投资金额。具体的计算方式如下：

$$S = i/I \times 100\%$$

I 表示企业的盈利金额，i 表示供应商的研发投资金额，S 表示供应商的研发投资水平

（2）材料利用水平

供应商在绿色建筑材料生产过程中，对于材料的合理的利用，对于减少供应商生产过程中的成本以及循环使用有推动作用。材料的利用的水平高，不仅可以减少原材料的输入，减低原材料对环境的污染，还可以减少库提废物的排放，提高绿色建筑材料制品的环境效益。

材料的有效利用包含基本的两种情况，回收率以及利废率。回收率＝固体排放量/回收量；利废率＝废弃物利用量/材料总量

（3）绿色建材的研发

本研究基于特殊的研究方向，企业主要的评价指标是对供应商在绿色建筑材料方面的研发的评价。供应商的绿色建筑材料的研发水平越高表明在未来的发展中供应商越能满足企业对绿色建筑的发展要求；反之，如果供应商的绿色建筑材料研发水平不能满足，企业在选择长期发展的供应商时应该不将其考虑在内。其中计算供应商在绿色建筑材料的研发发面的公式为：

$$R = s/S \times 100\%$$

其中 s 表示研发的绿色建筑材料带来的利润，S 表示供应商的总利润，R 表示供应商绿色建筑材料的研发水平

3. 产品采购指标量化分析

（1）产品成本

产品的成本包含多个方面，为了降低绿色建筑材料的生产费用，供应商应该在观念上有一个转变，制定符合绿色建筑材料应用的计划以及节省自己生产的成本措施，成本中应该包含供应商的生产成本、采购成本。供应商有一套合理的成本计划对于供应商与企业之间的长期合作机制有着至关重要的影响。具体的对供应商产品成本的评价表格如表 5.6 所示：

供应商产品成本评价表　　　　　　　　　　　　　　　　表 5.6

等级	评价数值	说　　明
优	0.9	制定 3 年以上的成本减低措施，具有详细的跟进计划，并且在利用废弃物，产品回收率水平很高
良	0.7	制定 1 年以上的成本减低措施，有较详细的跟进计划，在利用废弃物，产品回收率水平高
中	0.5	具有可行的成本减低措施，没有详细的跟进措施，废弃物利用，产品回收率一般
差	0.3	没有任何减低成本的措施，无法有效利用废弃物，产品无法回收利用

（2）原材料供应

一般情况下，供应商生产产品时使用的原材料大多数是不可再生资源，主要是矿产资源等。绿色建筑的理念强调可持续发展，因此在评价供应商时应该包含供应商如何减少在生产过程不可再生资源和可再生周期长的资源消耗，以及对本地材料的使用情况，这是一个定性指标，具体评价如表 5.7 所示：

供应商原材料供应评级等级表　　　　　　　　　　　　表 5.7

等级	评价数值	说　　明
优	0.9	具有具体的降低资源消耗的方案，并且原材料本地化率很高
良	0.7	有较详细的降低资源消耗的方案，并且原材料本地化率高
中	0.5	有简单的降低资源消耗的方案，并且原材料本地化率一般
差	0.3	没有相关的降低资源消耗的方案，并且原材料本地化率低

（3）产品价格

产品的价格对于供应双方的利益有着很大关系，供应商的产品报价对企业选择供应商时有着较大的影响。绿色建筑材料的研发过程有着特殊的工艺，因此不能单独根据供应商的产品进行价格定义，需要通过对比的方法研究。本研究通过对可供选择的供应商与市场之间的价格进行比值分析，最终确定供应商的产品价格指标。相关的计算公式如下所示：

$$R＝p/P×100\%$$

其中 p 表示供应商的产品价格，P 表示相同产品的市场价格，R 表示供应商的价格比例。

4. 供货水平指标量化分析

（1）供货提前期

该指标主要反映供应商在供货时，在一定时间段内，企业期望的供货提前期与供应商实际提供货物提前期的比率。如果比值越大，则反映材料供应商对需求企业的采购需求的反映能力越强，进而供应商的供货系统对企业需求的满足能力越强；反之，说明供应商的反应能力越弱。具体计算公式如下：

$$R＝\Sigma（企业预计的供应商的供货提前期/供应商实际供货提前期）/单位时间内的订单×100\%$$

（2）供货及时性

供货及时性指的是在一定时间内供应商按时供货的次数占总的交货次数的百分比。该指标是从供应商能否及时的供货的角度对供应商进行评价。供应商的供货及时性越强，则说明供应商的生产能力越强库存量愈充足。供应商供货及时性通过供应商接到企业订单后，在一定时间内按时供货的次数与总供货次数的比值，具体的计算公司如下：

$$R＝按时交货次数/企业发出的总供货次数×100\%$$

绿色建筑材料供应商在建立评级指标体系时与普通的材料供应商之间在基本的指标是一致的，包含企业能力、供货能力。而对于供应商的质量水平、技术水平、产品采购三个大指标中两者会有一定的不用。

在质量水平指标的评价过程中，绿色建筑材料供应商在产品的检测以及改进方面，更加注重的是对材料绿色标准方面的数据收集以及评价。

在技术水平指标的评价过程中，更加注重的是绿色建筑材料供应商在绿色建筑材料的研发投资以及水平，以及在材料利用方面注重供应商对废弃物的利用率以及材料利废率方面的评价。

在产品采购方面，注重的是绿色建筑材料供应商在原材料采购方面对本地资源的利用率以及产品成本中对资源的消耗的评价。

本研究对五个的指标的评价中，对其中的三个主要指标进行了特定的评价指标评定要求，可以更加符合企业对绿色建筑材料供应商的评价。AHP（Analytic Hierarchy Process）又称作层次分析法，是美国运筹学家萨蒂教授于 20 世纪 80 年代提出的一种多方案或目标的综合性决策方法，因此层次分析法运用的领域非常广泛。它的具体分析步骤：第一步研究所要分析的问题，确定问题中各个主体之间的关系，明确问题中所有的影响因素；第二步将所有的因素根据隶属关系的不同进行分组，确定主要指标层以及主要指标层下属的指标层中的各个因素，最终形成一个多层次的模型；第三步对各个层次中的因素进行赋值，然后计算各个因素的权重，最终确定最优选择。因为有赋值等过程，这样通过人的主观性可以对一些不明确的指标进行分析，这样做非常适应于计量难以准确量化的决策问题。

AHP 法的评价标准一般采用 1-9 标度法。将两个指标进行重要性比较，通过比较后确定两者的重要性情况，将比较的结果按照：同样重要、相对重要、比较重要、非常重要、绝对重要五个指标，具体的形式如表 5.8 所示：

AHP 法评价标准表 表 5.8

评价标准	定义	说　明
1	同样重要	两个比较方案具有同样的重要性
3	相对重要	两者之间相对注重某一个方案
5	比较重要	两者之间比较注重某一个方案
7	非常重要	两者之间非常注重某一个方案
9	绝对重要	两者之间绝对注重某一个方案
2，4，6，8	介于相邻标准之间	在上面的标准之间的选择

当使用层次分析法决策分析复杂的问题，主要的计算分为以下三个步骤：第一步：分解层次结构。在建立层次模型的时候，应该遵循从上到下的顺序，根据企业内部的从属关系，将需要解决的问题分解成各个层次类型并且这些层次应该是可以决策的。通常的情况下，第一层会是需要解决的问题，这一层为目标层。然后表现这一层目标的第二层，则为准则层。接下来将每个标准划分成多个子标准，按照这个方法继续往下分，分解到最下层，最终形成层次模型。

第二步：在分配权重之间的所有级别的各种元素，这是层次分析法的重点计算过程，特别的是它还可以分成三个步骤：

（1）重要性对比矩阵。对于第二层或是下一级，同样的相关指数，代表这些因素的标准层上的相对重要性的不同元素分离进行评价。通常很难得出重要性的一个直接比例，它是一种间接的比较。首先，这些不同的因素批次两两比较的重要性，根据上一小节所描述的评价标准，比较每个由专家评分的两个元素的对比重要性，给定的比率的相对重要性，然后取平均值得来。

（2）权重计算。在建立了对比矩阵之后，由相关矩阵计算的正交变换建立成的对比判断矩阵的重要性，可以得到相关的特征向量，并且可以对应于相对重要的一种元素的每个原件上而获得，即给每个元素的权重值。变换计算来确定特定矩阵，一般通过根方法。

（3）一致性分析。对于已经得到的各因素的权重值，需要进行一致性分析，已确认在整个评价过程中所得到的分析结果符合一定的理性要求，即使对最终判断矩阵初步判断其影响是否可信，一致性测试计算相关指标如下：

一致性指标：C. I（Consistency Index）的计算公式为：

$$C. I = (\lambda(max) - n)/(n-1)$$

其中 $\lambda(max)$ 表示两两重要性比较判断矩阵的最大特征值，n 表示该层所有的因素个数 随机性指标：R. I(Random Index)

1-9 标准法有自己一套独特的评价分析标准，运用的比较多得随机性指标是萨蒂提出的 R. I 指标值，如表 5.9 所示，对于 n 的 1 到 9 的取值有：

1-9 标度法指标 表 5.9

N	1	2	3	4	5	6	7	8	9
R	0	0	0.58	0.90	1.12	1.24	1.32	1.41	1.45
使用条件	只适用于 1-9 标准法								

一致性比率 C. R（Consistency Ratio）的计算公式为：

$$C. R = C. I/R. I$$

通过一致性比率计算，若有 C. R ＜ 0.10，则是表示当给两两比较判断矩阵。统计各元素和重要性上的元素，以确定可接受的范围内正确之间的偏差决策者的重要性，也就是说，你可以信任的权重分配的计算结果，称为是一致的。相反，若 C. R ＞ 0.10，则表示不存在一致性，无法接受的权重分配，我们必须重新建立两两比较的判断矩阵进行计算。

第三步：计算最终指标权重

在分解的元素的相同属性之间进行权重计算，并通过一致性检验，然后再最后的元素计算权值。正确的元素是较低的重要元素的权重值，将底层的权重值一次往上取到第二层，这样得到的最终的具体方案是依据最下面的重要指标的权重值。

5.6 层次分析法在供应商评价体系中应用的可行性

（1）供应商评价过程是一个多层次的评价过程，层次之间存在着上下层、隶属关系，虽然隶属关系很明确，但是在评价时候显然不能只是通过简单的上下评价来最终确定，为了避免在各个层次之间评价时出现互相影响，就要求做出全面的分析，层次分析法就是通过对两两之间的对比评价，最终确定结果，这样就避免了同层次之间、上下层之间的影响。

（2）供应商评价过程是一个动态多变的系统，在对供应商进行的选择时每个企业的要求是不一样的，在这样一个多变的体系中，如果想要更好的评价供应商，就需要企业对各个变量进行定性分析，层次分析法中对定性定量的结合有着很大的评价优势。

5.7 层次分析法在绿色建筑材料供应商评价选择中的应用

5.7.1 企业选择供应商的步骤

根据企业不同的需求，企业对供应商的评价步骤也是不同的，结合绿色建筑材料供应商的特殊材料需求，本研究采取以下的方式进行材料供应商的选择：

（1）分析市场环境和企业需求

企业的需求是供应商发展的基础。企业在项目开发过程中，必须首先对市场环境进行合理分析，明确什么样的产品是满足当前社会环境形势，进而确定企业的需求侧重点，根据需求来确定需要什么样的供应商，只有确定了企业的发展方向和需求，才能进一步对供应商进行研究。

（2）确定供应商的选择目标以及评价指标体系

绿色建筑材料的选择比一般材料的选择需要更加严格的评价指标，不仅需要考虑供应商基本的能力，还需要考虑绿色建筑材料的特点，对供应商产品的质量以及技术水平要进行详细，细致的研究，本研究根据绿色建筑材料的特点对评价指标体系进行了进一步的完善。

（3）供应商的评价过程

企业在选择供应商之前必须要选择严格的方式对供应商进行评价，本研究根据建立的评价体系，分五步对供应商进行选择。

第一步，企业首先应成立一个评价小组，不能仅仅是领导或是采购部门的人员根据个人的判断来决定供应商的好坏。评级小组的成员对于评价指标的判定有着很大影响，因此需要对小组成员进行合理有效地选择。首先，选择的小组成员要全面，最起码要涉及基本的部门成员，可以从项目上的物资部，生产部，质检部，技术部选择几个成员，然后再在负责采购的中选择几个，这样做可以让结合不同部门成员之间的特长，根据具体的部门在材料需求方面的要求，进行客观评价。

第二步，企业应该建立一个健全的供应商信息的数据库，将之前以及当前能够合作的供应商做系统的数据分析。在企业需要采购材料时候，根据企业的对绿色建筑材料的使用要求，从数据库中选择在这方面擅长的供应商，进行备份，以供需要时进行选择。

第三步，已经明确了要选择的供应商的基本要求，企业就要根据自身对绿色建筑材料的需求情况，建立合适的供应商评价体系，本研究对这方面研究主要涉及了 14 个基本评价指标，并通过相应的标准，对这些指标进行了分析。企业在选择供应商时，小组成员可以依照这个指标进行评价。

第四步，明确评价指标需要的数据以及方法，企业就需要收集评价体系中涉及的供应商信息，这个信息的收集是复杂的，需要严谨的工作态度来实行。信息收集完成之后，还需要小组成员对收集信息进行分析。首先，根据收集的信息直接淘汰掉劣势耳朵供应商，对于符合标准的供应商进行进一步的调查，包括供应商内部信息，市场情况等。

第五步，在所有信息收集完毕后，通过本研究所提出的 AHP 方法对供应商进行评价，最终确定最佳供应商。

（4）确定合作关系

企业通过合理的方法，确定最终的供应商，签订相关的合作合同。合同中不仅要涉及供应商对绿色建筑材料的供应，也应该包含合作后期的服务，风险等方面。

5.7.2　AHP 法对绿色建筑材料料供应商的评价过程

（1）建立供应评价体系层次模型

建立层次模型是 AHP 法最主要的部分，是所有评价的基础。根据上研究中所建立的评价体系，将评价体系分成了两个层次：准则层 M 和措施层 N，并且对这两个层次中的各项指标进行了排序，由此可以得出企业对绿色建筑材料供应商通过 AHP 法建立的层次模型，见图 5.2 所示：

（2）确定指标评价权重

1）标准选择

本选择 1-9 标度法对供应商的相关定性指标进行评分分析，之所以选择 1-9 标度法，是因为 1-9 标度法能很明确的反映出人们对事物的判断性。1-9 标度法中，主要是对不同事物的相同属性进行判断，而科学表明，在一般情况下，人们的主观意识中，对于不同事物在相同属性上都能做出明确的差异性判断。1-9 标度法不仅能正确反映人们的判断力，经过大量的实践证明 1-9 对不同事物在相同属性方面的差异性判断能够做出明确的划分。

2）构建判断图表

选择好了评价标度，下一步就该建立相关的判断分析方法，在 AHP 方法中，标准层与措施层之间有着明确的联系，措施层是标准层的具体体现，是由标准层分化出来的，两者之间可以看做是上下级关系。比如说，在标准层的评价指标"质量水平 M1"，对应的在措施层还分成了质量认证 N1、产品检测 N2、产品改善 N3、产品合格率 N4 这 4 个指标，我们可以对这 4 个指标进行相应的分析。但是如果直接对着 4 个指标进行分析而得出相应的关系，这是不科学的。因为，如果单独对其中一个指标进行量化分析，这样就成了小组成员通过直接判断来确定了相应的指标，很明显是不合理

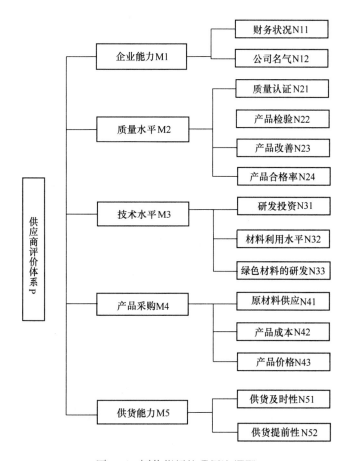

图 5.2 评价指标体系层次模型

的。因此，我们需要更加合理的方法来判断各个指标，这里采用的是两两比较的方式，通过多次比较、实验，最终确定相应的权重值。

对于标准层和措施层中的各个指标，都可以通过判断得出每两个指标之间的对比判断图表。在进行各指标重要性比较时，应该注意基本的逻辑规律，以标准层来说，在两两比较时，质量水平比企业能力重要，企业能力比技术水平重要，从逻辑上讲，质量水平就应该比技术水平重要，如果在质量水平与技术水平比较时出现，技术水平比质量水平重要，那样就出现了逻辑性的错误。为了避免出现这种逻辑性的错误，需要在分析图表时，对图表的结果进行一致性检验，检验方法在上文已经提到。

（3）计算各指标的权重

本研究运用的 AHP 法评价体系模型，涉及多个指标，因为没有具体的公司进行相应的研究。本研究通过拟定的数据对制定的指标进行赋值，主要是通过赋值的方法使模型结构更好的理解。

本研究采用 1-9 标度法，建立了各个指标的判断图表，企业评价体系 P 与标准层之间的图表见表 5.10 所示：

标准层对评价体系的重要情况   表 5.10

P	M1	M2	M3	M4	M5
M1	1	3	5	3	1
M2	1/3	1	5	3	5
M3	1/5	1/5	1	5	5
M4	1/3	1/3	1/5	1	1
M5	1	1/3	1/3	1	1

对表 5.10 内的数据按照图表内的数据除以数据所在列的所有值的总和，例如对于第一列 M1＝1/(1＋1/3＋1/5＋1/3＋1)＝0.33，以此方法将所有的列都求出新的值，将得到的结果填到图表中对应位置，这样就会得到一个新的图表，如表 5.11 所示：

整理后的矩阵图表   表 5.11

P	M1	M2	M3	M4	M5
M1	0.33	0.63	0.44	0.23	0.08
M2	0.11	0.21	0.44	0.23	0.39
M3	0.07	0.04	0.09	0.39	0.39
M4	0.11	0.07	0.04	0.08	0.08
M5	0.03	0.04	0.04	0.08	0.08

然后将上面图表里的数据相加，例如 M1＝0.33＋0.63＋0.44＋0.23＋0.08＝1.71，将所有的数据进行同等处理以后，再以每一行的结果除以所有数据总和就可以得出标准层的各个指标的权重。

计算出各个指标的特征值和特征向量，就可以算出 λ 的最大值，知道 λ 的最大值之后，就可以进行一致性指标的检验了。具体的计算公式如下所示：

$$\lambda \text{ 最大值} = 1/5 * \Sigma (GW)_i / (W)_i$$

根据上面给出的数据可以得到 λ 的最大值为 5.30，根据一致性指标公式 $C.I = (\lambda - 5)/(5-1)$ 可以得出 C.I 的取值为 0.075。而对于图表中的随机性指标，则可以通过 1-9 标准法中给出的平均值得到：R.I＝0.90

已知 C.I，R.I 后就可以得到一致性比率 $CR = C.I/R.I = 0.075/0.9 = 0.083 < 0.1$，从结果中可以看出所求的解满足一致性指标要求，结果可以了作为评价供应商的指标依据，结果如表 5.12 所示：

标准层对评价体系的权重分析表   表 5.12

P	M1	M2	M3	M4	M5	权重	CR
M1	1	3	5	3	1	0.32	
M2	1/3	1	5	3	5	0.25	
M3	1/5	1/5	1	5	5	0.13	0.083<0.1
M4	1/3	1/3	1/5	1	1	0.06	
M5	1	1/3	1/3	1	1	0.24	

在求一致性比率的时候要注意结果的大小比对，如果得到的结果小于 0.1 则表示求得的指标权重是符合要求的，可以用作评指标评价依据；反之，如果求得的值大于 0.1，那么就需要重新考虑在建立图标时对数据的分析是否合理，需要重新进行评分。

本研究在这里只是详细的分析了评价体系 P 与标准层 M 之间的权重，对于标准层与措施层的分析就不作出详细的计算步骤，方法跟上文列出的方法是一样。在求中了所有层次模型中的数据之后将所得到的数据进行相加，最后计算得到的权重值越大，则表明，供应商越有优势。

5.8　实例分析

本研究在实例分析中的案例，只能通过拟定数据的方式进行分析，通过拟定 QJ 企业在绿色建筑施工中对绿色建筑材料的供应商进行选择，在实例中将对选择的整个流程通过上文中的供应商评价体系进行详细的评价选择。

企业选择供应商的背景

QJ 企业在建筑施工中需要选择一家绿色建筑材料供应商，经过企业内部的决定，在物资部，生产部，质检部，技术部以及企业领导中个选择一名成员组成评价小组，评价的依据是上文所提到的供应商评价体系以及 AHP 法。在进行了第一步筛选之后，将不符合条件的供应商剔除，最终确定了 4 家符合条件的供应商：A，B，C，D。接下来工作就是按照建立的模型对供应商进行相应的评价。评价过程如下所示：

（1）评价小组首先要做的是对供应商的各个指标进行评分，小组成员通过收集的资料，了解企业的基本情况，在根据供应商在评价体系中的各项指标要求作出评分，最后汇总。

（2）对最后的小组评分进行汇总整理。然后根据上文中提到的评价权重，对供应商的具体情况进行重要性评分。因为个人的专业水平和工作经验的不同，做出的权重赋值也会有明显的茶具，因此采用平均处理，最终的得出 4 家供应商在各项指标中的评分。在得到评分后，再在这个数据的基础上让评价小组再做出评价选择，这样做会让小组成员对基本的评价情况有了简单的了解，对于再一次作评价时会有更全面的评价。

（3）确定最终的评价指标评分。再根据 AHP 法中计算方法，对各个指标进行权重计算，最终得到 4 家供应商的评分结果，如表 5.13 所示。

绿色建筑材料供应商各指标权重汇总表　　　　　　　　　　表 5.13

标准层 M	措施层 N	权重	A 供应商	B 供应商	C 供应商	D 供应商
企业能力 M1	财务状况	0.09	0.23	0.19	0.28	0.12
0.32	公司名气	0.11	0.16	0.11	0.12	0.13

标准层 M	措施层 N	权重	A 供应商	B 供应商	C 供应商	D 供应商
质量水平 M2 0.25	质量认证	0.13	0.23	0.06	0.22	0.07
	产品检测	0.03	0.08	0.13	0.03	0.13
	产品改善	0.04	0.15	0.09	0.22	0.23
	产品合格率	0.12	0.08	0.21	0.17	0.06
技术水平 M3 0.13	研发投资	0.06	0.11	0.25	0.09	0.12
	材料利用水平	0.02	0.13	0.08	0.06	0.16
	绿色材料的研发	0.20	0.23	0.13	0.22	0.22
产品采购 M4 0.06	原材料供应	0.15	0.31	0.22	0.15	0.21
	产品成本	0.08	0.28	0.02	0.07	0.04
	产品价格	0.11	0.33	0.08	0.30	0.16
供货水平 M5 0.24	供货及时性	0.04	0.04	0.11	0.22	0.18
	供货提前期	0.03	0.21	0.19	0.13	0.12
计算结果			0.25	0.23	0.29	0.35
最终选择			D＞C＞A＞B			

在结合之前的研究成果，在总结了国内外关于供应商评价选择的研究基础上，将绿色建筑理念加入供应商评价选择中，建立了一套适合绿色建筑材料供应商的评价体系，并且对建立的体系进行了相应的赋值说明，以及权重计算过程，最后以绿色建筑材料供应商评价选择为研究对象做了进一步的延伸和研究。预拌混凝土和预拌砂浆的使用，因为已经商品化，有利于节约能源，降低碳排放量，项目施工过程中全部使用预拌混凝土和预拌砂浆，降低对环境的污染，青岛地区属于强制使用预拌砂浆地区。现浇混凝土全部采用预拌混凝土。结合当地情况就地取材，适量添加混凝土添加剂配比混凝土。屋面保温采用 85mm 厚酚醛树脂保温层，传热系数：0.27W/(m^2·K)，外墙保温采用 30mm 厚 STP 超薄真空绝热板，传热系数：0.28W/(m^2·K)，幕墙设计选用：5＋15A＋5＋15A＋5Low-E 中空玻璃，传热系数：1.3W/(m^2·K)。

5.9 大型公共建筑建筑智能化

该大型公共建筑建筑智能化系统遵循技术先进、方便实用、安全可靠、具有开放性和互联性、可扩展。智能化系统主要包括信息设施系统（ITSI）、建筑设备管理系统（BMS）、安全技术防范系统（PSS），智能卡应用系统，并确定了上述系统中所包含的子系统。要求建筑智能化系统系统的优势，实现项目安全可靠、高效、高质量运行。建筑设备、系统的高效运营、维护、保养，项目设备、管道的设置便于维修、改造和更换：管井否设置在公共部位的核心筒内，具有公共使用功能能源站、给排水泵、消防等设置的位置为地下设备机房。

建筑设备管理系统的功能：BA 系统能监测设备配电控制箱的手/自动状态监视、

启停控制、运行状态、故障报警，温湿度检测、控制及相关的各种逻辑控制关系等功能。并有历史纪录、统计、图形打印等功能。满足对管理公司的管理需要，实现数据共享，以生成节能及优化管理所需的各种相关信息分析和统计报表。具有良好的人机交互界面及采用中文界面。共享所需的公共安全等相关系统的数据信息等资源。消防专用设备：消火栓泵、喷洒泵、消防稳压泵、加压风机等不进入建筑设备监控系统。系统功能要求：

（1）新风机组应具有下列功能：送风机启、停控制、状态显示、和故障报警和手/自动转换开关状态以及风机压差检测信号；室内 CO_2 监测；送风温湿度测量；过滤器淤塞报警和低温报警；根据送风温度调节冷水阀、热水阀开度；带加湿功能的新风机组进行加湿控制；新风阀门控制；风机、风门、调节阀之间的联锁控制。

（2）单风机空调机组应具有下列功能：送风机启、停控制、状态显示、和故障报警和手/自动转换开关状态以及风机压差检测信号；室内 CO_2 监测；送风温、湿度测量；过滤器淤塞报警和低温报警；根据送风温度调节冷水阀、热水阀开度；带加湿功能的空调机组进行加湿控制；回风温、湿度测量；新风、回风阀门调节；风机、风门、调节阀之间的联锁控制。

（3）双风机空调机组应具有下列功能：送/回风机启、停控制、状态显示、和故障报警和手/自动转换开关状态以及风机压差检测信号；室内 CO_2 监测；送风温湿度测量；过滤器淤塞报警和低温报警；根据送风温度调节冷水阀、热水阀开度；带加湿功能的空调机组进行加湿控制；回风温、湿度测量；新风、回风、排风阀门调节；风机、风门、调节阀之间的联锁控制。

（4）送/排风系统应具有下列功能：控制送/排风机的启停；监视送/排风机的运行状态；监视送/排风机的故障报警；监测送排风机的手/自动转换开关状态；地下车库 CO 监测。

智能照明控制系统的监控自成系统，信号上传，建筑设备监控系统只监不控。采用能耗数据远程采集计量系统，系统对酒店及各办公室的用用水量、用电量进行远程采集、监视、记录和打印，能与建筑设备管理系统联网，将采集的数据集成在统一的管理平台上；用电量能传输给电能管理系统，能耗数据远传采集计量系统开放相关接口。冷量表具表体与传感器及显示部分应分开，能提供校调标准。系统由服务器、数据集中器、水/电表管理器、支持超声波智能冷量表具、直读式远传水表、数字式远传电表等设备组成；给服务器及水/电表管理器提供 220V 交流电源。在各相应楼层的弱电间内设置各类能耗表管理器，分别计费。系统功能如下：

实时检测——实时检测各用户的用量，保证主机显示的资料与实际用量相符。

自动抄收——通过计算机实现自动定时抄收。

自动检查——自动检测系统内各点的工作状态，判定其是否正常；如果出现故障，自动记录故障的类型、时间和次数。

数据安全——在电脑内记录每一用户的实际用量、应缴费用、各用户当前的用量、上次抄收时的用量，实现关键资料的双备份。

核算功能——根据抄收的资料，自动计算出各户的能量用量，所需费用等，并可将各种资料转换为其他软件的资料格式，与其他系统联网。

保密功能——管理系统软件按不同的优先级别设有密码，可以防止无关人员乱操作，破坏系统或资料。

报表输出——随时按客户需求定制报表，打印出各用户的收费单据。

综合统计——可实现按类别、按楼栋、按户等不同要求的综合统计。

实时查询——随时查询各户任何一段时间内的所有资料。

故障报警——可定时自动对系统的运行状态进行检测，对通讯故障能自动报警。

5.10　大型公共建筑其他低碳技术

5.10.1　采光

项目布局进深较小且开窗面积大，这些措施使得更多自然光引入室内，改善室内采光效果。同时，项目通过设置大面积的下层广场、光导管将自然光引入到地下，改善地下采光环境。

5.10.2　通风

地区属北温带东亚季风区，全年多风，冬季主导风向为北向，夏季主导风向为南向。建筑主要以南北朝向为主，在北向外门均采用转门，防止冬季冷风入侵。主要功能房间外窗为平开窗，且可开启面积大，利于夏季自然通风。在夏季平均风速和过渡季平均风速条件下，室内主要功能空间整体换气次数均在 2.5 次/h 以上。外窗可开启面积明细如表 5.14

外墙可开启面积比例　　　　　　　　　　　　表 5.14

编　　号	外窗类型	外窗尺寸		数量（个）	可开启面积比例（％）
		宽度（m）	高度（m）		
C0815	平开窗	0.8	1.5	26	100
C1324	平开窗	1.3	2.4	571	62.5
C1324a	上悬窗	1.3	2.4	12	30.8

夜间通风的原理是在夜间引入室外的冷空气，通过冷空气与作为蓄热材料的建筑维护结构接触换热，冷却建筑材料，达到蓄冷目的。在夏季，为了获得舒适的室内环境，则需要空调供冷系统。而此时，因为夜间的室外空气温度比白天低得多，所以夜间室外冷空气则可以作为一种很好的冷源加以利用。严格地说，只要室外空气温度低于室内空气温度，此时的室外冷空气就可视为可利用的自然冷源。

采用通风取代空调制冷技术至少具有两方面的意义：一是实现了被动式制冷。自然通风可在不消耗不可再生能源情况下降低室内温度，带走潮湿污浊的空气，改善室内热环境。二是可提供新鲜、清洁的自然空气，有利于人体的生理和心理健康。建筑中常用的自然通风实现方式主要有以下几种：

自然通风最基本的动力是风压和热压。在具有良好的外部风环境的地区，风压可作为实现自然通风的主要手段。在我国大量的非空调建筑中，利用风压促进建筑的室内空气流通，改善室内的空气环境质量，是一种常用的建筑处理手段。风洞试验表明：当风吹向建筑时，因受到建筑的阻挡，会在建筑的迎风面产生正压力。同时，气流绕过建筑的各个侧面及背面，会在相应位置产生负压力。风压通风就是利用建筑的迎风面和背风面之间的压力差实现空气的流通。压力差的大小与建筑的形式、建筑与风的夹角以及建筑周围的环境有关。当风垂直吹向建筑的正立面时，迎风面中心处正压最大，在屋角和屋脊处负压最大。

另外，伯努利流体原理显示，流动空气的压力随其速度的增加而减小，从而形成低压区。依据这种原理，可以在建筑中局部留出横向的通风通道，当风从通道吹过时，会在通道中形成负压区，从而带动周围空气的流动，这就是管式建筑的通风原理。通风的管式通道要在一定方向上封闭，而在其他方向开敞，从而形成明确的通风方向。这种通风方式可以在大进深的建筑空间中达到较好的通风效果。

自然通风的另一原理是利用建筑内部空气的热压差——即通常讲的"烟囱效应"来实现建筑的自然通风。利用热空气上升的原理，在建筑上部设排风口可将污浊的热空气从室内排出，而室外新鲜的冷空气则从建筑底部被吸入。热压作用与进、出风口的高差和室内外的温差有关，室内外温差和进、出风口的高差越大，则热压作用越明显。在建筑设计中，可利用建筑物内部贯穿多层的竖向空腔，如楼梯间、中庭、拔风井等满足进排风口的高差要求，并在顶部设置可以控制的开口，将建筑各层的热空气排出，达到自然通风的目的。一个长约 300m 的西向临湖"拱廊"，"拱廊"是一个设有商店和咖啡馆的公共场所，高三层，外侧为倾斜的玻璃墙面，在走廊中人们可以俯瞰整个湖泊。"拱廊"的正面安装可随季节变化而自由调节的隔热玻璃。在冬季，可将低处的挡板关闭，这样拱廊便成为一个温室，有利于节约采暖能耗；在夏季，可将挡板滑向上方，就像是大型的上下推拉窗。这样，经过水面冷却的冷空气便可从玻璃墙面下部吹入"拱廊"内部，而室内的热空气则由玻璃墙面与屋顶的接合处缝隙中排出。除此以外，地板下还设有调节室温的水冷系统，调节过程中被热空气加热的水在晚间则可向室内补充热能。

在建筑的自然通风设计中，风压通风与热压通风往往是互为补充、密不可分的。一般来说，在建筑进深较小的部位多利用风压来直接通风，而进深较大的部位则多利用热压来达到通风效果。

在一些大型建筑中，由于通风路径较长，流动阻力较大，单纯依靠自然风压与热压往往不足于实现自然通风。而对于空气污染和噪声污染比较严重的城市，直接的自然通风还会将室外污浊的空气和噪声带入室内，不利于人体健康。在这种情况下，常常采用一种机械辅助式的自然通风系统。

双层维护结构是当今生态建筑中所普遍采用的一项先进技术，被誉为"可呼吸的皮肤"。双层维护结构一般由双层玻璃或三层玻璃组成，在两层玻璃之间留有一定宽度的空隙形成空气夹层，并配有可调节的深色百叶。在冬季，空气夹层和百叶可以形成一个利用太阳能加热空气的装置，提高建筑外墙表面温度，有利于建筑的保温采暖；在夏季，则可以利用热压原理将热空气不断从夹层上部排出，达到降温的目的。对于高层建筑来说，直接对外开窗容易造成紊流，不易控制，而双层维护结构则能够很好的解决这一问题[10]。

与同纬度许多发达国家相比，我国冬天气候更冷，夏天气候更热，南方空气湿度还很高。在这种湿热环境下，我国房屋的保温隔热性能却要比发达国家差得多，自然开窗通风更是大量的浪费建筑热能。没有高效建筑节能的解决方案，不可再生的化石能源是不可能支撑我国这样的大国全面实现现代化的。一般而言，GDP增长8%，能源消耗增长约为5%，而我国2002年和2003年的能源相应增长为14.5%和13.5%，相当于2年时间耗尽了5年的能源供应。中国的能源供应正面临深刻危机，传统的经济增长方式已走到尽头。我国的能源利用效率目前仅为33%，比发达国家落后20年，相差10个百分点。能源消费强度大大高于发达国家及世界平均水平，约为美国的3倍，日本的7.2倍。近几年愈演愈烈的"电荒"告诉我们今后中国总体能源偏紧是不争的事实。除了南方沿海生产用电的大量增长，电荒的罪魁祸主要是空调，也就是建筑能耗，其实北方燃气供暖更是能耗大得多。2003年全国年用电量为1.89万亿千瓦，空调能耗就占到了全国用电总量的15%，且在逐年猛增。其实冬季采暖的耗能，要远远大于夏季。夏天南方室内外温差超过10℃的时间只有两到三个月，而北方冬天室内外温差超过20℃～30℃的时间有采暖期是四到六个月。北京的采暖标准是室内温度不低于16℃～18℃，而入冬以来北京最低气温徘徊在零下10℃左右，温差超过25℃，东北地区温差更大，这比夏季空调能耗高一个数量级。采暖耗能的节能是个根本性问题。虽然我国目前对此研究不多，但随着可持续发展的设计理念的不断发展，建筑自然通风必将受到越来越多的关注。

5.10.3 室温控制

空调系统根据房间的使用功能和空间整体布局，采用合理分区，在大堂等区域设有全空气空调系统、办公会议区域采用风机盘管加新风系统。风机盘管设三速开关，方便灵活调节，每层环路回水管设静态平衡阀，每台风机盘管前设置开关式电动两通阀。且由室温控制器控制回水管上的开关式电动两通阀。

5.10.4 高效能设备和系统

采用高效能风机、制冷机组等设备，输送水泵采用变频控制等节能设备与系统。

通风空调系统风机的单位风量耗功率（表5.15）和冷热水系统的输送能效比符合现行国家标准《公共建筑节能设计标准》GB 50189。

通风空调系统风机的单位风量耗功率　　　　　　　　　　表 5.15

设备类型	设备编号	风机的单位风量耗功率
新风机组	Xb-B1-1，2	0.33
新风机组	Xd-B1-1，2	0.37
新风机组	Xb-3-3	0.35
新风机组	Xd-1-1	0.33
空调机组	Kb-B1-1	0.42
空调机组	Kd-B1-1	0.41
空调机组	Kd-1-1	0.45
空调机组	Kd-2-1	0.42

5.10.5　能量回收系统

采用分布式热电冷联供技术，提高能源的综合利用率。依据典型日冷、热负荷需求分析，累计负荷预测与分析，选择冷热电联供＋地源热泵＋调峰系统。在夏季供冷，系统运行时优先启动地源热泵，然后依次启动热水溴冷机、冷水机组。采用自动加手动控制的模式。冬季供暖当有发电余热时，优先启动板式换热，不足时启动地源热泵供热。

本项目排风热回收可处理新风量 91800m³/h，热回收效率为 60%。使用热回收新风机组后，夏季节约空调运行耗电量为 41832kWh；冬季回收热量为 550299GJ。每年可节省运行费 16.4 万元，投资回收期为 3.4 年。

5.10.6　可再生能源

该大型公共建筑所在地的全年太阳辐射总量为 5040MJ/m²，年平均日照时数为 2550 小时，日照百分率达 58%，在我国太阳能资源分布中属于三类地区。设计采用全玻璃真空集热器，集热总面积 600m²，平均日产 60℃热水量 24m³，太阳能热水量比 11.8%。依据项目场地条件，采用地源热泵进行空调供冷供热，供冷比例为 13.4%，供热比例为 8.9%。

夏季冷源：1 台螺杆式地源热泵机组、2 台水冷螺杆式冷水机组、1 台热水型溴化锂机组；溴化锂机组的热源来自一号泛能站发电机的烟气和高温缸套水余热产生的 130/68℃热水。优先运行地源热泵机组承担末端冷负荷。

冬季热源：1 台螺杆式地源热泵机组、及利用一号泛能站发电机的烟气和高温缸套水余热产生的 130/68℃热水。

输配系统：夏天供冷循环水系统采用冷水循环泵，配置为三用一备，冬天供热循环水系统采用 1 台循环泵，冷水循环泵为其备用，水泵均变频调节。

末端：末端形式有风机盘管和地热盘管。

热水；一次热水经过板式换热器换热后与地源热泵出水混合，共同承担末端热负荷。

提供冷热水参数：冬季提供 45/35℃的热水，夏季提供 7/12℃的空调冷水。

该大型公共建筑通过采取以上低碳、节能措施在保证相同的室内热环境指标前提下，与未采取节能措施前相比，做到建筑节能至少 50％的指标。其中，围护结构至少承担 30％的节能指标、采暖空调等系统至少承担 20％的节能指标。

公共建筑通过采用合理建筑节能措施，在保证相同的室内环境参数条件下，与未采取节能措施前相比，全年采暖、通风、空气调节和照明的总能耗至少减少 50％。

6 某大型公共建筑 BIM 仿真低碳节能分析

在建筑房地产的开发过程中建筑采暖、空调、通风、照明等方面的能源都参与其中，碳排放量很大。因此，尽快的建设绿色低碳建筑，实现节能技术创新，建立建筑低碳排放体系，注重建设过程的每一个环节，以有效控制和降低建筑的碳排放，并形成可循环持续发展的模式，是中国建筑产业走上健康发展的必由之路。BIM 仿真低碳节能分析可以评估建筑室内外气候环境、建筑结构方案、设备等各种技术的经济效益、环境效益，为建设低碳节能提供技术路径，模拟不同节能减排技术的使用对建筑行业、区域特定年的投资影响和碳排放影响等，为相关决策单位提供技术优先发展方案，模拟同种技术不同扩散情景下，对建筑行业、区域特定年的投资变化和碳排放的影响较大。本项目除常规节能设计外，各专业综合考虑、整体优化，采用多种有效的技术措施，利用 BIM 仿真技术对风环境、采光分析、热环境分析、太阳辐射分析、建筑生命周期碳排放等多项进行了分析，打造绿色节能建筑精品。

6.1 某大型公共建筑项目应用背景

目前世界上主要的建筑物理环境性能分析模拟软件约有 350 种，但是由于各种软件接口不统一，几乎在使用每一种软件时都要重新建模、输入大量的专业数据。结果导致大部分情况下，建筑师既没有精力也没有专业的知识背景来学习这些软件，运用信息模拟来进行可持续性建筑设计的操作难度就大大增加。于是，BIM 的优势就凸现了出来，通过建筑信息模型在建筑设计软件与建筑物理环境性能化分析间的传递，可以节省大量的重复建模、重复设置的时间，大大提高了设计和分析的效率。

gbXML 标准使各种建筑信息模型间传递模型信息，特别是建筑设计模型和建筑物理环境性能分析模拟软件间有了良好的接口。到目前 Autodesk、Bentley 等主要商业建筑信息模型软件公司已经采用了这个标准，同时诸如 Ecotect Analysis、DOE-2、Energy Plus、IES〈Virtual Environment〉的建筑物理环境性能分析模拟软件也加入了这个标准。

某大型公共建筑项目，用常规的 CAD 绘图方式很难准确定位，所以利用 Revit Architecture 软件来绘制从方案体量到施工图出图的全套图纸，同时将 Revit 模型导入 Ecotect 来做分析（图 6.1）。

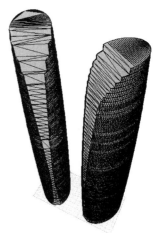

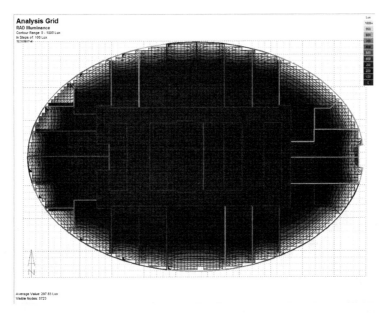

图 6.1　用 Revit 模型导入 Ecotect 做分析

6.2　某大型公共建筑气候分析

建筑与气候关系密切，研究当地气候与建筑的关系和适应气候的设计分析方法，对建筑能源的节约和地域性建筑的发展和延续有重要的作用。在建筑方案设计阶段，从人体生理舒适角度，正确分析和评价室外气候对建筑设计和室内热环境的影响，提出适宜的应对对策，是建筑设计的关键问题之一。

逐日温度、太阳辐射与舒适度区域、最佳朝向分析、逐时逐月气候分析、风分析（图 6.2）、被动式策略组合分析。

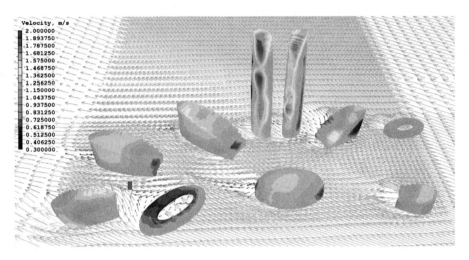

图 6.2　风环境分析

【说明】红色区域：温度；
黄色线表示：逐月日均太阳直射辐射量（图 6.3）；

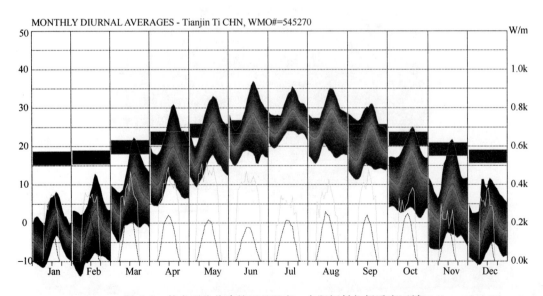

图 6.3　某大型公共建筑逐日温度、太阳辐射与舒适度区域

灰色虚线表示：逐月日均太阳散射辐射量。

【说明】绿线表示：逐日相对湿度（图6.4）

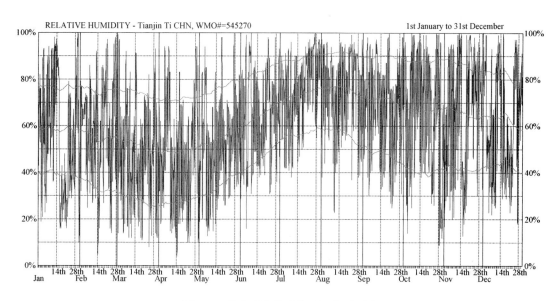

图6.4 某大型公共建筑逐日相对湿度

黄线表示：逐日相对湿度的最高值、平均值和最低值

横坐标表示：时间　　　单位：天

纵坐标表示：相对湿度　单位:％

【说明】横坐标表示：时间　　　单位：天

纵坐标表示：太阳直射辐射量（图6.5～图6.7）　单位：W/m

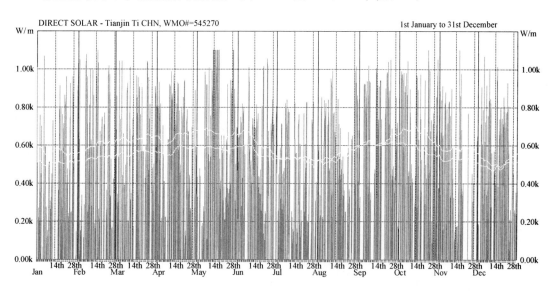

图6.5 某大型公共建筑逐日直射太阳辐射

Prevailing Winds
Wind Frequency(Hrs)
Location: Tianjin TiCHN, WMO#=545270(39.1? 117.1?
Date: 1st January - 31st December
Time: 00:00 - 24:00
?Weather Tool

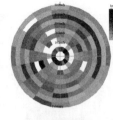

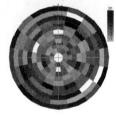
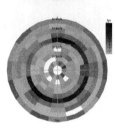

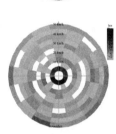
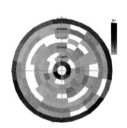

图 6.6　某大型公共建筑逐月风速风频

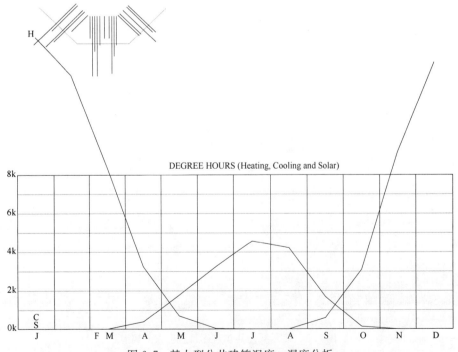

图 6.7　某大型公共建筑温度、湿度分析

【说明】蓝线—空调度日数

红线—采暖度日数

采暖度日数（HDD18）是一年中当某天室外日平均温度低于 18℃时，将低于 18℃的度数乘以 1 天，所得出的乘积的累加值。其单位为℃·d

空调度日数为一年中当某天是室外日平均温度高于 26℃时，将高于 26℃的度数乘以 1 天，再将此乘积累加。其单位为℃·d。

如果温度是 28 度的话，那么其值为(28－26)×1＝2℃·d

一年累加是全年 365 或 366 个平均温度分别使用上诉方法计算，计算结果累加（图 6.8）。

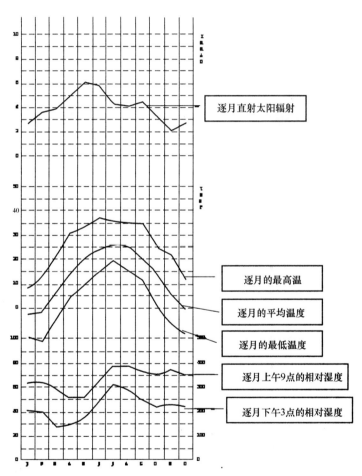

图 6.8　某大型公共建筑逐月太阳辐射、温度、湿度

【说明】黄色箭头表示全年最佳朝向；蓝色箭头表示最冷三个月 12 月、1 月、2 月朝向的太阳辐射强度和最佳建筑朝向；红色箭头表示最热三个月 6 月、7 月、8 月太阳辐射强度和最佳建筑朝向；绿色箭头表示全年平均建筑朝向。

【说明】

蓝色斜线——每个月数据的最小与最大值的连线；红色线框——表示由于使用了

被动式的太阳能，舒适度扩大的范围；黄色线框——表示原建筑的舒适度范围；蓝色
线框——表示墙体蓄热后的舒适范围；深红色线框——表示墙体蓄热＋夜间通风后的
舒适范围；桃红色线框——表示自然通风的舒适范围；紫色线框——表示直接蒸发的
舒适范围；绿色线框——表示间接蒸发的舒适范围（图 6.9～图 6.11）。

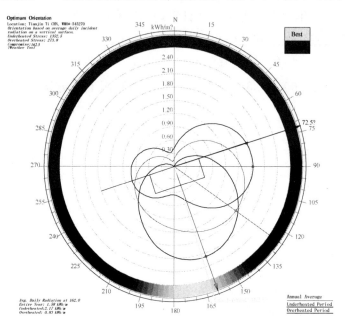

图 6.9　某大型公共建筑最佳建筑朝向分析图

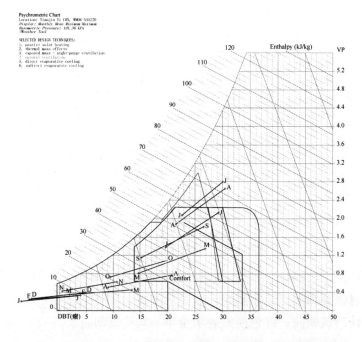

图 6.10　某大型公共建筑设计策略在干湿图上的舒适区域

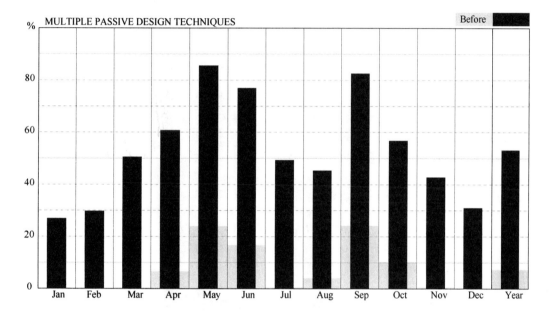

图 6.11　某大型公共建筑设计策略组合效果分析

【说明】

本图说明几种被动式设计策略加在一起，可以提高的舒适度。

黄色表示原来的舒适度，红色表示加了被动式设计策略后的舒适度。

6.3　某大型公共建筑体量分析

建筑体量对其单位建筑面积采暖耗热影响很大，体量加大与耗热指标减少之间呈一定的曲线关系，即随着体量增加，开始时耗热指标下降较快，到一定阶段后趋于平缓，在面积增加到一定阶段后在继续加大，则进一步节能的效果就不明显。某大型公共建筑商业体利用 Revit Architecture 软件的体量功能来创建方案体量，再将 Revit 模型导入 Ecotect 来做场地分析、建筑日照与遮挡分析、太阳辐射与太阳能利用等（图 6.12）。

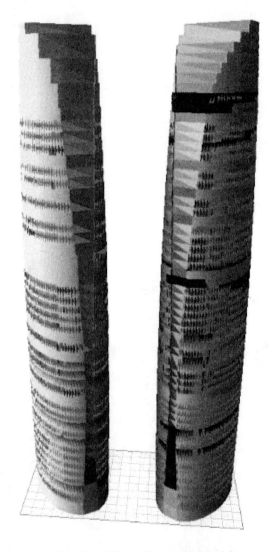

OBJECT ATTRIBUTES
Avg. Daily Radiation
Value Range: 0.0 - 800.0 Wh/m2
(c) ECOTECT v5

图 6.12　某大型公共建筑大寒日日照时间分析

【说明】颜色越冷说明日照时间越短，颜色越暖说明日照时间越长。

建筑中某一点的全自然采光百分比（Daylight Autonomy，DA）被定义为全年工作时间中单独依靠自然采光就能达到最小照度要求的时间百分比。最小照度对应于可以安全和舒适地完成某一特定任务所需的最小设计照度，其选取可以参照现有采光和照明标准。与广泛使用的采光系数相比，全自然采光时间百分比充分考虑了不同的建筑朝向、使用时间以及全年中的各种实际天气情况的影响，因此是一个全面和系统地评价全年有效自然采光的综合指标（图 6.13～图 6.15）。

【说明】横坐标表示：月份　单位；纵坐标表示：24 小时；色块数值单位是：W/m²

【说明】横坐标表示：时间　单位是：天；纵坐标表示：发电量　单位是：Wh。

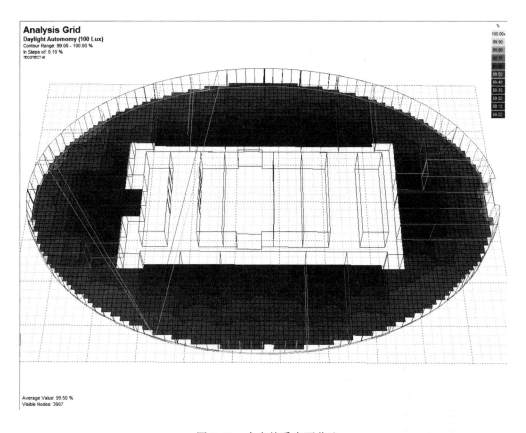

图 6.13 全自然采光百分比

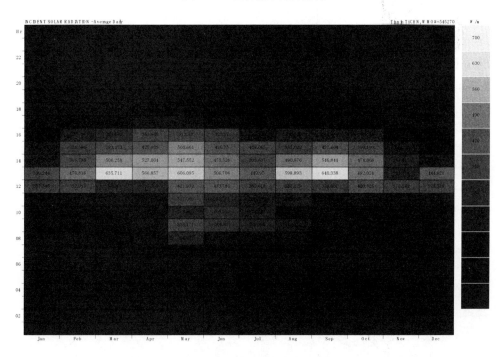

图 6.14 光电板全年逐月日均太阳辐射量分析图

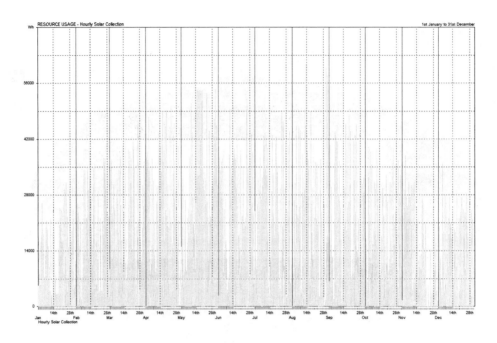

图 6.15　光电板逐日发电量分析

6.4　大型公共建筑建筑设计方案分析

当方案体量确定后，需要确定项目的构造，使用 Ecotect 为围护结构添加材质。对项目进行热环境分析：能耗模拟分析、逐时得热/失热分析、逐月不舒适度分析、逐时温度分析、被动组分得热分析、空间舒适度分析；光环境分析：临界照度分析、高级采光分析；建筑造价、资源消耗与环境影响分析等（图 6.16、图 6.17）。

【说明】绿色—冷风渗透；红色—围护结构传热；黄色—太阳光的直射；蓝色—内

图 6.16　某大型公共建筑建筑方案设计图

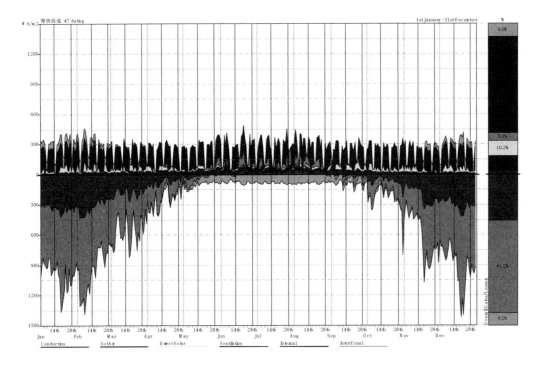

图 6.17　被动式组分得热分析图

部得热（人员、设备和照明）；浅蓝色—区域间得热；棕色—综合温度的影响；0 线以下：表示由于冷风渗透、维护结构热传递，导致的热能损失；0 线以上：表示由于冷风渗透、维护结构热传递，导致室内热量增加（图 6.18～图 6.20）。

【说明】上图反映了一年中逐月的能耗情况，红色表示采暖能耗；蓝色表示制冷能耗；纵坐标单位为 Wh。

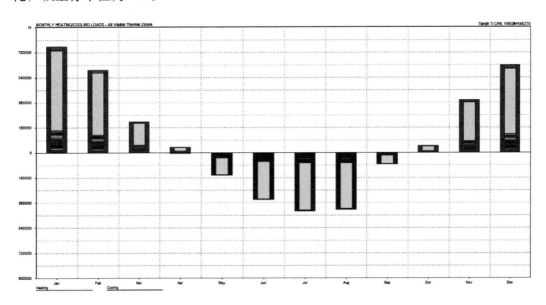

图 6.18　逐月能耗计算

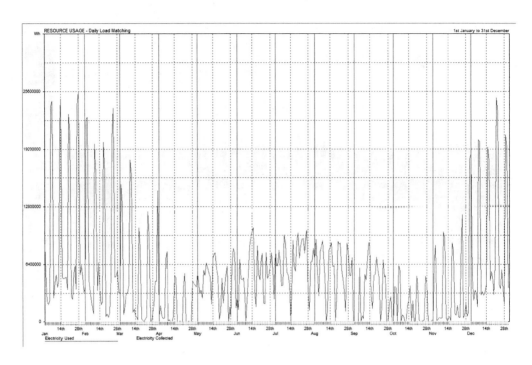

图 6.19　全年采暖空调逐日能耗分析

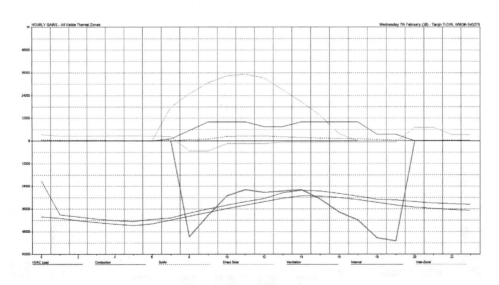

图 6.20　逐时得热/失热分析

【说明】逐时得热/失热分析包含了逐时的 HVAV Load（采暖空调负荷）、Conduction（围护结构导热的得失热）、Sol-Air（综合温度产生的热量）、Direct Solar（太阳直射辐射得热）、Ventilation（冷风渗透得失热）、Internal（内部人员与设备得热）、Inter-Zonal（区域间得失热）7 项内容。纵坐标中显示了各类型逐时得热、失热值，正值表示得热，负值表示失热（图 6.21、图 6.22）。

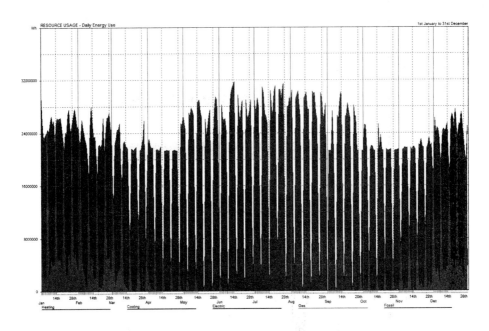

图 6.21　逐日采暖空调照明设备用电量分析

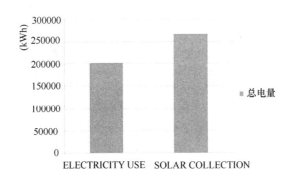

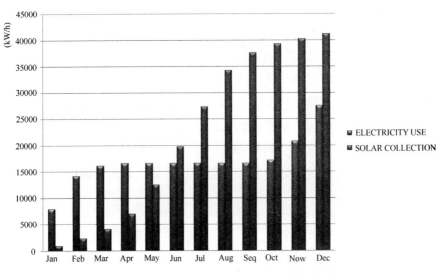

图 6.22　全年逐日能耗与发电匹配分析结果

【说明】 Ecotect Analysis 的可持续性设计技术和手段不仅能够降低能耗、减轻环境影响，还能够降低建造成本、创造更加舒适的生活环境。

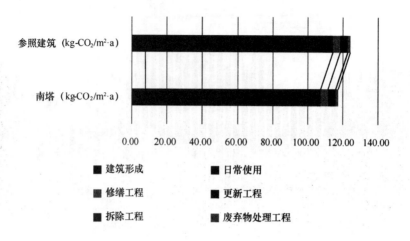

图 6.23　南塔生命周期二氧化碳排放分析

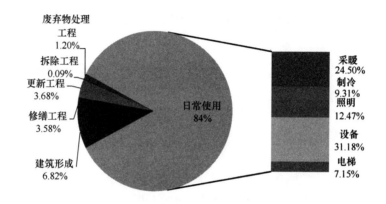

图 6.24　南塔生命周期各阶段二氧化碳排放比例

【说明】 经过计算，南塔生命周期的二氧化碳排放强度 $LCCO_2$ 为 117.43kg-CO_2/$m^2 \cdot a$，低于参照建筑 6%。南塔生命周期工排放 490000 吨二氧化碳，可减少（与参照建筑相比）排放 29000 吨二氧化碳（图 6.23、图 6.24）。

低碳节能建筑设计应遵循现代开放、端庄朴实、简洁流畅、动态亲民的建筑形象，从选址到格局，从朝向到风向，从平面到外向，从间距到界面，从单体到群体，都要采集天然能源，以利节能；注重空间的阳光感、流动感与体量感；充分体现材质的轻重、粗细、虚实对比以及建筑设计中各类节能、环保低碳建筑技术的应用。

六 低碳经济导向的大型公共建筑存在问题及应用前景

1 我国的发展环境型建筑所面临的问题

1.1 被动式节能技术、材料利用率低

人类与自然的关系由顺从自然到征服自然再到与自然和谐发展的演变过程中，技术起了关键的作用，众多专家学者充分认识到了这些技术在建筑节能中的重要地位，并在通风技术、遮阳技术、太阳能技术、中水系统技术、地源热泵技术、节能墙体材料、节能门窗和供热制冷设备等方面都取得了相应的科研成果。但是这些新技术和新产品多数仅仅是作为学术论文使用，在实践中推广应用率极低，研究开发与实际应用严重脱节，无法发挥其应有的社会和生态价值。而一些地方虽然将开发研制的节能技术和节能材料投入使用，但在使用过程中往往存在保温材料质量不合格、施工工艺不成熟、节能产品性能不稳定等问题，同样没有发挥出节能新技术、新材料和新产品对建筑节能工作的贡献。相比国际水准，多数现有技术还比较低级，系统配套差，其产业化程度也不高，如果大幅度提高节能标准要求，现有技术大都难以支撑。

1.2 相关主体节能意识薄弱

环境型建筑设计是一项系统工程，从建筑的规划设计，到建筑的施工建设，直到竣工后使用的每一个环节都关系到是否实现低碳生态化的目标。广大社会公众缺乏清晰的节能意识，尚未真正意识到能源危机和全球气候变暖可能带来的灾难性后果。消费者和开发商均具有较强的短视行为，消费者只考虑目前的购房支出，而忽视了未来的建筑运行费用，不能从建筑全寿命周期成本的角度选择产品；开发商则只考虑目前的投资收益，而忽视了未来的社会和环境影响，不能从可持续发展的角度选择开发决策方案。建筑专业人员和物业管理人员虽比普通民众拥有较强的节能意识，但由于不是房地产开发的决策者，缺乏资金和技术方面的支持而抑制了节能倾向。

1.3 环境型建筑节能经济激励政策缺乏

目前开展的建筑节能工作仅靠建筑节能设计标准这种单一手段，缺乏对建筑节能的实质性经济激励政策和必要的资金支持，而标准规范实际上对开发商和消费者这两

大建筑节能主体并没有强制作用，因此节能效果不显著。由于建筑节能工作需要大量的资金投入，若不制定财政税收类的经济激励政策，而是单纯依靠建筑节能立法和标准的强制性推行，难以推动开发商和消费者的自觉行为，建筑节能战略必将进展缓慢。

我国的绿色建筑发展较晚，缺乏很多经验，虽然自2010年起有何很大的发展，但是与国外发展几十年的经历相比，仍然是处于起步阶段。并且，很多的绿色建筑项目仅仅是获得了绿色建筑设计标识，而没有绿色建筑标识。对此，国内外的研究人员也针对不同的发展时期提出了很多绿色建筑评价标识推广中的问题，并给出了很多建议。本章以一些前人的研究为基础，进行归纳且提出了一些新的问题，并给出了相关建议。

2 绿色建筑评价标识推广中存在的问题

根据归纳，将绿色建筑评价标识推广中的问题主要分为三大角度，即消费者个人及社会角度，施工企业、房地产开发商和物业管理企业角度，以及政府职能部门角度。

2.1 消费者个人及社会角度

（1）消费者对绿色建筑认识少

大部分对绿色建筑认识不足，不了解绿色建筑。自然也就不关注绿色建筑评价标识的推广，甚至他们分不清绿色建筑设计标志和绿色建筑标识的异同，或者不知道绿色建筑还有两种标识。

（2）消费者对于保护环境绿色发展认识不足

尽管雾霾在今天已经是人人谈之色变的问题，并深受其扰，但是大部分人仍然停留在整治重污染工业和节水节电等保护环境的方法上，忽视了绿色建筑的推广对于保护环境的重要性，自然不会关心绿色建筑评价标识的推广对周身环境的大作用，也导致了绿色建筑推广落实不到实处，很多人仅仅是停留在口号阶段，对于绿色建筑的运行的重要性知之甚少。

（3）社会需求不高

现如今买房对于很多年轻人来说是个老大难问题，由于购买能力不足，买到大众水平的房子都负担不起，同时由于对绿色建筑了解的太少，自然不会还有多余的心思想是不是买绿色建筑运营标识的房子。消费者对于绿色建筑没有很大的需求，自然也就不能刺激开发商去开发绿色建筑。同时绿色建筑的运营也是一笔成本，开发商考虑到消费者的购买能力和认识水平，大肆宣传已经获得设计标识的项目，混淆视听，对于绿色建筑标识，大多会闭口不言。这样下去也是一个恶性循环。

2.2 施工企业、房地产开发商和物业管理企业角度

（1）施工单位角度

绿色建筑的建造有施工和设计两个阶段，施工阶段从材料的选取，使用以及构造等个额角度都要统筹兼顾，以达到设计要求，由于我国绿色建筑发展较晚，在相关技术研究以及应用方面都还有所欠缺，另外，由于很大部分的施工人员都是农民工，缺乏相关知识的学习，这也是施工难度大的原因之一。很多时候施工企业之一考虑完成验收为目的，表面文章做的好，留下许多问题不能善后，这也导致今后的运营阶段难以开展。

评价标准条款	难点
9.2.2 采取有效的降噪措施。在施工场界测量并记录噪声，满足现行国家标准《建筑施工场界环境噪声排放标准》GB 12523 的规定	这要求施工企业不仅要有意识的降低噪声，还要有一个团队负责测量监测。既增加了施工难度也提高了成本。
9.2.4 制定并实施施工节能和用能方案，监测并记录施工能耗	这些条款中都有监测记录的要求，这就要求施工企业不仅仅要有单纯施工的能力，还有对这些资源有监测记录的能力，这也要求施工企业有一些复合型的人才
9.2.5 制定并实施施工节水和用水方案，监测并记录施工水耗	
9.2.8 使用工具式定型模板，增加模板周转次数。	这也是较为新颖的施工技术，大多数模板工程还是木工使用木模板来完成，采用工具式定型模板在一定程度上提高了对施工队伍的要求，倘若对模板周转次数有深入了解的话，可能造成质量问题，增加项目的风险
9.2.12 实现土建装修一体化施工	大多数的施工单位是不涉及装修业务的，大多是都是分包，这就要求不同的单位之间有很好的协同作用，但是实际中往往不同的企业之间会相互推诿扯皮，不能很好的协同工作
11.2.10 应用建筑信息模型（BIM）技术，评价总分值为 2 分	在建筑的规划设计、施工建造和运行维护阶段中的一个阶段应用，BIM 虽然已经在市场使用了很多年，但是还是只有较小部分的企业有这个能力投入到实际的工程中

（2）房地产开发商角度

绿色建筑成本过高是一个不容忽视的问题，开发商推广绿色建筑不仅仅要保证按要求完成建造，仅仅建造完成就要比非绿色建筑投入更过成本，除了建设过程中因为相关新工艺新技术而提高的造价，还要在周围环境和后续的运营维护上持续的投入精力，我国在此方面又缺乏相关经验，无论是引进国外技术还是自行研发，都将是一笔很大的投入，绿色建筑评价标识的推广，成本问题不容忽视。除去在建设期增加的成本，绿色建筑的运行费用也在总成本中占很大的比重。

评价标准条款	难点
10.1.1 应制定并实施节能、节水、节材、绿化管理制度。	关于节水绿化等要求，在设计之初应该完善，开发商在落实过程中应该保证执行力度，尤其是主体完工之后，因为绿化等二次施工，施工场地复杂，很可能造成材料水源浪费，同时绿化问题不解决，延误工期

评价标准条款	难点
10.1.2 应制定垃圾管理制度，合理规划垃圾物流，对生活废弃物进行分类收集，垃圾容器设置规范。	实现垃圾分类，就需要设置专门的垃圾分类整理设施，新设施的成本，同时还有设施更新维护费，以及设施运行消耗费和垃圾分类收集与处理费
10.1.3 运行过程中产生的废气、污水等污染物应达标排放	废物达标排放，对运行中所排放污水和废气的检测费，也是一笔成本
10.1.4 节能、节水设施应工作正常，且符合设计要求。	除了保证达到绿色建筑指标的设备还有检测设备，都需要更新维护。其中有设施更新费和设施维护费，信息与控制系统的更新周期一般为 6～8 年，机械电气设备的更新周期一般为 8～10 年。
10.1.5 供暖、通风、空调、照明等设备的自动监控系统应工作正常，且运行记录完整。	信息与控制系统一般为造价的 2%～4%，机械电气设备一般为造价的 2%～3%。空调和供暖设备等没过一段时间需要清洁一次，这属于清洁费

另外，开发商缺乏社会责任感也是阻碍绿色建筑评价标识推广的一大原因，虽然我国房地产事业蓬勃发展，但随着利润的不断增加，大部分的开发上却没有相应的社会责任感。由于绿色建筑对于环境的回报不是开发商可以从经济利益上直接获得的，那么根据理性经济人的特点，建筑商自然不会选择去建造绿色建筑。甚至有的开发商仅仅根据国家的一些激励政策申报一定建筑面积的绿色建筑设计标志项目，以获取财政补贴，并不打算继续申请绿色建筑标识，同时不去想消费者说明绿色建筑运营标志的重要性，这也使得绿色建筑标识的推广难以为继，而要让开发商仍然能通过绿色建筑运营标识获取一定利润，对于国家财政而言将是一笔不小的负担，而这也是治标不治本的方法。

（3）物业管理部门角度

仅仅是取得设计标识对于绿色建筑来说是不够的，运营标志才是体现绿色建筑完美运营的标志。然而对于绿色建筑的运营管理，国内还缺乏专业的物业管理公司，着实不利于将国家的绿色建筑政策落实到实处，绿色建筑建成之后，保证其增长的运行，才能保证绿色建筑的效果和效益得以实现。同时，大多数的物业公司水平较低，仅仅是维持在保持卫生和安保的水平，甚至还有对也祝贺建筑不闻不问的情况，缺乏相应水平的运营管理公司，这也是制约绿色建筑评价标识推广的一个重要因素。

评价标准条款	难点
10.2.1 物业管理部门获得有关管理体系认证，其中就包括 ISO 14001 环境管理体系认证，ISO 9001 质量管理体系和现行国家标准《能源管理体系要求》GB/T 23331 的能源管理体系认证	对于物业部门的要求高，需要一定的资质。要求物业部门还有较先进的管理制度
10.2.3 实施能源资源管理激励机制，管理业绩与节约能源资源、提高经济效益挂钩	
10.2.4 建立绿色教育宣传机制，编制绿色设施使用手册，形成良好的绿色氛围	

评价标准条款	难　　点
10.2.5　定期检查、调试公共设施设备，并根据运行检测数据进行设备系统的运行优化	在技术管理方面，要求物业管理企业有专业的技术人才，且有能力进行维护并作出相应调整。除了要求运营管理的稳定持续，还要运用智能化信息化的相关技术
10.2.8　智能化系统的运行效果满足建筑运行与管理的需要	
10.2.12　垃圾收集站（点）及垃圾间不污染环境，不散发臭味	垃圾分类回收本来就是较为困难的问题，这不仅仅要求物业部门有这个能力，还要求消费者们有这个意识，只有两边共同努力，才能取得较好的效果
10.2.13　实行垃圾分类收集和处理	
11.2.10　应用建筑信息模型（BIM）技术	在建筑的规划设计、施工建造和运行维护阶段中的应用家较多，物业管理部门在 BIN 应用方面无疑还是短板，还需要大力的推广

2.3　政府职能部门角度

（1）政府宣传过浅，企业推广受阻

从已经出台的各种政策及其宣传程度上来看，因为相关政策的要求，建筑界对于绿色建筑的关注度有所提高，但是在公众心中，绿色建筑仍然没有广为人知，人们对其并没有充分的认识和了解。大部分人不知道绿色建筑，自然也就不知道两种评价标识的异同和对身边环境的社会发展的意义，不利于绿色建筑评价标识的推广。

（2）激励政策不够完善

政府的激励推广政策大多是对于开发商，对于绿色建筑项目的设计方乃至施工方都没有太好的优惠政策，同时对于运营维护阶段也缺乏关注，时机上运营维护阶段的是保证，绿色建筑的绿色效果才能得以保证。另外对于消费者也没有进一步的消费政策，若能刺激消费者提高对绿色建筑的需求，这将会进入一个好的循环，有需求，开发商也更努力的开发绿色建筑。

（3）政策推广强制性不足

由于一些绿色建筑的政策并不构成法律约束，开发商和施工企业对相关政策的重视性不够，是的政府的一些政策难以执行，达不到要求，企业在绿色建筑的实施和发展过程中得不到相应的约束，使得绿色建筑评价标识的推广落实不到实处。

（4）缺乏专业的绿色建筑管理机构

国内目前还没有专业绿色建筑管理机构，这不利于绿色建筑的开发和管理，同时，开发商的绿色建筑项目也缺乏必要的监督，对于绿色建筑的运营管理尤其如此，国家相关机构的监管尤为重要，一面绿色建筑的运营维护出现虎头蛇尾的局面，这对于绿色建筑评价标识的推广也尤为重要。

3 我国发展环境型建筑的策略

3.1 关注普通建筑

目前，在中国发展节能建筑、绿色建筑，或者是低碳生态建筑，重要的并不在于设计和建造一些高技术水准、高标准的建筑用于宣传和思考，而是实实在在的解决最广大的一般住宅和普通建筑的问题。建筑的低碳生态化不是做几个示范性的建筑，而是要切合实际的解决当前建筑的问题，例如住宅的冬天保温、夏季防热、自然通风，就是低碳的生态的；建筑隔声、垃圾堆砌、降低采暖费用，太阳能与建筑结合就是低碳生态的。所以，技术策略要抓主要矛盾。不能技术堆砌，片面追求节能。8亿农民居住的农村住宅也应该进入发展生态建筑、绿色建筑，减碳发展的视野。

3.2 优化建筑设计

建筑造型及围护结构形式对建筑物性能有决定性影响。直接的影响包括建筑物与外环境的换热量、自然通风状况和自然采光水平等。而这三方面涉及的内容将构成70%以上的建筑采暖通风空调能耗。不同的建筑设计形式会造成能耗的巨大差别。然而，建筑物是个复杂系统，各方面因素相互影响，很难简单地确定建筑设计的优劣。例如，加大外窗面积可改善自然采光，在冬季还可获得太阳能量，但冬季的夜间会增大热量消耗，同时夏季由于太阳辐射通过窗户进入室内使空调能耗增加。这就需要利用动态热模拟技术对不同的方案进行详细的模拟测试和比较。

3.3 开发节能建筑围护构件

开发新的建筑围护结构部件，以更好地满足保温、隔热、透光、通风等各种需求，甚至可根据变化了外界条件随时改变其物理性能，达到维持室内良好的物理环境同时降低能源消耗的目的。这是实现建筑节能的基础技术和产品。主要涉及的产品有：外墙保温和隔热、屋顶保温和隔热、热物理性能优异的外窗和玻璃幕墙、智能外遮阳装置以及基于相变材料的蓄热型围护结构和基于高分子吸湿材料的调湿型饰面材料。自20世纪90年代起，我国自主研发和从国外吸收消化的外墙、屋顶保温隔热技术被慢慢的采用。尤其外墙外保温可通风装饰板、通风型屋顶产品、通风遮阳窗帘的使用，都大大提高产品的质量、降低建筑运行成本。

4 本部分小结

在中国的建筑业还有相当大的能源增长空间，要剥离能源消耗（或 CO_2 排放量）

与经济增长和舒适生活之间的联系是不实际的。我们应该在可持续发展的框架下既能满足合理的经济增长速度又能满足人们舒适便利的生活。因为建筑始终是为人类服务的，如果一味的为了减少 CO_2 排放量而牺牲应有的舒适度，并不是我们要探究的方向，也不符合可持续发展的真正含义。

参考文献

[1] 冯小平，李少洪，龙惟定，等．既有公共建筑节能改造应用合同能源管理的模式分析[J]．建筑经济，2009(3)：55-58.

[2] 郭勇，李君雷．关于寒冷地区建筑节能应用的思考[J]．低温建筑技术，2006(4)：128-129.

[3] 干学宏，刘世美，江晨晖．地球危机背景下的建筑节能意义的进一步探究[J]．建筑节能，2012(2)：75-79.

[4] 黄德中，沈吉宝．建筑节能技术综述[J]．太阳能学报，2007，28(6)：682-688.

[5] 仇保兴．我国绿色建筑发展和建筑节能的形势与任务[J]．城市发展研究，2012(5)：1-7.

[6] 许志中，曹双梅，郭红．我国建筑节能技术的研究开发与发展前景探讨[J]．工业建筑，2004，34(4)：73-75.

[7] 翁丽芬，张楠，陈俊萍．我国建筑能耗现状下的建筑节能标准解析及节能潜力[J]．制冷与空调，2011，25(1)：10-14.

[8] 王清勤，何维达．既有公共建筑节能改造评价指标体系构建的探讨[J]．建筑节能，2011(4)：73-76.

[9] 黄晓莺．试论建筑设计与建筑节能[J]．工业建筑，2003，33(10)：1-4.

[10] 王立久，孟多．有机相变材料的建筑节能应用和研究[J]．材料导报，2009，23(1)：97-100.

[11] 胡丹霞，孙建萍，费丹妹，等．住宅建筑节能产品选用的成本——能效分析[J]．建筑节能，2013，41(12)：87-91.

[12] 董剑华．房屋建筑节能体系施工技术应用[J]．山西建筑，2009，35(9)：251-252.

[13] Papamichael K. Building energy saving[J]. Building Research & Information，2010(10)：22.

[14] Geissler S，etal. Energy saving measure and research[J]. Building and environment，2008(03)：17-19.

七 全书研究结论

建筑节能现在来看是建筑业发展的全新方向，同时也是我国建筑业取得突破的关键点，综合来看我国现在建筑节能意识不够，还不能够达到很好的节能标准。同时在建筑节能方面要充分的考虑建筑施工过程中的能源消耗，做好建筑材料的选择和建筑施工的组织。同时还要充分的考虑建筑在使用过程中的能源消耗，主要是做好建筑物的温度调节方面的节能设计。主要是依靠科学的手段对建筑的布局进行合理设计，帮助其进行温度调节和通风设计。其次是在建筑的材料选择方面还要尽可能的选择绝热节能材料，让建筑在运行的过程中能够自身的实现冬暖夏凉。同时还要善于利用可再生能源，将其最大限度的开发和利用，减少城市热岛现象和降低不可再生能源的消耗。建筑节能主要是减少不可再生能源的消耗和减少热量的产生。